Samira Maatallah

Comportement écophysiologique de Laurus nobilis sous stress hydrique

Samira Maatallah

Comportement écophysiologique de Laurus nobilis sous stress hydrique

Etude comparée du comportement de deux écotypes de Laurus nobilis L. soumis à des niveaux croissants de stress hydrique

Presses Académiques Francophones

Impressum / Mentions légales

Bibliografische Information der Deutschen Nationalbibliothek: Die Deutsche Nationalbibliothek verzeichnet diese Publikation in der Deutschen Nationalbibliografie; detaillierte bibliografische Daten sind im Internet über http://dnb.d-nb.de abrufbar.

Alle in diesem Buch genannten Marken und Produktnamen unterliegen warenzeichen-, marken- oder patentrechtlichem Schutz bzw. sind Warenzeichen oder eingetragene Warenzeichen der jeweiligen Inhaber. Die Wiedergabe von Marken, Produktnamen, Gebrauchsnamen, Handelsnamen, Warenbezeichnungen u.s.w. in diesem Werk berechtigt auch ohne besondere Kennzeichnung nicht zu der Annahme, dass solche Namen im Sinne der Warenzeichen- und Markenschutzgesetzgebung als frei zu betrachten wären und daher von jedermann benutzt werden dürften.

Information bibliographique publiée par la Deutsche Nationalbibliothek: La Deutsche Nationalbibliothek inscrit cette publication à la Deutsche Nationalbibliografie; des données bibliographiques détaillées sont disponibles sur internet à l'adresse http://dnb.d-nb.de.

Toutes marques et noms de produits mentionnés dans ce livre demeurent sous la protection des marques, des marques déposées et des brevets, et sont des marques ou des marques déposées de leurs détenteurs respectifs. L'utilisation des marques, noms de produits, noms communs, noms commerciaux, descriptions de produits, etc, même sans qu'ils soient mentionnés de façon particulière dans ce livre ne signifie en aucune façon que ces noms peuvent être utilisés sans restriction à l'égard de la législation pour la protection des marques et des marques déposées et pourraient donc être utilisés par quiconque.

Coverbild / Photo de couverture: www.ingimage.com

Verlag / Editeur:
Presses Académiques Francophones
ist ein Imprint der / est une marque déposée de
AV Akademikerverlag GmbH & Co. KG
Heinrich-Böcking-Str. 6-8, 66121 Saarbrücken, Deutschland / Allemagne
Email: info@presses-academiques.com

Herstellung: siehe letzte Seite /
Impression: voir la dernière page
ISBN: 978-3-8381-7330-6

Samira MAATALLAH BELGACEM

Comportement physiologique et biochimique de jeunes plants de *Laurus nobilis* L. en réponse au stress hydrique

Etude comparée du comportement de deux écotypes de *Laurus nobilis* L. soumis à des niveaux croissants de stress hydrique

Je dédie ce travail à :

Mes Parents, Mon mari, Ma fille Molka, Ma sœur et Mes frères

Photo de laurier noble

Résumé

Afin de mettre en évidence les caractères clés impliqués dans les processus de tolérance à la sécheresse chez le laurier noble, plusieurs expérimentations, ont été réalisées à la pépinière sous des conditions semi-contrôlées, sur deux écotypes de *Laurus nobilis* L. 'Annaba' et 'Bardo' exprimant diverses sources de variabilité. La variabilité écophysiologique pour la tolérance à la sécheresse, à travers l'étude des relations hydriques, de caractères physiologiques et biochimiques, a été étudiée.

Dans un premier temps, des plants des deux écotypes de *L. nobilis* ('Bardo'– semi-aride et 'Annaba'- humide) ont été exposés à deux régimes de stress permanent (60% (S1) et 20% (S2) de la capacité au champ) et deux niveaux de stress cyclique (S11 et S22, le sol est irrigué à la capacité au champ lorsque cette dernière diminue jusqu'à 60% et à 20%, respectivement). Les témoins sont maintenus à la capacité au champ (-0,4±0,3 MPa). Les réponses des deux écotypes aux différents traitements hydriques ont été étudiées, durant trois ans successifs, sur les plans morphologiques, écophysiologique, métabolique et biochimique.

Dans un deuxième temps, les différents processus impliqués dans les réponses physiologiques et biochimiques ont été déterminés, d'une part dans la tolérance à la contrainte hydrique, et d'autre part dans la limitation des dommages cellulaires, pour deux écotypes ayant un comportement plus au moins différent en situation de contrainte hydrique. Les réponses morphologiques ont été mises en évidence en relation avec les caractères physiologiques et biochimiques mesurés concernant l'état hydrique, la photosynthèse, l'élasticité membranaire et la composition de la paroi cellulaire.

Une baisse drastique du potentiel osmotique (Ψs), chez l'écotype 'Annaba', suite à l'accumulation des fortes concentrations en proline dans ses feuilles fait partie des principaux résultats obtenus. Le déficit hydrique induit une augmentation des concentrations en glycine betaine sous stress permanant chez 'Annaba' et sous stress cyclique chez 'Bardo'. Les deux écotypes présentent des taux photosynthétiques similaires, mais l'écotype 'Annaba' a montré une meilleure efficience d'utilisation de l'eau (WUEi). Une augmentation de la teneur en eau apoplastique (AWC) est signalée sous stress modérés (S1 et S11) chez l'écotype 'Bardo' et sous stress sévères pour l'écotype 'Annaba' (S2 et S22). Ceci est dû probablement à un accroissement au niveau de la fraction pectique (surtout de l'arabinose). Le module d'élasticité volumique augmente sous stress permanant chez l'écotype 'Bardo' et sous stress cyclique chez celui de 'Annaba'. Cette élévation de (ε_{max}) est expliquée par une augmentation de la concentration en cellulose chez l'écotype 'Annaba' et de la concentration en hémicellulose chez l'écotype 'Bardo'.

Les différences entre ces écotypes sont, fortement, modulées en fonction du type du stress appliqué (permanents ou cycliques). L'ajustement osmotique et élastique peuvent se produire simultanément en réponse au stress hydrique. Les deux écotypes diffèrent en termes d'ajustement osmotique à la fois qualitatif (nature de l'accumulation des solutés organiques) et quantitatif.

Mots-clés: teneur en eau apoplastique; module d'élasticité volumique; sécheresse; Glycinebetaine, Laurel, osmorégulation, Proline.

Abstract

In order to understand the response of yield and related agronomic traits to different water treatments and growth conditions, we conducted several experiments in the nursery under semi-controlled conditions, on two ecotypes of *Laurus nobilis* L. 'Annaba' 'and 'Bardo' expressing various sources of variability. Ecophysiological variability for drought tolerance, through the study of water relations, physiological and biochemical characters, was studied.

Initially, plants from two populations of *Laurus nobilis* (Tunisia issued from a semi-arid inland site and Algeria originating from a coastal sub-humid area) were exposed during three months under similar controlled conditions to two stress intensities of permanent stress (60% (S1) and 20% (S2) of field capacity) or to cyclic water stress, plants being re-watered when the soil moisture dropped to 60% (S11) or 20% (S22) of field capacity. two-year old plants displayed contrasting physiological strategies to cope with water stress. The responses of two ecotypes to different water treatments were studied for three successive years, both morphological, ecophysiological, biochemical and metabolic.

In a second step, we are interested in determining the different physiological and biochemical processes involved, first in the tolerance to water stress, and also in limiting cellular damage, for two ecotypes having more behavior at least different in situations of water stress. Morphological responses and growth have been identified in relation to physiological and biochemical traits measured on water status, photosynthesis, membrane elasticity and composition of the cell wall.

Among the main results, we note that Algeria exhibited a higher decrease in osmotic potential (Ψs) in relation to stress-induced proline accumulation. Glycinebetaine accumulated in response to drought in response to permanent stress (Algeria) or cyclic stress (Tunisia). The two populations had similar net photosynthesis (A) but Algeria exhibited higher water use efficiency (WUE) than Tunisia. A drought-induced increase in the apoplastic water content (AWC) was noticed in response to mild stress intensities (S1 and S11) in Tunisia and in response to higher stress intensities (S2 and S22) in Algeria in relation to a stress-induced accumulation of pectin and proportion of arabinose within the pectic fraction. Bulk modulus of elasticity (ε) increased in Tunisia in response to permanent drought and in Algeria in response to cyclic stress, as a result of a stress-induced increase in cellulose (Algeria) or hemicellulose (Tunisia).

It is concluded that water stress tolerance could be achieved by both osmotic and elastic adjustment in the coastal population which did not exhibit a prodigal water use comparatively to the inland population. Differences between populations are strongly influenced by the kinetics of water stress application.

Keywords: Apoplastic water content; Bulk modulus of elasticity; Drought; Glycinebetaine, Laurel, Osmoregulation, Proline

Liste des abréviations

A: Taux de photosynthèse net ou l'assimilation nette de CO_2.

ABA: Acide abcissique.

AO: Ajustement osmotique.

AWC: Teneur en eau apoplastique.

C: Traitement témoin.

C_a: les fractions molaires de CO_2 dans l'atmosphère.

Chla: Chlorophylles «a».

Chlb: Chlorophylles «b».

Chl tot: Chlorophylles totales.

C_i: Fractions molaires de CO_2 dans les espaces intercellulaires.

c_i: Poids cumulé de sève récoltée au niveau i de pression.

c_n : poids total de sève récoltée durant le test.

CPG: Chromatographie en phase gazeuse.

CWE: Cell Wall Elasticity (élasticité de la paroi cellulaire).

DO: Densité optique.

E: Taux de transpiration.

ET: Esters terpéniques.

GC/MS: Chromatographe en phase gazeuse couplé à un spectromètre de masse.

gs: Conductance stomatique pour la vapeur d'eau.

HE: Les huiles essentielles.

IK: Indice de Kovats.

LMA: Masse surfacique.

MF: Matière fraiche.

MH: Monoterpènes Hydrocarbonés.

MO: Monoterpènes Oxygénés.

MS: Matière sèche.

MS_f: Matière sèche finale.

MS_i: Matière sèche initiale.

n: Nombre de niveaux d'équilibre appliqués.

OPrB: Phénylpropanoïdes Oxygénés.

PAR: Rayonnement photosynthétique actif.

P_f: poids de la feuille à la fin du test (à Ψw= -4,7 MPa).

P_s: Poids de matière sèche de la feuille.

P_{sat}: Poids de la feuille à saturation.

PSII: Photosystème II.

P-V: Courbe pression-volume.

QACs: Composés d'ammonium quaternaire.

R /OA: Rapport Racines /Organes Aériens.

rb: Resistance de la couche limite à la diffusion de la vapeur d'eau.

RGR: Relative growth rate (taux de croissance relative).

RGR_F : Activité de croissance moyenne relative des feuilles.

RGR_R : Activité de croissance moyenne relative des racines.

RGR_T : Activité de croissance moyenne relative des tiges.

RMR : Rapport Racines/Biomasse totale.

rs: Résistance stomatique.

Rubisco: RubP carboxylase oxygénase.

RWC: Contenu relative en eau.

RWC_0: Contenu relative en eau à la turgescence nulle.

S: Surface foliaire.

S1: Traitement S1.

S11: Traitement S11.

S2: Traitement S2.

S22: Traitement S22.

SH: Sesquiterpènes Hydrocarburés.

SL: Sesquiterpènes Lactones.

SO: Sesquiterpènes Oxygénés.

Wi: Efficience d'utilisation de l'eau intrinsèque.

Winst: Efficience d'utilisation de l'eau instantanée.

WUE: Water Use Efficiency (Efficience d'utilisation de l'eau).

$\delta^{13}C$: Composition isotopique de C^{13}.

$\Delta^{13}C$: Discrimination du carbone 13.

$\delta^{15}N$: Composition en azote (%).

Δt: Temps écoulé entre les deux mesures exprimé en jours.

ε_{max} : Module d'élasticité volumique.

θ_{symp}: fraction symplastique.

Ψb: Potentiel hydrique de base.

Ψmin: Potentiel hydrique de midi.

Ψ_t : Potentiel de turgescence.

Ψw: Potentiel hydrique.

Ψx : Potentiel du xylème.

Ψ_{Π} : Potentiel osmotique.

Ψ_{Π}^{0} : Potentiel osmotique à la turgescence nulle.

Ψ_{Π}^{100} : Potentiel osmotique à pleine turgescence.

Liste des figures

Liste des tableaux

LISTES CARTE, SCHEMA ET PHOTOS

SOMMAIRE

INTRODUCTION GENERALE

Selon, plusieurs auteurs, la biodiversité végétale méditerranéenne est le produit, d'une utilisation traditionnelle et harmonieuse du milieu par l'homme. Cependant, depuis la fin du XIXe siècle, cet équilibre a été perturbé par la surexploitation de certaines espèces. En effet, en Afrique du Nord, les bouleversements écologiques et climatiques engendrent des dysfonctionnements graves, et les forêts en haute montagne sont particulièrement touchées. Divers travaux récents ont cherché à évaluer les risques encourus par l'ensemble de la flore méditerranéenne (Gomez-Campo, 1985; Médail et Quézel, 1997). L'Alliance mondiale pour la Nature (UICN) a publié un bilan général relatif à la flore circum-méditerranéenne indiquant que 53 % des espèces endémiques sont menacées, soit 1 529 taxons.

Sur le littoral méditerranéen, les ensembles thermoméditerranéens préforestiers (formations à *Ceratonia siliqua* L. à *Chamaerops humilis* L., et à *Olea europaea* L. et *Euphorbia dendroides* L.) et forestiers (chênaies vertes matures à *Laurus nobilis* L. ou *Cyclamen balearicum* Willk. et chênaie pubescente à *Cyclamen repandum* Sm.), régressent en raison des changements climatiques et l'urbanisation qui ont entrainé une diminution progressive de ces populations partout dans leur aire de distribution. Ces facteurs sont responsables des extinctions locales d'espèces ou de l'isolement des populations.

Depuis plusieurs années, les météorologistes constatent des modifications des conditions climatiques à l'échelle mondiale, et surtout régionale, allant vers un réchauffement de la planète. Ce changement climatique entraîne des conditions de sécheresse estivale prononcée, provoquant un stress hydrique important. Le climat méditerranéen montre une forte saisonnalité dans la disponibilité de l'eau et de la température (Di Castri et Mooney, 1973).

L'irradiation et la température sont élevées pendant l'été, mais la précipitation est minimale. Les hivers sont légèrement humides et froids. En conséquence, l'été sec, chaud et sans nuages, avec une demande évaporative élevée, est la période la plus défavorable pour la flore locale (Mooney, 1981).

Les changements climatiques en région méditerranéenne sont susceptibles de fortement influencer la vulnérabilité des écosystèmes en augmentant à la fois l'intensité et la fréquence des stress environnementaux (sécheresse, canicule,...) et la fréquence des événements climatiques extrêmes.

Au cours de sa vie, une plante terrestre consomme une quantité d'eau plus de mille fois supérieure à sa masse en matière sèche. Ce besoin important ne tient pas au rôle de l'eau comme substrat de la photosynthèse, qui ne consomme qu'une molécule d'eau par molécule de carbone assimilé, ni à la quantité d'eau stockée dans les tissus néoformés, pourtant dix fois supérieure, mais à la nécessité de maintenir une grande surface de cellules hydratées dans un air desséchant pour pouvoir effectuer la photosynthèse.

Le déficit hydrique est l'un des stress environnementaux les plus importants, affectant la productivité agricole autour du monde (Boyer, 1982). Il occupe et continuera d'occuper une très grande place dans les chroniques agro-économiques. C'est un problème sérieux dans beaucoup d'environnements arides et semi-arides, où les précipitations changent d'année en année et où les plantes sont soumises à des périodes plus ou moins longues de déficit hydrique.

Laurus nobilis L. (laurier noble) arbuste à croissance lente, fait partie de la végétation naturelle de la région méditerranéenne (Bossard et Cuissance, 1984). En Tunisie, cette espèce est devenue très rare dans son habitat naturel. Elle a souvent été surexploitée et il n'en reste que quelques pieds reliques dans les forêts de chênes de Kroumirie. Plusieurs facteurs sont mis en causes : les difficultés de sa régénération, les facteurs anthropiques, les conditions environnementales particulièrement difficiles (propres au milieu méditerranéen) etc...

L'action individuelle de chacun de ces facteurs, ou de plusieurs d'entre eux, rend la régénération du laurier noble difficile et aléatoire.

Les caractéristiques écologiques et l'architecture hydraulique du laurier noble sont bien étudiées (Salleo et *al.*, 2001; Niinemets et *al.*, 2005), ainsi que la composition des différentes parties de la plante en huiles essentielles (Riaz et *al.*, 1989, Li et *al.*, 1990; Baghdadi et *al.*, 1993; PUTIEVSKY et *al.*, 1994 ; Fiorini et *al.*, 1997). Cependant, il n'existe pas de travaux réalisés sur le comportement des jeunes plants de *Laurus nobilis* L. soumis à des modalités d'irrigation et des niveaux différents du stress hydriques. Ainsi, il nous a semblé important d'étudier l'incidence du stress hydrique sur deux populations (population Tunisienne 'Bardo' et population Algérienne 'Annaba') de laurier noble provenant de deux étages bioclimatiques différents et sur la qualité et la quantité en huiles essentielles.

Afin de réaliser ce travail, nous avons conduit des expérimentations sous conditions semi-contrôlées en pépinière sur des plants âgés de deux ans, sur lesquels nous avons fait varier l'intensité et la modalité du stress hydrique.

Ce travail comporte en six chapitres :

- Le premier chapitre est consacré à une revue bibliographique sur le laurier noble, le stress hydrique et les mécanismes développés par les plantes pour contrecarrer le déficit hydrique et garantir une meilleure utilisation de la quantité d'eau disponible.

- Le deuxième chapitre a comporté une description du matériel, du protocole expérimental et des techniques de mesures utilisées pour atteindre les objectifs fixés.

- Dans le troisième chapitre, nous avons caractérisé l'impact du stress hydrique sur la croissance et les caractéristiques morphologiques de jeunes plants de laurier noble.

- Dans le quatrième chapitre nous avons analysé le comportement physiologique de deux populations de *laurus nobilis* L. soumises à des niveaux et des modalités différents du stress hydrique.

- Dans le cinquième chapitre nous avons précisé l'effet de déficit hydrique sur les mécanismes biochimiques impliqués dans cette réponse. Cette thématique comporte une publication présentant le comportement spécifique du laurier noble en réponse à la sécheresse.

- Et le dernier chapitre a été réservé au rôle de l'alimentation hydrique sur la quantité et la qualité des huiles essentielles dans les feuilles de laurier noble.

- Enfin une discussion et une conclusion générale suivi des perspectives de ce travail.

CHAPITRE I
DONNEES BIBLIOGRAPHIQUES

CHAPITRE 1 :   Données Bibliographiques

1-Monographie de laurier noble

1-1.Taxinomie

Les analyses phylogénétiques, ainsi que les travaux de Rodriguez-Sánchez
et *al.* (2009) tendent à confirmer la monophylie (l'existence d'une seule espèce)
de *Laurus* révélant, cependant, l'existence de 6 haplotypes géographiquement
répartis tout au long de l'aire de l'espèce.

Le réseau phylogéographique montre trois lignées différentes dérivées d'un
ancêtre commun, qui ne différaient que par une étape de mutation de la
population existante 'Laurus Egée' (haplotype H1 : la lignée Egée) (Rodriguez-
Sánchez et *al.*, 2009). Une seconde lignée divergente (H2 : séparé par cinq
mutations de l'haplotype ancêtre hypothétique) qui a été distribué du nord de la
Turquie à Palestine (la lignée de l'Est). La troisième lignée inclut toutes les
populations de *laurus nobilis* L. macaronésienne et de l'ouest de la Méditerranée.
Cette lignée de l'Ouest comprend un haplotype central (H3: ancêtre), trouvé dans
le sud du Maroc, le Madère et les îles de Canaries, et trois haplotypes observés
dans les Açores (H4), dans le sud de la péninsule ibérique (H5) et dans une
grande partie du bassin méditerranéen depuis le nord du Maroc à l'ouest de la
mer Egée (H6 : la lignée ouest).

Le laurier noble (*Laurus nobilis* L) est appelé aussi laurier sauce. Cette plante
présente une structure typique de dicotylédone dont le nombre des chromosomes
2n = 24, 48. Elle a été associée à plusieurs mythes et est dédié à Apollon (le dieu
grec de la lumière). Elle est aussi considérée comme un symbole de la victoire,
de la gloire et de l'honneur (Kavvadas, 1959).

1-2.Caractères botaniques

Laurus nobilis L. est un arbuste ou petit arbre aromatique de 2 à 10 mètres de hauteur très rameux et à rameaux dressés (Sari et *al.*, 2006). Les feuilles de 10cm de long sont alternes, persistantes, coriaces, dioïque, elliptiques-lancéolées, atténuées en court pétiole, penninervées, entières, ondulées aux bords et de couleur glabre à vert.

Les fleurs sont dioïques, blanchâtres à jaunâtres, odorantes, en petites ombelles axillaires pédonculées et involucrées. Le périanthe pétaloïde, caduc, à 4 divisions obovales égales, possède 8 à 12 étamines sur 2 rangs, à anthères s'ouvrant de la base au sommet par des valvules (Conforti et *al.*, 2006). Un seul style court et épais, à stigmate subcapité. Un ovaire libre, entouré de 2-4 staminodes tripartites. La floraison débute en avril (Sari et *al.*, 2006) et se termine en Septembre ou Octobre. Le fruit est une drupe ellipsoïde avec une seule graine de 10-15 mm de diamètre, de forme ovale et de couleur noir à maturité (Conforti et *al.*, 2006 ; Konstantinidou et *al.*, 2008). Les graines de laurier sont récalcitrantes (perte de la viabilité à une humidité inférieure à 10%) (Roberts, 1973). Les travaux, réalisés sur la germination des semences de laurier, ont montré que le péricarpe externe charnu induit la dormance (Takos, 2001; Tilki, 2004).

1-3. Histoire, Origine et Aire de répartition géographique

L'histoire de la flore méditerranéenne a fasciné les biogéographes depuis qu'elle a été formellement décrite comme une région floristique (Takhtajan, 1986), en particulier, les anciens taxons subtropicaux (par exemple, Myrtus, Laurus, Olea, Phillyrea) reconnus depuis longtemps dans cette flore méditerranéenne. Les ancêtres des espèces actuelles ont occupé une vaste région autour de l'ancienne mer Téthys (dont la Méditerranée est la fille) au cours de la plupart de Paléogène et au début du Néogène (Mai, 1989; Palamarev, 1989). Cette flore dite «Madrean-Téthys» (Axelrod, 1975) a subi de larges contractions et extinctions depuis le Miocène moyen en raison de grands changements climatiques et tectoniques (Mai, 1989).

En particulier, la mer 'Téthys' a été considérablement réduite par la proximité progressive de l'Eurasie et les plaques africaines, en collaboration avec un climat frais et sec (Krijgsman, 2002). L'apparition du climat méditerranéen au milieu de Pliocène, ainsi que l'aridité accrue et les températures froides provoqués par les glaciations du Pléistocène, a finalement abouti à l'extinction de la plupart des populations reliques de plantes téthysiennes au Sud du l'Europe et de l'Afrique du Nord (Kovar-Eder et *al.*, 2006).

Le laurier (*Laurus* L.) est le seul membre de Lauraceae qui a persisté jusqu'à nos jours dans le sud de l'Eurasie. Après des réductions considérables dans toute la Néogène, sa distribution actuelle est limitée à des zones relativement mésiques dans le bassin méditerranéen, la région pontique (sud de la mer Noire) et les archipels macaronésienne (Santos, 1990).

Les Dernières dispersions à longue distance a été favorisée par les oiseaux (Forfang et Olesen, 1998; Hampe, 2003) et sans doute par des translocations à médiation humaine, ce qui pourrait expliquer la large diffusion de l'haplotype H6 à travers la Méditerranée. Cet haplotype devrait avoir subi les changements les plus intenses comme les cycles glaciaires du Quaternaire (Rodriguez-Sánchez et Arroyo, 2008).

Figure 1.1. Répartition géographique (en gris) de Laurus azorica (Seub) Franco (Macaronésie et le sud du Maroc) et de *Laurus nobilis* L. dans le bassin méditerranéen. Carte redessinée d'après Rodríguez-Sánchez et Arroyo (2008).

8

Laurus nobilis L. est cultivé dans de nombreux pays méditerranéens. Les Centres de production commerciaux comprennent des domaines tels que la Turquie, la Belgique, les Canaries, l'Algérie, le Maroc, le Portugal, l'Espagne, l'Italie, la Grèce, la France, l'ex-Yougoslavie (Monténégro), l'Amérique centrale, les États-Unis du Sud et le Mexique (Demir et *al.*, 2004 ; Kilic et Altuntas, 2006 ; Barla et *al.*, 2007). Elle est aussi cultivée dans le nord de l'Iran (Zargari, 1990).

En Tunisie, cette espèce se trouvait aux bords des oueds et des sources d'eau en montagne, sur les rochers humides d'Ain Drahem, Tabarka, du Kef et du cap-Bon (Pottier, 1979). Quelques spécimens sont encore présents à Zaghouan et Djebel Ghorra mais à l'état rabougris dans des escarpements rocheux. Cependant, actuellement, cette espèce est devenue très rare dans son habitat naturel. Elle a souvent été surexploitée et il n'en reste que quelques pieds reliques dans les forêts de chênes de Kroumirie.

1-4. les conditions climatiques et édaphiques

Le laurier noble se rencontre dans le niveau inférieur de l'étage Mésoméditerranéen dans le bioclimat subhumide tempéré (Barbero, 1988 ; Albouchi et *al.*, 1989).

Il se trouve toujours dans les microclimats les plus humides (Sfikas, 1993; Pirone, 1995; Begines, 1996), tels que les fonds des vallées, les canyons, les rochers et les bois de la région méditerranéenne (Base de Données Nomenclaturale de la Flore de France par Benoît Bock BDNFF v4.02). Il est cultivé à une altitude de 600-800 m (Davis, 1982).

Le laurier noble semble pousser sur des sols légèrement acides à neutre, mais il est très sensible à la salinité. Les jeunes plants ne peuvent pas supporter des concentrations en NaCl supérieures à 30 mM (Maatallah et *al.*, 2003).

1-5. Utilisations

En raison de l'utilisation très large des feuilles, des baies et des huiles essentielles, le laurier noble a fait l'objet de plusieurs recherches scientifiques

(Akgül et *al.*, 1989; Riaz et *al.*, 1989; Ozek et *al.*, 1998; Pino et Borges, 1999; Biondi et *al.*, 1993; Caredda et *al.*, 2002; Kilic et *al.*, 2004). C'est un arbuste forestier «multi-usage», chaque partie (feuilles, fruits, fleurs, bois et l'écorce) est utilisable et représente une source de revenue pour l'usager.

- Composition des huiles essentielles
Il existe de nombreuses études sur la composition chimique de l'huile essentielle obtenue à partir des feuilles de laurier noble originaires de la Méditerranée et de l'Europe (Riaz et *al.*, 1989, Li et *al.*, 1990; Baghdadi et *al.*, 1993; Putievsky et *al.*, 1994 ; Fiorini et *al.*, 1997).

Ces feuilles contiennent environ 1 à 3% d'huile essentielle sur une base de la biomasse fraiche avec une périodicité saisonnière dans sa synthèse et son accumulation (Demi et *al.*, 2004). Ses principaux composants sont : le 1,8 cineol (44,12%), la sabinène (6,20%), le 4-terpinéol (3,60%), le α-terpinéol (2.19%), le α-pinène (2,74%), le β-pinène (2,05%), le méthyleugénol (2,48%), l'eugénol (15.16%), le linalol, plus d'autres esters et terpenoids (Deraz et Bayram, 1996 ; Riaz et *al.*, 1989) qu'on peut classer comme suit :

les monoterpènes : α et β pinènes, sabinène.

les sesquiterpènes : β élémène, β caryophyllène, α humulène.

les monoterpénols : linalol, α terpinéol, terpinène 1-4, bornéol, géraniol, cis thujanol-4.

les esters terpènes: formiate, acétate, caproate, isobutyrate et isovalérate de terpényle, acétates de linalyle, de bornyle, de géranyle.

les phénols : eugénol, cis-eugénol.

les phénols méthyl-éthers : eugénol M.E.

les Oxydes: 1,8-cinéole, déhydro-1,8-cinéole.

les Lactones sesquiterpènes: costunolide, artémorine.

- Utilisation culinaire

Les feuilles de L. *nobilis* sont utilisées comme une épice précieuse dans les secteurs culinaires et l'industrie alimentaire de plusieurs pays surtout les pays occidentaux. L'industrie alimentaire utilise l'huile essentielle dans l'assaisonnement des viandes, des soupes et des plats de poisson et aussi comme un ingrédient essentiel des bouquets garnis. Elles sont notamment utilisées comme inhibiteur de moisissures (conservateur) (Parry, 1969 ; Acar, 1987 ; Saim et Meloan, 1986, Syed et *al.*, 1991, Baratta et *al.*, 1998).

- Utilisation aromatique et cosmétique

Les feuilles de laurier noble donnent un arôme très parfumé et aromatique. Leurs huiles essentielles sont utilisées par l'industrie cosmétique. Les baies sont généralement utilisées dans les savons et dans la production de bougies à cause de leur teneur élevée en acide gras (Hafizoglu et Reunanen, 1993).

- Utilisation ornementale

Le laurier noble est largement cultivé comme plante ornementale dans les jardins et les parcs (Arabatzis, 1998). En outre, il est utilisé symboliquement dans des célébrations religieuses (Baumann, 1993).

- Utilisation dans les industries pharmaceutiques

Depuis l'époque Dioscoride, les propriétés pharmaceutiques des feuilles et des fruits de laurier noble ont été connues (Skroubis, 1990). Dans la médecine traditionnelle, les feuilles et les fruits ont été utilisés pour traiter l'épilepsie (Aqili Khorasani, 1992; Zargari, 1990), les névralgies, le parkinsonisme (Aqili Khorasani, 1992) et les symptômes des problèmes gastro-intestinaux tels que le ballonnement épigastrique, la digestion, les éructations et les flatulences. Ils ont été utilisés aussi contre l'hystérie et comme emménagogue. La poudre de fruits est utilisée sous la forme d'une perfusion et a des propriétés diurétiques et carminatives.

Des études récentes ont montré que l'huile essentielle des feuilles, augmente la sécrétion de liquide gastrique, traite les troubles digestifs, soulage les douleurs d'hémorroïdes, les rhumatismes, les éruptions cutanées et les maux d'oreilles

(Zargari, 1990 ; Heinerman, 1983) et peuvent être utilisées aussi dans le traitement du diabète et la prévention de la migraine (Duke, 1997). D'autres articles pharmacologiques ont montré, l'activité anesthésique, hypothermique, antioxydante, anticonvulsivante de l'eugénol, du méthyleugénol et des monoterpènes (Dallmeier et Carlini, 1981). Ainsi qu'un effet diurétique (Zargari, 1990; Khorasani Aqili, 1992), antifongique (Qamar et Chaudhary, 1991), antibactérien (Seyed et *al*., 1991 ; Simić et *al*., 2003), et antistress du l'eugénol (Sen et *al*., 1992). Les activités antinociceptive, analgésique et anti-inflammatoire des huiles essentielles de la feuille de L. *nobilis* ont été aussi signalées (Sayyah et *al*., 2003).

Les huiles grasses provenant du fruit sont utilisées en usage externe pour le traitement des furoncles, des entorses, des contusions et comme un insectifuge (Leyel, 1984; Tucakov, 1990).

Le costunolide identifié dans les feuilles de laurier est le sesquiterpène lactone le plus étudié. Il améliore l'activité de glutathion S-transférase (GST) dans le foie (Wada et *al*., 1997), induit la détoxification des xénobiotiques et favorise l'apoptose en diminuant la protéine anti-apoptotique Bcl-2 (Babish et *al*., 2002). Le costunolide est essentiel à la cytotoxicité et à l'activité anti-tumorale (McBrien et *al*., 1995 ; Matsuda et *al*., 2002).

2-Importance économique

La valeur commerciale de cette espèce réside dans ses usages multiples : huiles essentielles, médicaments génériques, produits cosmétiques….

Vu cette importance, la consommation mondiale de laurier noble engendre une augmentation de 5% chaque année (Reports of Aegean Exporters' Associations, 2005). La demande mondiale de laurier s'élève à plus de 3000 tonnes des feuilles sèches par an (CNUCED, 2006). La Turquie est l'un des principaux producteurs et fournisseurs de feuilles de laurier noble. La quantité moyenne des feuilles séchées exportées par ce pays a été de 4 millions de kg par an pendant la période de 1999-2001 (Artukoğlu et Uzmay, 2003).

L'huile essentielle de laurier est l'un des principaux produits d'exportation de l'ex-Yougoslavie. L'Argentine importe environ 30 tonnes de feuilles de laurier par an (SAGPYA, 2008).

3- L'écosystème méditerranéen et le stress hydrique

Le climat méditerranéen se rencontre dans 5 régions du monde, toutes situées à des latitudes comprises entre 30° et 43° nord ou sud. Il s'agit du sud et sud-ouest de l'Australie (610000 km²), de la Californie (280000 km²), du centre du Chili (130000 km²), de l'Afrique du Sud (60000 km²) et du bassin méditerranéen (1 680 000 km²), ce qui représente une surface totale d'environ 2,75 millions kilomètres carrés (Rambal, 2001). Bien que les régions méditerranéennes ne représentent pas plus de 2% de la surface des terres émergées, elles possèdent une biodiversité exceptionnelle (Cowling *et al.*, 1996), des paysages et des écosystèmes diversifiés et un climat aux variations interannuelles marquées.

Les régions méditerranéennes peuvent être considérées comme représentatives des écorégions limitées par la sécheresse, car le déficit hydrique y est la principale contrainte climatique subie par la végétation (Rambal, 2001; Reichstein et *al.*, 2002).

Le climat méditerranéen marque une transition entre le climat tropical sec et le climat tempéré. Il est caractérisé par une séquence climatique annuelle où les étés chauds et secs alternent avec des périodes froides et humides de l'automne au printemps (Daget, 1977). La capacité de production durant l'été est entravée par la sécheresse, associée à des températures élevées et de faibles précipitations, entraînant une demande d'évaporation élevée et une faible disponibilité en eau du sol pendant la plupart de la période potentielle de croissance (Tenhunen et *al.*, 1984 et 1990).

Les espèces arborescentes de la région méditerranéenne ont évolué avec le stress hydrique, comme l'une des principales contraintes environnementales, avec des réponses globales qui ajustent l'apport et l'utilisation des eaux pour assurer leur productivité (Tenhunen et *al.*, 1990; Sala et Tenhunen, 1994; Martine-Vilalta et *al.*, 2002; David et *al.*, 2004). Le principal mécanisme employé par les espèces est la fermeture des stomates qui est utilisée pour réguler la perte d'eau par la transpiration et éviter la destruction des cellules et des tissus à la suite de la déshydratation (Tenhunen et *al.*, 1989b; Sala et Tenhunen 1994; Martine-Vilalta et *al.*, 2002). Ce mécanisme de régulation doit cependant trouver un équilibre entre l'absorption du CO_2 et la limitation de la perte excessive d'eau, tout en assurant un potentiel hydrique foliaire favorable à l'approvisionnement d'eau (Jones et Sutherland, 1991; Sperry, 2000; Schultz, 2003).

- **Vulnérabilité des écosystèmes méditerranéens aux changements climatiques**

Cela fait plusieurs années maintenant que des scientifiques du monde entier travaillent sur la problématique du changement climatique à différentes échelles de temps et de lieux (IPCC 2001). Il est essentiel de signaler que l'impact d'un réchauffement sur l'agriculture est intimement lié aux besoins physiologiques de la culture, à sa répartition spatiale et saisonnière ainsi qu'à son amplitude (McCarthy et *al.*, 2001). Le réchauffement climatique ne touchera pas toutes les régions du monde dans des proportions similaires (IPCC, 2001).

La vulnérabilité d'un écosystème se définit comme son incapacité à faire face à une perturbation ou à un stress (White, 1974). Elle dépend de sa résistance à la perturbation ou au stress, et de sa résilience, sa capacité à retrouver son état initial après la perturbation ou le stress (Luers, 2003; 2005). Les changements climatiques en région méditerranéenne sont susceptibles de fortement influencer la vulnérabilité des écosystèmes en augmentant à la fois l'intensité et la fréquence des stress environnementaux (sécheresse, canicule,...) et la fréquence des événements climatiques extrêmes. Les changements climatiques consistent en trois principaux changements : l'augmentation de la concentration en CO_2 atmosphérique, l'augmentation de la température et l'augmentation du déficit hydrique.

Les conséquences du changement climatique sur les précipitations montrent des tendances inverses selon les régions et selon les saisons. Ainsi, pour la région méditerranéenne, les modèles climatiques régionaux s'accordent à prévoir une diminution importante des précipitations, en particulier pendant la saison estivale (Gao et *al.*, 2006; Giorgi et Lionello, 2008; Somot et *al.*, 2008). A l'échelle de la Tunisie, l'hiver et le printemps sont les saisons qui subiront le moins d'échauffement, avant une rupture brutale pour la période estivale. Ceci serait particulièrement vrai pour la région méditerranéenne.

La forte amplitude des changements climatiques attendus pour la région méditerranéenne en fait un des principaux « *hot-spot* » de changement climatique identifié par les climatologues (Giorgi, 2006). La variabilité interannuelle des précipitations devrait également augmenter, ainsi que la fréquence des épisodes de sécheresses extrêmes (Fig.1.2) (Sheffield et Wood, 2008).

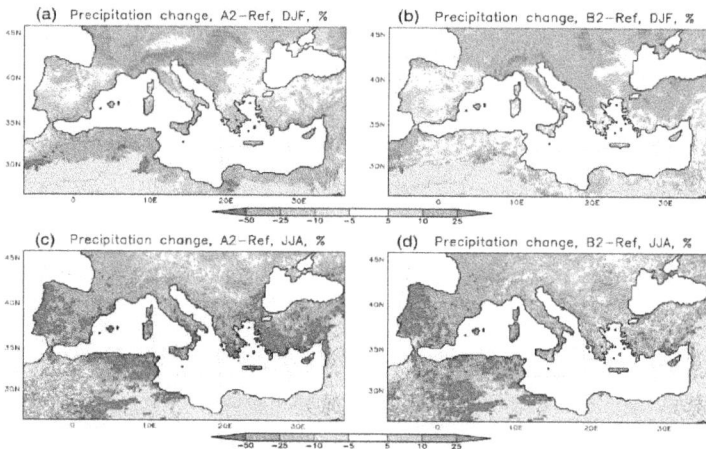

Figure 1.2. Changement des précipitations (en %) sur le bassin méditerranéen selon deux scénarios d'augmentation de la concentration en CO_2 atmosphérique, scénario A2 (a, c) et scénario B2 (b, d), et à deux périodes de l'année, pendant les mois Décembre-Janvier-Février (a, b) et les mois Juin-Juillet- Aout (c, d). Le scénario A2 prévoit une concentration en CO_2 atmosphérique de 840 ppm en 2100 et le scénario B2 une concentration de 600 ppm (IPCC, 2007). Les prévisions montrent une forte diminution des précipitations estivales au nord et au sud de la Méditerranée quel que soit le scénario. En revanche les précipitations hivernales pourraient augmenter localement au nord de la Méditerranée. D'après Gao et Giorgi (2008).

4- Le stress hydrique

La définition du stress chez les plantes apparaît avec des significations différentes qui convergent principalement en attribuant le stress à n'importe quel facteur environnemental défavorable pour une plante (Levitt, 1980). En conséquence, la capacité d'une plante à survivre à un facteur défavorable est appelée la résistance ou la tolérance au stress. Strasser (1988) et Tsimilli-Michael et *al.* (1996) considèrent que le stress a une signification relative, avec un témoin comme état de référence ; ils considèrent le stress comme une déviation du témoin à une contrainte.

La sécheresse est un problème mondial, limitant sérieusement la production en qualité et quantité. Cette situation est aggravée par les récents changements climatiques (Anand et *al.*, 2003; Vasil, 2003). En outre, la sécheresse est liée au stress salin, au froid, à la haute température, au stress acide, au stress alcalin, aux réactions pathologiques, à la sénescence, à la croissance, au développement, aux blessures, à l'embryogenèse, à la floraison, et à la transduction du signal etc... Par conséquent, elle est liée à presque tous les aspects de la biologie (Shao et *al.*, 2005). Les plantes doivent posséder et maintenir des mécanismes d'adaptation pour assurer leur survie pendant les conditions environnementales défavorables. Ils sont exprimés par un certain nombre de traits physiologiques et morphologiques dont: la réduction de la taille foliaire, l'abscission des feuilles, l'augmentation du rapport racine/organes aériens (Liu et Dickmann,1992; Chen et *al.*,1997; Ibrahim et *al.*, 1997; Tschaplinski et *al.*, 1998), la fermeture stomatique (Liu et Dickmann, 1992; Blake et *al.*, 1996; Harvey et Driessche, 1997; Cornic., 2000), l'ajustement osmotique (Gebre et *al.*, 1994; Hare et *al.*, 1998), la régulation de l'expression génétique (Ingram et Bartels,1996), l'augmentation de l'efficience d'utilisation de l'eau (Levitt, 1980) et le maintien de l'activité photosynthétique (Dreyer, 1997).

4-1. Le stress hydrique limite la croissance des organes de la plante

Les stress environnementaux, notamment le stress hydrique, limitent sérieusement la croissance des plantes ainsi que leur productivité végétale (Wang et *al.*, 2003). Le stress hydrique diminue la croissance des plantes, en ralentissant le taux de division et d'expansions de cellules principalement en raison d'une perte de turgescence liée à l'altération de l'état hydrique cellulaire. La teneur relative en eau (RWC) aussi bien que le potentiel hydrique (Ψw) et ses composantes, le potentiel de turgescence (Ψt) et le potentiel osmotique (Ψs), sont les paramètres les plus généralement étudiés pour évaluer l'état hydrique des plantes (Tezara et *al.*, 2002).

La limitation de la croissance foliaire est un mécanisme adaptatif qui permet de réduire la transpiration. Les réductions de croissance sont l'une des premières manifestations du déficit hydrique (Kramer et Boyer, 1995; Saab et Sharp, 2004). Elles se produisent soit directement à travers une réduction de vitesse de croissance, soit indirectement en réduisant le nombre d'organes portant des feuilles:

• *La réduction de vitesse de croissance foliaire met en jeu plusieurs mécanismes*

La vitesse de division cellulaire (Granier et *al.*, 2000) ainsi que la turgescence décroissent (Bouchabke et *al.*, 2006). Les parois cellulaires, qui doivent se déformer pour permettre la croissance cellulaire, deviennent plus rigides (Cosgrove, 2005). Chacun de ces phénomènes met en jeu plusieurs familles de gènes dont les régulations ne sont pas parfaitement connues (Kiani *et al.,* 2007). Le schéma des modifications de croissance est lui même complexe, en particulier parce que plusieurs modifications se superposent et s'entrecroisent (notamment celles de l'acide abscissique, de l'éthylène et des sucres) (Sharp, 2002; Leon et Sheen, 2003). Il existe cependant un accord sur le fait que la réduction de croissance n'est pas une conséquence passive du manque d'eau dans les cellules. Elle est contrôlée et programmée par la plante, avec l'intervention de gènes d'inhibition qui s'expriment avant les sècheresses "sévères".

17

• *L'architecture de la plante est profondément modifiée*

Un déficit hydrique, même très modéré et ne présentant pas de symptômes flagrants, se traduit chez beaucoup d'espèces par une modification importante de l'architecture de la plante. Chez la vigne, par exemple, le nombre de ramifications et le nombre d'organes élémentaires (phytomères) de la tige sont drastiquement réduits (Lecoeur et *al.*, 1995; Belaygue et *al.*, 1996; Lebon et *al.*, 2004). Chez les graminées, le nombre de talles est réduit en cas de déficit hydrique (Courtois et *al.*, 2000).

• *La croissance de plusieurs organes est inégalement affectée*

Relativement peu d'études ont abordé les conséquences du déficit hydrique sur plusieurs organes de la plante. Le développement végétatif est fortement perturbé sous des conditions limitantes d'alimentation hydrique (Chaves et *al.*, 2002; Ferreyra et *al.*, 2004 ; Lebon et *al.*, 2006). Un consensus existe cependant sur le fait que les racines sont les organes dont la croissance est la moins affectée, par rapport aux organes aériens, végétatifs et reproducteurs (Soar et Loveys, 2007). Ainsi, la croissance des feuilles est beaucoup plus inhibée que la croissance des racines (Westgate et Boyer, 1985). On note principalement une diminution importante de la taille et de la surface foliaire (Lebon et *al.*, 2006). La réduction de la surface foliaire peut provenir d'une diminution de l'expansion foliaire et/ou d'une sénescence accélérée de la feuille.

Au niveau cellulaire, il existe une valeur seuil de turgescence, conditionnée par l'extensibilité de la paroi, pour laquelle l'expansion est stoppée, et lorsque la contrainte est sévère, la perte de turgescence peut conduire à la sénescence foliaire. Ainsi des plantes soumises à un déficit hydrique voient généralement leur sénescence foliaire s'accélérer (Lebon et *al.*, 2006), et une perte trop importante d'eau peut conduire à la mort de la cellule et à la sénescence du tissu. Cette réduction de la surface foliaire en conditions sèches diminue la surface évaporatrice de la plante et limite considérablement la production primaire.

La différence de croissance entre les organes aériens et les racines est extrêmement importante pour la survie des plantes (Serraj et Sinclair, 2002). De ce fait, la racine représente le premier organe de la plante qui capte le stress hydrique du sol. Le déficit hydrique conduit à une réduction du potentiel hydrique dans la zone racinaire et rendent l'acquisition de l'eau par les plantes difficile (Bohnert et Sheveleva, 1998). Par exemple, dans les racines primaires du maïs (*Zea mays*), le stress hydrique entraîne une réduction marquée de la croissance à l'extrémité de la racine, essentiellement due à une diminution de l'expansion des cellules plutôt que dans la division cellulaire (Shimazaki et *al.*, 2005).

4-2. Effet du stress hydrique sur l'activité photosynthétique

La réponse de la photosynthèse au stress hydrique est, au contraire, un phénomène très bien décrit (Chaves et *al.*, 2002; Flexas et Medrano, 2002; Lawlor et Cornic, 2002). Le déficit hydrique modifie les processus biochimiques et physiologiques, allant de la photosynthèse jusqu'à la synthèse des protéines et l'accumulation de solutés (Larcher, 1995). La diminution de l'assimilation photosynthétique est généralement observée chez les plantes cultivées sous des conditions de stress hydrique (Li et *al.*, 2004). Deux grand types de limitations de la photosynthèse ont pu être mise en évidence : les limitations stomatiques et les limitations non-stomatiques (Jones, 1992; Béjaoui et *al.*, 2008). La fermeture stomatique, qui résulte de la régulation du potentiel hydrique foliaire, est la première limitation photosynthétique qui apparaît en condition de stress hydrique (Chaves, 1991). Cette limitation diffusive agit sur la photosynthèse en diminuant la diffusion du CO_2 atmosphérique vers la chambre sous-stomatique. Comme l'ouverture et la fermeture stomatique contrôlent à la fois la transpiration et la photosynthèse, la régulation stomatique impose un compromis entre les flux d'eau et de carbone qui se traduit par l'efficience d'utilisation de l'eau.

Les limites non-stomatiques peuvent être attribuées à une réduction dans la régénération du Ribulose Biphosphate carboxylase oxygénase (RuBP), substrat du cycle de Calvin (Gimenez et *al.*, 1992).

La diminution du potentiel hydrique foliaire (Ψw) et du contenu relatif en eau (RWC) observés en réponse à la contrainte hydrique conduit à une diminution de la capacité photosynthétique chez le tournesol (Tezara et *al.*, 2002). Ainsi, chez la vigne, il y a eu une réduction de 35% de l'activité photosynthétique suite à une diminution du potentiel hydrique de -1,0 MPa à -1,5 MPa (Poni et *al.*, 2007). La réduction de la photosynthèse, liée à la diminution du potentiel hydrique foliaire, est supposée dépendre à la fois de la fermeture des stomates, avec pour conséquence une diminution de la conductance à la diffusion de CO_2 et d'une limitation biochimique à fixer le CO_2 au niveau des chloroplastes (Tardieu et Simoneau, 1998; Escolana et *al.*, 1999; Flexas et Medrano, 2002). Il s'ensuit une diminution de la production des plantes (Lowlor, 2002). Cependant, une controverse existe depuis plusieurs années sur les parts stomatique et biochimique de la réduction de la photosynthèse en cas de déficit hydrique.

4-3. Effet du stress hydrique sur la conductance stomatique

La conductance stomatique a été longtemps considéré comme un bon critère de caractérisation de la résistance à la sécheresse (Boyer, 1970; Quarrie et Jones, 1979). Une conductance stomatique élevée augmente la diffusion de CO_2 à travers les feuilles en favorisant ainsi des taux photosynthétiques élevés. Le contrôle de la régulation stomatique fait intervenir la turgescence cellulaire mais également des messagers racinaires, comme l'acide abscissique (ABA) (Davis et *al.*, 1994; Sauter et *al.*, 2001). La conductance stomatique diminue lors de l'abaissement du potentiel hydrique. La fermeture stomatique est un élément essentiel de la réponse à la sécheresse; elle permet une réduction de la perte d'eau par transpiration (Blake et *al.*, 1996) et peut éviter l'abscission des feuilles (Liu et Dickmann, 1992) et la cavitation (Blake et *al.*, 1996; Harvey et Driessche, 1997).

La connaissance du comportement et de la physiologie des stomates est une des clés de la compréhension du développement des végétaux, car c'est leur ouverture qui permet de réguler l'entrée de CO_2 (nécessaire pour la réalisation de la photosynthèse) ainsi que la perte d'eau par la plante. Cette double fonction stomatique implique des interactions entre les deux processus (Dreyer, 1997; Jarvis et Davis, 1998; Hubbard et *al.*, 1999; Le Roux et *al.*, 1999).

D'autres auteurs considèrent que les stomates opèrent de façon à éviter des conséquences catastrophiques sur la plante dues au manque d'eau (notamment l'embolie des vaisseaux conducteurs) tout en maintenant un niveau maximum de productivité (Tyree et Sperry, 1988; Jones et Sutherland, 1991).

Plusieurs facteurs agissant sur l'ouverture stomatique tel que l'augmentation de l'irradiation qui a pour conséquence d'ouvrir les stomates tandis que l'augmentation de la concentration en CO_2 ou du déficit de vapeur dans l'air induisent un processus inverse (Jones, 1983 ; Hinckley et Braatne, 1994 ; Kramer et Boyer, 1995). Le rôle de la fermeture stomatique et les processus biochimiques impliqués dans la diminution des taux photosynthétiques au cours de la sécheresse ont été bien décrits dans de nombreuses études précédentes (Sharkey et Seemann 1989; Chaves, 1991; Cornic et Briantais, 1991; Quick et *al.*, 1992; Evans et Loreto, 2000). Une forte relation entre l'état hydrique de la plante et la régulation stomatique a été récemment signalée par plusieurs études montrant, pour des arbres en conditions de sécheresse édaphique, l'importance de la fermeture stomatique dans le maintien du potentiel hydrique du xylème au dessous d'un seuil conduisant à une embolisation significative des vaisseaux conducteurs (Tyree et Sperry, 1988; Tyree et Sperry 1989; Sperry, 1995; Jones et Sutherland, 1991; Cochard et *al.*, 1996). Dans une grande gamme de déficits hydriques compatibles avec l'activité agricole, la part stomatique est probablement la plus importante. En situation de déficit hydrique, la plante ferme ses stomates pour réduire ses pertes en eau (Tardieu et Dreyer, 1997).

La régulation, de l'ouverture et la fermeture des stomates dépend du potentiel hydrique foliaire et de l'humidité de l'air au champ (Turner, 1997). Une faible conductance est généralement proposée comme critère favorable à l'adaptation à la sécheresse (Turner, 1986).

● *Rôle d'ABA dans la fermeture des stomates*

L'acide abscissique (ABA), bien connu comme phytohormone de stress et inhibiteur de croissance, a été longtemps étudiée en tant qu'un médiateur potentiel de l'induction de la tolérance à la sécheresse chez les plantes (Zhang et Davies, 1989 ; Sharp, 2002). Il joue un rôle majeur dans l'adaptation des plantes aux stress environnementaux (La Rosa et *al.*, 1987; Trewavas et Jones 1991; Li et *al.*, 2002; Alfredo et *al.*, 2004). L'ABA semble avoir un rôle prédominant dans la conversion des signaux environnementaux vers des changements de l'expression génétique (Bray, 2002; Zhu, 2002). En plus de son rôle dans la limitation de la perte par transpiration en particulier sous déficit hydrique (Roberts et Dumbroff, 1986 ; Wilkinson et Davis, 2002), l'ABA joue également un rôle de premier plan dans divers processus physiologiques et biochimiques liés aux stress environnementaux (Sauter et Hartung, 2000).

Des études antérieures (Schurr et *al.*, 1992; Hartung et *al.*, 2002) ont suggéré que sous stress hydrique, l'ABA est synthétisé dans les racines et transporté vers les feuilles. Il augmente de manière significative dans tous les organes. Mais, généralement, il est plus élevé dans les feuilles que dans les tiges et les racines. C'est un indicateur sensible des changements dans la disponibilité de l'eau du sol. L'effet de l'acide absicique (ABA) en tant qu'inducteur de la fermeture stomatique a été largement montré (Wartinger et *al.*, 1990; Davies et Zhang, 1991), mais il y a encore des incertitudes sur son origine et sur sa contribution exacte à ce phénomène (Dreyer, 1997).

4-4. Effet du stress hydrique sur la transpiration

Les stomates sont des ouvertures microscopiques dans l'épiderme des feuilles permettant la transpiration et assurant les échanges gazeux entre la plante et l'atmosphère. La transpiration se manifeste par une perte d'eau (98% d'eau absorbée) sous forme de vapeur entraînant un refroidissement des tissus de la plante. Cette perte est inévitable car les stomates doivent s'ouvrir pour permettre l'entrée du CO_2. De plus, elle entraîne une absorption supplémentaire d'eau et favorise l'absorption et la circulation des éléments minéraux. Une réduction de la transpiration par fermeture stomatique se traduit donc par un échauffement de la feuille, souvent de plusieurs $C°$. Le déficit hydrique se trouve ainsi fréquemment associé au stress thermique, non seulement parce que les périodes sèches sont souvent chaudes, mais aussi à cause des réductions de transpiration (Leinonen et Jones 2004). La photosynthèse est intrinsèquement liée à la transpiration, et il n'existe aucun moyen connu de contourner l'échange "eau contre carbone". Cet échange est la limitation principale de la "tolérance à la sécheresse" : on ne pourra jamais construire des plantes qui maintiennent leur productivité sans un niveau élevé de transpiration (Chaves et *al.,* 2002). Le contrôle stomatique et la réduction de surface foliaire sont nécessaires au maintien de l'état hydrique des plantes. Cependant, ils se traduisent par une baisse de la photosynthèse. La diminution de la conductance stomatique sous stress hydrique contrôle effectivement la perte d'eau et l'augmentation de l'efficience de l'utilisation de l'eau.

4-5. Effet du stress hydrique sur l'efficience d'utilisation de l'eau (WUE)

L'efficience d'utilisation de l'eau (WUE: water use efficiency) est un indicateur de l'adaptation des plantes à la sécheresse. Plusieurs définitions coexistent, permettant d'accéder à différentes échelles spatiales et temporelles.

Elle est traditionnellement définie comme le rapport d'accumulation de la matière sèche à la consommation d'eau au cours d'une saison, (rendement (Y)/consommation en eau des cultures (ETC), WUE= Y/ETC) (Briggs et Shantz,

1914; Hubick et *al.*,1986). Plus la WUE est grande, plus le gain de carbone par mole d'eau transpirée est grand.

L'effet simultané de la conductance stomatique sur la transpiration et la photosynthèse impose un compromis entre la perte d'eau et la quantité de carbone assimilée. L'efficience d'utilisation de l'eau (WUE) se définie comme le ratio entre la quantité de carbone assimilé (A) et la quantité d'eau transpirée (E) :

$$WUE = A/E$$

En se plaçant tout d'abord à l'échelle foliaire, on peut définir une efficience d'utilisation de l'eau "photosynthétique" qui se décline en deux expressions. Ces deux types d'efficience d'utilisation de l'eau dites intrinsèque et instantanée (respectivement, Wi et Winst) comprennent toutes deux une composante biologique se définissant comme le rapport entre l'assimilation nette de CO_2 (A) et la conductance stomatique pour la vapeur d'eau (gs). A la différence de Wi, Winst dépend aussi d'une composante environnementale, n (différence de fraction molaire de vapeur d'eau entre la feuille et l'atmosphère). Elle est exprimée par le rapport taux de photosynthèse/taux de transpiration (Winst= A/E).

D'après Cabrera-Bosquet et *al.* (2007), Wi peut mieux exprimer WUE foliaire que Winst. WUE varie, d'une part, avec les conditions climatiques et, d'autre part, avec l'espèce. Elle est d'autant plus faible que la demande climatique est plus importante car la plante transpire plus (Kiani et *al.*, 2007). Récemment, la mesure de WUE a été simplifiée par la découverte d'une forte corrélation entre WUE et la composition isotopique du carbone (Farquhar et Richards 1984 ; Farquhar et *al.*,1989 ; Hubick et Gibson, 1993 ; Li, 1999 ; Amdt et *al.*, 2001).

4-6. Effet du stress hydrique sur La composition et la discrimination isotopique du carbone 13 ($\delta^{13}C$)

4-6-1. Les isotopes

Les éléments principaux des composés biologiques (C, N, O, H, …), comme tous les autres éléments, existent sous plusieurs formes isotopiques stables qui possèdent un même nombre de protons et diffèrent par le nombre de neutrons. Les isotopes légers (contenant moins de neutrons) sont abondants tandis que les isotopes lourds sont souvent présents sous formes de traces. C'est le cas des éléments comme le carbone ($^{13}CO_2$: 1,1%) et de l'azote (^{15}N: 0,36 %).

4-6-2. La discrimination isotopique

L'abondance naturelle des isotopes (par exemple celle du carbone) varie entre les différents compartiments organiques et inorganiques de la biosphère (air, matière organique végétale ou animale), les types de plantes (C_3 et C_4),...etc. Ces différences sont très petites (de l'ordre de quelque ‰) mais mesurables à l'aide d'un Spectromètre de Masse Isotopique (SMI). Ces variations naturelles sont dues à un phénomène dit de fractionnement ou de discrimination isotopique qui se produit lors d'une transformation, entre les molécules de différentes masses constituées d'isotopes différents (par exemple entre $^{13}CO_2$ et $^{12}CO_2$). La discrimination isotopique se mesure par la variation de la composition isotopique d'un composé avant et après sa transformation. En fait, c'est la rareté des isotopes lourds qui permet de déterminer avec précision la discrimination isotopique.

4-6-3. Discrimination isotopique naturelle en photosynthèse

Nier et Gullbransen (1939) sont les premiers qui ont découvert la discrimination isotopique du carbone chez les plantes au cours de la photosynthèse dans les années 1930. Après cela, une série d'études ont été réalisées (Hubick et *al*., 1988; Farquhar et *al*., 1989; Flanagan et *al*.,1996).

Les variations naturelles isotopiques observées dans les tissus chlorophylliens par rapport à l'air ambiant sont dues aux phénomènes de discrimination isotopique qui se produisent entre molécules «légères» de $^{12}CO_2$ et les deux autres formes «lourdes» ($^{13}CO_2$ et $^{14}CO_2$), lors de l'assimilation du carbone. Durant la photosynthèse, les feuilles discriminent l'isotope léger ^{12}C aux dépens des isotopes lourds ^{13}C (Farquhar et *al.*, 1989). En effet, les différences de masse isotopique entre les différents types de molécules de CO_2 se traduisent par des différences de comportement, essentiellement, un ralentissement de la diffusion gazeuse à travers les pores stomatiques. En effet, le $^{13}CO_2$ est légèrement plus lourd et diffuse moins vite que le $^{12}CO_2$. De plus, on note une diminution des constantes de vitesse des réactions enzymatiques, en particulier celle de la carboxylation du RuBP, pour les isotopes les plus lourds. La conséquence en est un appauvrissement en ^{13}C de la matière organique de la plante par rapport au carbone du CO_2 atmosphérique (Craig, 1954; Bender, 1968).

4-6-4. La discrimination isotopique en relation avec le stress hydrique

Chez les plantes C3 (comme le cas de L. *nobilis*), la discrimination isotopique pour le ^{13}C est en partie causée par la diffusion du CO_2 à travers les stomates (de l'ordre de 4,4 ‰) et par les premières réactions de carboxylation, principalement par la ribulose-1,5-bisphosphate carboxylase oxygenase (Rubisco) (environ 29‰) (Estep et *al.*, 1978). Toutefois d'autres processus de fractionnements interviennent: la dissolution et la diffusion du CO_2 dans la phase liquide, la photorespiration et la respiration de jour (Farquhar et *al.*, 1988; Farquhar et *al.*, 1989). L'effet de ces fractionnements sur la valeur de $\Delta^{13}C$ est faible, mais significatif (Brugnoli et Farquhar, 2000; Ghashghaie et *al.*, 2003). La discrimination des deux isotopes ^{12}C et ^{13}C par les plantes en C3 lors de la photosynthèse dépend de plusieurs facteurs (Farquhar et Richards, 1984): la disponibilité en CO_2 atmosphérique, les contraintes à la diffusion du CO_2 de l'extérieur vers l'intérieur des tissus et l'affinité spécifique de la RuBisCO (ribulose-1,5-diphosphate carboxylase/oxygénase), enzyme de carboxylation primaire, vis-à-vis des deux isotopes.

En condition de contrainte hydrique, une proportion importante des stomates est fermée et la concentration en CO_2 interne des feuilles diminue. Les plantes ne pouvant plus «choisir» entre les deux isotopes, présentent un rapport isotopique plus important pour le carbone plus bas, c'est à dire la discrimination globale diminue et est déterminée surtout par la diffusion du CO_2 à travers les stomates (elle tend alors vers 4,4‰). Farquhar et *al.*, (1982) ont décrit un modèle simple corrélant positivement la discrimination du ^{13}C du CO_2 entrant dans la feuille et le rapport Ci/Ca (respectivement, les fractions molaires de CO_2 dans les espaces intercellulaires et dans l'atmosphère).

Dans les conditions normales, Ci/Ca = 0,7 chez les C3) (Farquhar et *al.*, 1982):

$$\Delta = a + (b\text{-}a)\ Ci/Ca; a= 4,4\% \text{ et } b= 27\%$$

L'augmentation de Ci/Ca peut être due soit à une ouverture stomatique plus importante, soit à une carboxylase moins active. $\Delta^{13}C$ peut permettre d'avoir une estimation de Ci/Ca, non pas instantanée (comme avec les mesures d'échanges gazeux), mais intégrée dans le temps et pondérée par la quantité de carbone assimilée par unité de temps. Ci/Ca reflète l'importance relative de A et de gs qui sont reliés respectivement à la demande et à la disponibilité de CO_2. Ce rapport représente un point de consigne (ou "setpoint") pour l'intégration et la coordination des échanges gazeux (Ehleringer et Cerling, 1995).

La discrimination isotopique en ^{13}C du matériel végétal est une mesure rétrospective et intégrée de ce point de consigne et peut être utilisée soit comme indicateur des processus physiologiques et des conditions environnementales prévalant lors de l'assimilation de CO_2 (Ehleringer, 1993), soit comme outil de comparaison de l'efficience d'utilisation de l'eau des plantes sous conditions environnementales similaires.

De plus, sachant que l'ouverture stomatique facilite les pertes d'eau, la discrimination vis-à-vis du ^{13}C apparaît corrélée aux variations du rapport photosynthèse/transpiration, c'est-à-dire «l'efficience d'utilisation de l'eau».

La discrimination isotopique de la matière organique est donc utilisée comme indicateur de l'efficience d'utilisation de l'eau, C'est une estimation intégrée pour WUE (Richards et Condon, 1993), et donc considérée comme critère de sélection des variétés économes en eau.

4-7. Relation entre la discrimination isotopique et l'efficience d'utilisation de l'eau chez les plantes en C3 : Indicateur de la résistance à la sécheresse chez différents génotypes

Pour les plantes en C3, les processus foliaires qui déterminent WUE sont également ceux qui contrôlent Δ lors de l'assimilation photosynthétique du CO_2, de sorte que la mesure de Δ peut être considérée comme une méthode d'évaluation indirecte de WUE (Farquhar et *al.*, 1989 ; Ehleringer, 1991). La mesure de WUE est pratiquement difficile. Cependant, une simple mesure de la discrimination isotopique du carbone de la matière organique végétale permet de déterminer les génotypes (variétés...) plus ou moins résistants à la sécheresse (Fereres et *al.*, 1986 ; Johansen et *al.*, 1994). Par ailleurs, WUE et Δ sont utilisés comme critères de sélection pour l'amélioration génétique des plantes.

Des expériences sur le terrain (sous stress hydrique), montrent que WUE est liée positivement à $\delta^{13}C$ et négativement à $\Delta^{13}C$ (Knight et *al.*, 1994; Fotovat et *al.*, 2007). La relation théorique négative entre Wi (ou Winst) et $\Delta^{13}C$ a été validée expérimentalement chez les arbres, en intra-spécifique, par plusieurs études (Zhang et *al.*, 1994; Lauteri et *al.*, 1997; Roupsard et *al.*, 1998; Cregg et *al.*, 2000; Grossnickle et *al.*, 2005). Chez le chêne pédonculé, Ponton et *al.* (2002) ont mis en évidence une relation négative entre Wi et $\Delta^{13}C$, sous différents traitements lumineux. Souza et *al.* (2005) ont trouvé une corrélation négative entre $\Delta^{13}C$ et Wi chez la vigne. Toutefois, quelques études ne parviennent pas à obtenir cette relation, comme par exemple en conditions non-limitantes en eau chez des populations d'épinette blanche (Sun et *al.*, 1996) ou des clones de peuplier (Monclus *et al.*, 2006) ou pour différents traitements hydriques et concentrations en CO_2 atmosphérique chez le chêne sessile (Picon et *al.*, 1996).

L'absence de relation entre Wi et $\Delta^{13}C$ est souvent due à des décalages d'échelle temporelle entre les mesures instantanées d'échanges gazeux (fortement soumises aux conditions environnementales ambiantes) à partir desquelles Wi est calculée, et $\Delta^{13}C$ qui représente une intégration dans le temps de Wi pondérée par l'assimilation.

4-8- Effet du stress hydrique sur les potentiels hydrique et osmotique

L'eau est conduite à travers la plante depuis le sol jusqu'à l'atmosphère. Au fur et à mesure que la transpiration augmente au niveau des feuilles, le potentiel hydrique foliaire diminue (il devient de plus en plus négatif). Si l'eau est disponible au niveau du sol (lorsque le potentiel hydrique du sol est fort) alors un courant d'eau depuis le sol jusqu'aux feuilles compense les pertes d'eau lors de la transpiration. Lorsque la quantité d'eau au niveau du sol diminue le potentiel hydrique foliaire nécessaire pour provoquer le mouvement d'eau depuis le sol jusqu'aux feuilles doit être d'autant plus négatif (Lacaze, 2006). La diminution du potentiel hydrique du sol, en conditions de sécheresse, provoque une perte importante de la turgescence au niveau de la plante (Henchi, 1987). L'augmentation de la production, dans ces conditions, dépend des mécanismes de tolérance qui assurent l'hydratation cellulaire et diminuent la perte d'eau en maintenant un statut hydrique favorable au développement foliaire (Sorrells et *al.*, 2000). Le maintien d'un potentiel hydrique élevé est lié à la capacité de limiter les pertes d'eau par transpiration (Turner, 1986).

Dans le cas d'abaissement du potentiel hydrique (Ψw), la tolérance s'exprime par un maintien de la turgescence, rendue possible entre autre, grâce au phénomène d'ajustement osmotique qui est liée à la capacité du végétal à accumuler, au niveau symplasmique et de manière active, certains solutés (Blum, 1988) permettant de garder la turgescence et le volume cytosolique aussi élevé que possible (Monneveux et Nemmar, 1986; Bouzoubaa et *al.*, 2001; Wang et *al.*, 2003).

En effet, pour maintenir la balance de la force osmotique (El Mourid, 1988; Casals, 1996), les plantes accumulent un certain nombre d'osmoticums (Wang *et al.*, 2003) qui produiraient une baisse du potentiel osmotique (Ψ_{Π}) à des valeurs

29

inférieures à celle de Ψw favorisant ainsi, le maintien d'un niveau de turgescence compatible avec l'ouverture des stomates et les activités physiologiques.

Le maintien de la turgescence est une condition principale qui garantie une activité et une croissance normale des cellules sous faible disponibilité d'eau.

4-9. La cavitation

En accord avec la théorie de la 'tension-cohésion' formulée par Dixon (1914), l'eau circule dans le végétal sous tension et donc dans un état métastable (étant donné que la pression du xylème est plus négative que la pression du vapeur de l'eau) qui peut évoluer brusquement vers une phase plus stable gazeuse (phénomène de la cavitation). L'air peut diffuser dans les vaisseaux provocants ainsi une embolie (blocage du flux de sève) (Tyree, 1999). Plusieurs mécanismes ont été décrits pour expliquer l'apparition de l'embolie dans les vaisseaux du xylème. D'un point de vue mécanique, des blessures produites dans le système conducteur (vent, herbivores) peuvent induire l'embolie des vaisseaux affectés. Des effets thermiques peuvent également provoquer l'embolie dans le xylème à la suite de cycles de gel et de dégel de la sève (Cochard and Tyree, 1990; Wang et *al.*, 1992; Sperry et *al.*, 1994; Sperry, 1995). Pendant la phase de dégel de la sève, des bulles d'air (insolubles dans la glace) peuvent s'étendre dans les vaisseaux si la pression interne de la bulle (*Pb*) reste inférieure à la pression atmosphérique (< 0).

Les mécanismes qui peuvent provoquer l'embolie en relation aux contraintes hydriques sont les plus étudiés (Cochard, 1991). L'hypothèse la plus probable est celle du 'germe d'air' (airseeding) (Zimermann, 1983) selon laquelle l'embolie se produit à la suite de l'entrée d'air extérieur dans les vaisseaux fonctionnels, à travers des ponctuations dans la membrane. Les ménisques formés au niveau de ces ponctuations seront aspirés dans le vaisseaux pleins d'eau quand la différence de tension entre l'air et l'eau devient supérieure à *2T/rp* , ou *T* est la tension superficielle et *rp* le rayon du pore retenant le ménisque (Sperry, 1995).

Le potentiel du xylème de la plante est considéré donc, selon ce mécanisme, comme un facteur clé de l'induction de l'embolie. Il existe, ainsi une valeur de potentiel critique (Ψcav) à partir de laquelle l'embolie se crée inexorablement (Sperry et Tyree, 1988, Jones et Sutherland, 1991). En suivant l'évolution du potentiel du xylème (Ψx) minimum pendant une période de sécheresse, on observe une certaine stabilisation tout près Ψcav, ce qui met en évidence une certaine régulation de ce potentiel par la plante (Cochard et *al.*, 1996; Lu et *al.*, 1996). Il existe une relation directe entre la conductance stomatique (*gs*) et le potentiel du xylème (Ψx) (Van den Honnert, 1948). S'il existe une régulation de l'embolie par les stomates, *gs* devrait diminuer en conditions de sécheresse pour maintenir Ψx. Cette hypothèse lancée par Tyree et Sperry (1988) a été validée pour plusieurs espèces dont L. *nobilis* (Salleo et *al.*, 2000), *Acer saccharum* (Tyree and Sperry, 1988), *Betula occidentalis* (Sperry et Pockman, 1993), *Quercus petraea* (Cochard et *al.*, 1996).

5-Mécanismes d'adaptation à la sécheresse

La sécheresse se manifeste par la combinaison d'une part, de la restriction de la disponibilité en eau du sol et, d'autre part, de l'augmentation de la demande évaporative. Dans les zones arides, les plantes ont développé des mécanismes de régulation assurant leur survie, en général aux dépens de la productivité. Ces mécanismes sont de nature différente chez les plantes cultivées des régions tempérées qui ont été sélectionnées pour leur productivité. D'un point de vue agronomique, la tolérance à la sécheresse est la capacité de la plante à croître et donner des rendements satisfaisants dans des zones sujettes à des déficits hydriques épisodiques (Chaves et Oliveira, 2002). Jones (1992) a défini et établi une classification des 'stratégies' d'adaptation des plantes à la sécheresse. Les stratégies sont de deux types: l'évitement et la tolérance.

5-1. Evitement de la contrainte hydrique

La première façon d'éviter la sécheresse est *l'esquive*. Cette dernière permet à la plante de réduire ou d'annuler les effets de la contrainte hydrique par une meilleure adaptation de son cycle de culture à la durée de la saison des pluies.

Le développement phénologique rapide avec une floraison précoce, permet à la plante d'éviter les périodes sèches. Cette stratégie appliquée aux espèces cultivées a amené les agriculteurs à décaler la date de semis et/ou à sélectionner des variétés plus précoces permettant d'éviter les déficits hydriques de fin de cycle. La deuxième façon d'éviter la sécheresse est la capacité de la plante à maintenir un état hydrique satisfaisant. La stratégie de l'évitement est principalement liée, d'une part, à la réduction de la transpiration et d'autre part, à une optimisation de l'absorption d'eau par les racines. La diminution de la transpiration est principalement liée à la fermeture des stomates. Il s'ensuit une chute de l'assimilation de CO_2, induisant une baisse de production de biomasse. Elle peut être due également à une diminution des surfaces évaporantes. En effet, parmi les mécanismes permettant de réduire la transpiration, la réduction de la surface foliaire et la diminution de la conductance stomatique (gs) jouent un rôle déterminant.

Lors des sécheresses précoces, la réduction de la surface foliaire est associée à une diminution de l'expansion foliaire plus qu'à une sénescence accélérée des feuilles. La régulation de la conductance stomatique demeure le mécanisme majeur intervenant à court terme pour limiter les pertes en eau ; le potentiel hydrique foliaire sera maintenu d'autant plus longtemps que la fermeture des stomates est précoce. La régulation de la conductance stomatique dépend du potentiel hydrique foliaire et de l'humidité de l'air au champ (Lowlor et Cornic, 2002).

Une faible conductance est généralement connue comme un trait favorable à l'adaptation à la sécheresse (Schultz, 2003). Si la fermeture des stomates n'est pas totale, en raison de la différence entre les coefficients de diffusion de l'eau et du CO_2 dans la feuille, la transpiration est plus réduite que l'assimilation nette

: l'efficience d'utilisation de l'eau (WUE) est alors augmentée en situation de stress (Cuevas et *al.*, 2006).

En revanche, une telle sensibilité des stomates à la diminution du potentiel hydrique peut augmenter la fréquence des épisodes de photoinhibition. La chaîne de transport des électrons est alors rétro-régulée afin de dissiper l'énergie lumineuse en excès. Il est admis que le photosystème II (PSII) joue un rôle central dans les processus d'utilisation et de régulation de l'énergie lumineuse (Baker et Rosenqvist, 2004). Lorsque la fixation du CO_2 ne consomme plus assez d'énergie, d'autres voies métaboliques, telles que la photorespiration, peuvent contribuer au maintien du transfert non cyclique des électrons (Guan et *al.*, 2004). L'optimisation de l'absorption d'eau est liée à un ensemble complexe de caractères morphologiques des racines: masse et volume, ramification, profondeur... (Soar et *al.*, 2006; Soar et Loveys, 2007).

De nombreuses plantes adaptées aux zones arides ne contrôlent que très peu leurs pertes en eau par transpiration, mais possèdent un enracinement très profond capable d'extraire l'eau du sol. La croissance racinaire en conditions sèches peut être maintenue par l'ajustement osmotique qui limite la baisse du potentiel de turgescence (Kramer et Boyer, 1995).

5-2.Tolérance à la contrainte hydrique

La tolérance est la stratégie qui permet à la plante d'assurer ses fonctions physiologiques malgré une dégradation de son état hydrique. Le maintien de la turgescence lors d'un déficit hydrique permet de retarder la fermeture des stomates (Passioura, 1996), de maintenir le volume chloroplastique et de réduire le flétrissement foliaire (Blum et Ebercon, 1981; Medrano et *al.*, 2003). Cette aptitude confère à la plante une meilleure tolérance au déficit hydrique interne. Cette tolérance au déficit hydrique interne permet un fonctionnement prolongé de la photosynthèse. Les produits carbonés peuvent alors être utilisés autant pour l'ajustement osmotique que pour la croissance racinaire. Une autre conséquence du maintien du métabolisme carboné sera une diminution de la fréquence des épisodes de photoinhibition.

Au niveau cellulaire, l'ajustement osmotique joue un rôle déterminant dans le maintien de la turgescence aux faibles potentiels hydriques foliaires. Les solutés impliqués sont essentiellement des ions inorganiques, des sucres solubles, des acides aminés et organiques (Patakas et Noitsakis, 1999). La tolérance à la sécheresse est le résultat de mécanismes physiologiques, biochimiques et moléculaires complexes. L'expression de différents gènes et l'accumulation de divers osmolytes (l'ajustement osmotique) couplées à un système antioxydant efficace sont souvent les principaux mécanismes de tolérance au déficit hydrique (Tardieu, 2005).

6- L'ajustement osmotique

Une des réponses les plus importantes des plantes à la sécheresse et à d'autres stress abiotiques est la surproduction de différents types de corps dissous (Ashraf et Harris, 2004 ; Serraj et Sinclair, 2002). Pour survivre sous des contraintes sévères, certains micro-organismes, algues et plantes ont développé une grande capacité à synthétiser et à accumuler des solutés non toxiques «accumulation active» au niveau cellulaire, appelés osmoprotectants, osmolytes ou solutés compatibles. L'ajustement osmotique (AO) est probablement le mécanisme le plus important pour maintenir la turgescence ainsi que l'activité physiologique foliaire (assimilation du carbone, conductance stomatique, transpiration,..) lorsque le potentiel hydrique (Ψw) diminue (Morgan, 1984; Ober et al., 2005).

Il peut intervenir à tous les stades du développement (Belhassen et al., 1995). Chez plusieurs espèces d'arbres à feuilles caduques, une capacité d'ajustement osmotique importante semble être associée à une grande tolérance à la déshydratation (Morgan, 1983 et 1984; Schonfeld et al., 1989; Jongdee et al., 2002; Robin et al., 2003; Chimenti et al., 2002; Ober et al., 2005). L'ajustement osmotique permet au potentiel osmotique de la cellule de diminuer et, par conséquent, d'augmenter le gradient de flux d'eau dans la cellule et le maintien

34

d'un niveau de turgescence compatible avec les processus physiologique de croissance.

L'accumulation de ces composés, principalement dans le cytoplasme peuvent protéger les membranes cellulaires, les systèmes enzymatiques, les protéines et la machinerie métabolique (chloroplastes et liposomes), ce qui permettrait de préserver la structure subcellulaire des dommages à la suite d'une déshydratation cellulaire (Santarius, 1973; Rhodes et Samaras 1994; Rathinasabapathi, 2000; Martinez et *al.*, 2004), en particulier au niveau des organes jeunes (Morgan, 1984). Certains solutés compatibles peuvent servir d'agents de protection efficaces en stabilisant les structures et les fonctions de certaines macromolécules (Santoro et *al.*, 1992; Papageorgiou et Murata, 1995). Les solutés compatibles sont définis comme de petites molécules solubles dans l'eau et relativement neutres, ne perturbant pas les fonctions cellulaires, même lorsqu'ils sont présents à des concentrations élevées (Yancey et *al.*, 1982).

Ainsi, il est largement admis que l'accumulation de ces composés dans les plantes, contribue d'une manière importante à l'acclimatation des cellules aux stress environnementaux. Les osmolytes principaux trouvés chez les micro-organismes et les plantes sont les sucres non-réducteurs (saccharose et trehalose), les polyols (glycérol, sorbitol, et mannitol), les acides organiques (l'acide malique), les acides aminés (glutamate et proline) ou les composés d'ammonium quaternaire (QACs ; par exemple, la glycine bétaïne), et les composés tertiaires de sulfonium (Delauney et Verma, 1993; Rhodes et Hanson, 1993; Serrano, 1996), ainsi que d'autres osmorégulateurs dont l'accumulation permet la diminution du potentiel osmotique tel que les ions inorganiques.

6-1. Métabolisme, accumulation et transport des corps dissous compatibles

Comme les bactéries, les organismes multicellulaires ont également deux stratégies principales pour accumuler les corps dissous, soit la production des solutés compatibles se fait dans une cellule autonome par la synthèse de *novo* à partir de précurseurs existants, soit que ces derniers sont synthétisés dans des cellules non stressées, et ensuite transportés par la voie intercellulaire ou autres voies vers les cellules stressées. L'accumulation des corps dissous compatibles est réalisée en changeant le métabolisme (biosynthèse croissante et/ou dégradation décroissante) ou le transport (absorption accrue et/ou exportation diminuée). L'accumulation des corps dissous compatibles se produit dans les tissus végétaux, tels que les pollens ou les graines, qui subissent la déshydratation pendant leur maturation. La proline représente l'acide aminé libre le plus abondant dans les pollens du *pétunia* et chez plusieurs herbes (Bathurst, 1954; Zhang et *al.*, 1982). La glycine bétaïne semble être présente chez d'autres espèces, tels que les épinards et le blé qui accumulent des concentrations très élevées en glycine bétaïne dans les anthères et les pollens, ainsi que le reste de la plante (Pearce et *al.*, 1976; Gorham et *al.*, 1985). Les procédés de transport peuvent jouer un rôle important dans l'adaptation au déficit hydrique, en effet, chez la luzerne par exemple, le stress hydrique a induit une augmentation massive de la proline dans la sève phloèmique (Girousse et *al.*, 1996). De même, la glycine bétaïne s'est avérée mobile dans le phloème et peut être transférée sous un stress modéré (Ladyman et *al.*, 1980; Mäkelä et *al.*, 1996). La translocation de ces osmolytes est nécessaire pour permettre à certains organes puits de la plante de mieux tolérer la contrainte hydrique. Ils peuvent contribuer à l'ajustement osmotique, mais également peuvent être impliqués dans d'autres mécanismes, vis à vis du déficit hydrique, tel que la détoxification des ROS (Hong et *al.*, 2000).

6-2. La proline

L'accumulation de la proline dans les cellules végétales semble être liée à des mécanismes associés à la tolérance à la dessiccation (Newton et *al.*, 1986; Rontein et *al.*, 2002). La proline s'accumule principalement dans les plastes et le cytosol mais pas dans la vacuole, ceci concorde avec son rôle osmoprotecteur (Delauney et Verma, 1993; Büssis et Heineke, 1998). A titre d'exemple, chez la pomme de terre, la proline s'accumule dans le cytosol et les plastes jusqu'à des concentrations supérieures à 100 mM (Büssis et Heineke, 1998). Sans compter son rôle dans l'ajustement osmotique et dans la protection des protéines, la proline peut fonctionner comme un puits d'énergie, un réducteur des équivalents et une source d'azote.

Elle réduit également l'acidité et garantit l'extraction des radicaux (Blum et Ebercon, 1976; Ahmad et Hellebust, 1988; Smirnoff et Cumbes, 1989; Venekamp et *al.*, 1989). La Proline joue un rôle important en tant que composé osmotique en raison de ces caractères zwitterionique (ion mixte) et hydrophile (Hayashi et *al.*, 2000). Une diminution importante de la synthèse des protéines accompagnée d'une accumulation accrue de la proline a été souvent rapporté chez les plantes stressées (Savitskaya, 1976; Irigoyen et *al.*, 1992). Les taux de proline dans les plantes soumises à la sécheresse sont très variables selon les espèces. Certaines plantes possèdent, même en absence de toute contrainte, un taux de proline libre très élevé et qui reste invariable en présence de déficit hydrique.

D'autres espèces ne présentent une accumulation qu'au-delà d'un certain seuil de déficit hydrique: la proline est considérée alors comme un marqueur de stress (Hellebust, 1976; Greenway et Muns, 1980; Stewart et Larher, 1980). Diamantoglou et Rhizopoulou (1992) ont montré que l'accumulation de la proline dans les feuilles de L. *nobilis* est maximale durant le mois du juillet (320µmol/g MS), tandis que ces valeurs descendent à 145µmol/g MS en avril, période optimale de croissance. En fait, les teneurs élevées en proline libre peuvent être moins liées à la simple résistance à la sécheresse qu'à la capacité de reprise après celle-ci (Dubroca et Bory, 1981). La proline peut être transportée par les mêmes voies que l'eau, à travers le xylème et le phloème (Sauter, 1976,1981).

L'accumulation de la proline induit une diminution du potentiel osmotique et abaisse les besoins en eau durant les périodes défavorables. En effet, à la suite de la réduction de la pression dans le xylème, l'eau quitte les tissus vivants adjacents et les trachéides du xylème (Jarvis, 1981). Naidu et *al.* (1990) ont signalé que l'accumulation de la proline est beaucoup plus importante quand la contrainte s'installe lentement que quand elle est rapide.

6-3. La glycine betaine

Parmi de nombreux composés quaternaires d'ammonium (QACs), fonctionnant comme des osmolytes compatibles efficaces dans le cytoplasme, la glycine bétaïne se produit abondamment dans les plantes soumises à un stress salin ou hydrique (Chen et Murata, 2002). La glycine bétaïne (N-triméthyl glycine) est un composé amphotère qui est électriquement neutre à un large éventail de valeurs physiologiques du pH. Elle comprend une fraction d'hydrocarbures non polaires qui se compose de trois groupements méthyle. La glycine bétaïne est extrêmement soluble dans l'eau. Elle stabilise les structures et les activités des enzymes (la Rubisco et la malate déshydrogénase) ainsi que celles des protéines et maintient l'intégrité des membranes. Selon Schobert (1977), la liaison, entre la partie hydrophobe de la glycine bétaïne et les domaines hydrophobes de la protéine, libère rapidement l'eau dans le cas du déficit hydrique. Chez certaines plantes soumises à des conditions limitantes, on a signalé l'élévation du taux de bétaïne comme résultat de la synthèse de *novo* à partir de précurseurs du carbone 1 et 2 (Weretilnyk et *al.*, 1989). Sa concentration in vivo varie selon les espèces végétales, allant de 40 à 400 µmol. g^{-1} MS^{-1} (Rhodes et Hanson, 1993).

6-4. Les sucres solubles

L'accumulation de solutés ou d'osmolytes aide à maintenir un équilibre osmotique au niveau cellulaire dans des conditions de déshydratation (Bray et *al.*, 2000). Il a été suggéré que, sous stress hydrique, les sucres solubles peuvent fonctionner de deux manières difficiles à séparer, comme agents osmotiques et osmoprotecteurs (Bohnert et *al.*, 1995; Ingram et Bartels, 1996). Comme agents osmotiques, les sucres pourraient jouer un rôle dans l'élévation et le maintien d'une certaine pression osmotique et assureraient une certaine alimentation en eau, suite à l'appel crée par les solutés. Ils jouent donc un rôle déterminant dans l'ajustement osmotique. Les sucres solubles sont aussi des osmoprotecteurs qui stabilisent les protéines et les membranes notamment chloroplastiques et mitochondriales (Hsiao, 1973; Bewley, 1979; Carpenter et *al.*, 1990).

Ils remplacent l'eau dans la formation de liaisons hydrogène avec les résidus de polypeptide polaires (Crowe et *al.*, 1992) et les phospholipides des groupements phosphates (Strauss et Hauser, 1986).

L'accumulation de sucres solubles peut avoir comme origine l'inhibition de certaines voies métaboliques (Imamul Huq, 1984). L'augmentation des sucres solubles en réponse au stress hydrique peut être attribuée à de petites translocations au niveau de la feuille, une consommation plus lente en raison de la diminution de la croissance et une hydrolyse de l'amidon (Kameli et Loesel, 1996). La diminution de la teneur en sucres solubles correspondrait à une fuite vers d'autres organes et permettrait de limiter les pertes en eau.

Les concentrations cytoplasmiques en sucres solubles varient selon l'espèce, généralement les valeurs sont comprises entre 450 mM et 1820 mM (Grieu et *al.*, 1988). Compte tenu de ces teneurs élevées, il est vraisemblable de penser que ces sucres solubles participent à l'ajustement osmotique dans la vacuole. La participation des sucres solubles à l'abaissement du potentiel osmotique a été mise en évidence chez le sorgho (Jones et *al.*, 1980) et le blé (Johnson et *al.*, 1984). Sous stress hydrique, le contenu en sucre augmente sensiblement chez plusieurs ligneux tels que la vigne (Hooda et *al.*, 1999), l'*Eucalyptus microtheca* L. (Chunyang, 1998), le *Quercus ilex* L. (Pesoli et *al.*, 2003) et l'*Olea europaea* L. (Ennajeh et *al.*, 2006). Cette augmentation est en réalité un paramètre d'adaptation aux conditions de stress hydrique (Kameli et Losel, 1995), permettant de constituer une garantie pour le maintien d'une intégrité cellulaire élevée (Bensalem, 1993). Les teneurs en sucres solubles augmentent avec l'accentuation de la contrainte hydrique chez les Douglas, alors que chez le cèdre aucune tendance nette ne se distingue (Grieu et *al.*, 1988).

Cortes et Sinclair (1987), Geigenberger et *al* (1997) ont attribué l'augmentation des sucres solubles à une dégradation des réserves amylacées suite à leurs conversions rapides en saccharose, fait qui pourrait aussi être attribué à une inhibition de la synthèse de l'amidon. Par conséquent, le stress hydrique altère la compartimentation en faveur de la synthèse du saccharose.

6-5. Les ions inorganiques

La sécheresse perturbe l'état nutritionnel des plantes en induisant des augmentations ou des diminutions des concentrations d'ions dans les tissus végétaux. Ce déséquilibre nutritif semble varier selon les espèces végétales (Erlandsson, 1975; Alam, 1999).

La contrainte hydrique augmente la concentration de K^+ chez plusieurs espèces (Huang et *al.*, 2001; Samarah et *al.*, 2004; Kusaka et *al.*, 2005). Le potassium contribue à l'ajustement osmotique par environ 40% (Gaudillière et Barcelo, 1990), augmente la résistance des plantes à la sécheresse grâce à son implication dans la régulation stomatique, la transpiration, l'osmorégulation, la turgescence et la synthèse des protéines (Marschner, 1995). Chez les plantes tolérantes à la sécheresse, la contribution de K^+ à l'ajustement osmotique est plus importante que celle des solutés organiques. K^+ fonctionne comme soluté osmoprotecteur et dans ce cas l'ajustement osmotique est énergétiquement plus efficace (Hsiao, 1973 ; Kusaka et *al.*, 2005). De même, le calcium est impliqué dans la tolérance à la sécheresse grâce à la régulation des relations hydriques (Li et *al.*, 2004). Il contribue à la fermeture des stomates par sa participation à la voie de transduction de l'acide abscissique (Allan et *al.*, 1994). Ca^{2+} induit l'accumulation des osmolytes (Nayyar, 2003). Sous contrainte hydrique, la concentration de Ca^{2+} augmente chez plusieurs espèces (Huang et *al.*, 2001; Samarah et *al.*, 2004), diminue chez d'autres comme chez le maïs (Kaya et *al.*, 2006) et ne varie pas considérablement chez les espèces agrostides (DaCosta et Huang, 2006).

Les concentrations d'azote (N), du phosphore (P) et du magnésium (Mg^{2+}) diminuent sous stress hydrique chez les cultivars de fétuque (Huang et *al.*, 2001). La déficience en Mg^{2+}, en tant qu'élément essentiel dans les chloroplastes peut limiter l'activité photosynthétique et diminuer la concentration de chlorophylle totale (Marschner, 1995; Beale, 1999; Ding et *al.*, 2006). Chez la banane, les ions

Mg^{2+}augmentent dans les feuilles des plantes déshydratées, tandis que les concentrations de N et du P sont maintenues ce qui pourrait partiellement protéger la machinerie photosynthétique (Mahouachi, 2009).

Il a été montré également que la photosynthèse est fortement influencée par la teneur d'azote foliaire. En effet, les feuilles dont les teneurs en azote sont élevées, présentaient des taux de photosynthèse nette maximums, ainsi qu'une grande efficience de carboxylation (Lawlor et *al.*, 1987; Sinclair et Horie, 1989).

Le nitrate NO^{3-} pourrait également jouer, chez certaines espèces, un rôle important. Sa teneur augmente considérablement, en cas de stress hydrique, dans les feuilles immatures du tournesol et les feuilles de *Spartina alterniflora* (Jones et *al.,* 1980 ; Hessini et *al.*, 2009). Cette augmentation peut être attribuée à l'inhibition de l'activité réductase (Patakas et *al.*, 2002). L'azote total et le nitrate augmentent sous stress hydrique dans le millet perlé considéré comme très tolérant à la sécheresse (Payne et *al.*, 1995; Kusaka et *al.*, 2005).

Le Phosphore, à son tour à des effets positifs sur la croissance des plantes en conditions de sécheresse, qui ont été attribués à une augmentation de l'efficacité d'utilisation d'eau, de la conductance stomatique (Brück et *al.*, 2000) et de la photosynthèse (Ackerson, 1985).

Sous stress hydrique, l'augmentation des concentrations en ions minéraux pourrait être liée à la translocation des ions des feuilles âgées vers les feuilles jeunes (organes puits) ou à l'augmentation de la concentration d'ions dans la zone racinaire suite à la déshydratation. Mais dans ce cas, le flux du xylème devrait être encore plus actif pour transporter les ions vers les feuilles.

7- Effet du stress hydrique sur les parois cellulaires

Chez les plantes, la paroi cellulaire est une formation qui possède des propriétés biologiques particulières. En outre, elle est perméable à l'eau et aux métabolites et joue un rôle important dans l'élongation cellulaire. En effet, les cellules jeunes sont capables de s'allonger rapidement et de façon considérable. Ainsi, le rôle de la paroi est à la fois mécanique, physiologique et biochimique. Elle protège le protoplasme avec une structure rigide, détermine directement la taille et la forme de la cellule végétale et intervient dans la régulation de la croissance (Cosgrove, 2000; Hoson, 2002). La paroi cellulaire est principalement composée de cellulose et de polysaccharides (Carpita et Gibeaut, 1993).

La quantité et la structure des polysaccharides sont déterminantes de la rigidité de la paroi cellulaire (Taiz, 1984).

7-1. Structure moléculaire de la paroi cellulaire

Il y a deux types de parois, primaire et secondaire. La paroi primaire se présente comme un réseau lâche de microfibrilles de cellulose, englobées dans une matrice amorphe fortement hydratée de pectines et d'hémicelluloses. La paroi secondaire apparaît lorsque les cellules végétales perdent leur capacité de croître et de se diviser, pour adopter une structure rigide et un rôle de soutien ou de transport de la sève brute. Elle produit alors de la cellulose en quantité, avec peu ou pas d'hémicellulose, et sécrète de la lignine.

*La **cellulose*** est le matériau le plus important de la paroi des cellules végétales. Elle constitue la trame principale de la paroi primaire; c'est un polysaccharide non ramifié composé d'unités de glucopyrannoses liées en β (1-4). Ainsi, l'association de nombreuses molécules de cellulose permet la formation d'une microfibrille. La cellulose, par sa structure relativement rigide, contribue au maintien de la structure des parois cellulaires (Darvill et *al.*, 1980).

L'hémicellulose est un polymère de la paroi avec une structure particulière par rapport aux pectines. C'est une classe de polymères très variés (de nombreux monomères et de nombreux branchements différents). La classe la mieux étudiée correspond aux xyloglucanes qui sont constitués d'une chaîne de glucose β (1-4) et de courtes chaînes latérales de xylose, galactose et fucose. L'hémicellulose peut ainsi jouer un rôle fondamental dans le maintien d'une architecture pariétale organisée en liant les fibrilles de cellulose entre elles. Chez les graminées, les polysaccharides majeurs de la fraction d'hémicelluloses sont les β-glucanes (essentiellement le glucose,) et les arabinoxylanes (l'arabinose et l'xylose) (Darvill et *al.*, 1980; Carpita, 1996; Obel et *al.*, 2002). Le contenu en arabinoxylanes est étroitement corrélé avec la rigidité des parois cellulaires dans les pousses de riz (Kawamura et *al.*, 2000).

Les pectines sont des hémicelluloses riches en acides uroniques, par exemple des polymères de l'acide polygalacturonique. Les pectines acides (rhamnogalacturonanes) sont liées aux hémicelluloses par l'intermédiaire de courtes molécules de pectines neutres (arabinogalactanes). Elles peuvent être composées par des chaines principales formées par l'alternance de l'acide galacturonique et de rhaminose, et des chaines latérales comprenant d'autres sucres tels que: l'arabinose ou le galactose. Les glycoprotéines de la paroi sont attachées aux pectines.

L'accumulation du calcium, qui joue un rôle important dans la gélification des pectines, diminue l'élasticité des parois cellulaires et diminue la turgescence.

Autres **constituants**: La paroi ne contient pas que des polysaccharides. Les autres constituants les plus importants sont: l'eau, les ions (le calcium et les protons..), les enzymes très variés (peroxydases, endo-xyloglucane transférases, pectinases) et les glycoprotéines (des protéines de structure l'HRGP appelée"extensine").

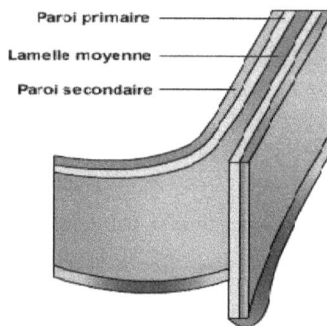

Figure 1.3: Structure d'une cellule végétale

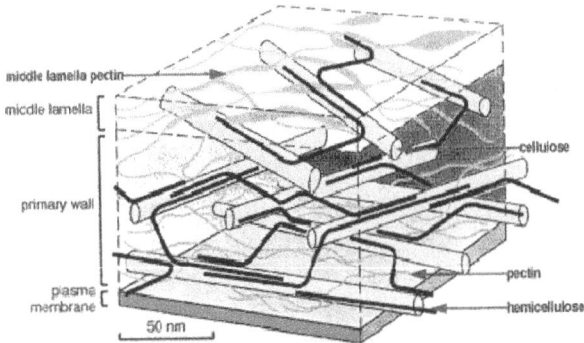

Figure 1.4: Structure tridimensionnelle moléculaire d'une paroi

7-2. Modification de la composition de la paroi cellulaire sous stress hydrique

Les composants individuels de la paroi sont capables de subir des ajustements et des changements précis et dynamiques. Sous des conditions environnementales, telles que l'excès de la lumière, le stress hydrique, et la variation de la de température, la croissance diminue suite à une réduction de la synthèse des polysaccharides de la paroi cellulaire. C'est le cas de plusieurs espèces tels que le maïs, le blé et le riz (Parvez et *al.*, 1997; Wakabayashi et *al.*, 1997; Nakamura et *al.*, 2003). Le stress hydrique provoque une réduction de la quantité d'eau dans les tissus de la plante, ce qui affecte les propriétés cellulaires des membranes (Shangguan et *al.*, 2000). Les parois cellulaires des tissus foliaires deviennent moins extensibles, ce qui réduit le taux d'expansion des tissus (Cosgrove, 2005). Ces modifications peuvent être réversibles après réhydratation (Iraki et *al*, 1989a; Wakabayashi et *al*, 1997).

Le déficit hydrique réprime l'expression des plusieurs gènes d'expansine dans les racines et les feuilles (Wu et Cosgrove, 2000; Muller et *al.*, 2007), induit une synthèse de la lignine qui assure de manière covalente les liaisons transversales des polysaccharides de la paroi cellulaire et qui contribue également à la rigidification de la paroi cellulaire (Fan et *al.*, 2006; Vincent et *al.*, 2005). Cette rigidification peut se produire quelques minutes après l'installation du manque d'eau, ce qui suggère que les processus les plus adéquats impliquent d'une manière rapide des mécanismes post-traductionnelles dans la paroi cellulaire (Chazen et Neumann, 1994).

Le stress hydrique réduit sensiblement les polysaccharides cellulosiques et hémicellulosiques mais affecte légèrement la fraction pectique de la paroi cellulaire (Sakurai et *al*, 1987 i et 1987 ii). Le contenu en cellulose est en étroite corrélation avec la résistance des parois cellulaires (Kokubo et *al.*, 1989). Une diminution de la synthèse de cellulose sous déficit hydrique a été rapportée chez le tabac (Iraki et *al*, 1989a), les racines du coton (Zhong et Laüchli, 1988 et 1993), les feuilles en expansion de vigne, l'épinette blanche (Zwiazek, 1991), le blé (Wakabayashi et *al*, 1997) et le pois chiche (Munõz et *al.*, 1993).

L'augmentation du contenu en hémicelluloses conduit à une rigidité cellulaire accrue, ce qui permet d'éviter un effondrement cellulaires causé par la déshydratation (Iraki et *al.*, 1989a et 1989b; Rose et *al.*, 1998). La modification des parois par l'élévation des substances pectiques (Baron-Epel et *al.*, 1988) peut également faciliter la prévention contre la déshydratation des cellules. Il semble qu'une diminution de la fraction pectique accompagnée par une baisse de xylose et du glucose contenus dans la fraction d'hémicellulose peut augmenter l'extensibilité cellulaire et permet l'expansion de la paroi sous l'effet des stress (Cosgrove, 1997).

L'une des possibilités d'augmenter la tolérance à la sécheresse, chez les plantes, peut être liée à l'augmentation de la synthèse des chaînes latérales de la pectine qui peuvent agir comme agents gélifiants ainsi que des antidesséchants. La synthèse accrue de ces biopolymères au cours du stress hydrique peut présenter un marqueur physiologique pour la sélection des plantes appartenant aux «cultivars tolérants» à la sécheresse (Bacic, 2006).

7-3- La paroi cellulaire et l'ajustement osmotique

Plusieurs travaux ont montré que les plantes soumises à une déshydratation peuvent éviter une diminution du potentiel hydrique et conserver la turgescence par l'intermédiaire d'un ajustement élastique de leurs parois cellulaires (Fan et al., 1994; Marshall et al., 1999). L'extensibilité de la paroi ne dépend pas uniquement de ses propriétés élastiques, mais également de phénomènes biochimiques impliqués dans les processus de relaxation. Ces derniers diminuent souvent lors d'un déficit hydrique (Matthews et Boyer, 1984; Cosgrove, 1993). Sous stress hydrique, la variation de ε_{max} (le module d'élasticité volumique) a été décrite chez plusieurs espèces (Aranda et al., 1996 ; DaMatta et al., 2003 ; Lemcoff et al., 2002). Cette variation (augmentation ou diminution) favorise la survie des plantes. Une diminution de ε_{max} chez des plantes stressées de *Casuarina glauca* sieber. peut refléter des changements au niveau de la paroi cellulaire (Béjaoui et al., 2008). Joly et Zaerr (1987) ont montré que sous stress hydrique, la capacité des parois cellulaires élastiques de se rétrécir facilement, assure le maintien de la turgescence et la protection contre l'effondrement cellulaire. La contraction cellulaire semble être un caractère associé à la résistance des plantes à la sécheresse (Culter et al., 1977; Lecoeur et al., 1995; Tardieu et al., 2000). Ceci a été observé chez Cassava (Alves et Setter, 2004). Cette réduction de la taille cellulaire peut être le résultat de l'accumulation d'hémicellulose et de cellulose dans la paroi cellulaire (Wakabayashi et al., 1997).

L'élasticité de la paroi cellulaire (CWE) est considérée comme un des plus importants mécanismes physiologiques de l'adaptation au stress hydrique (Patakas et Noitsakis, 1997). Elle varie en fonction de la structure de la paroi. L'augmentation de CWE (une diminution du ε_{max}) pourrait contribuer au maintien de la turgescence cellulaire ou du volume symplasmique. Ceci a été observé chez plusieurs espèces (Kim et Lee-Stadelmann, 1984; Fan et *al.*, 1994; Patakas et Noitsakis, 1997; Marshall et Dumbroff, 1999). Un ε_{max} faible est considéré comme un critère d'adaptation à la sécheresse. Un ε_{max} élevé caractériserait les cellules à parois rigides pour lesquelles la turgescence peut diminuer de façon considérable pour une faible variation du contenu relatif en eau (Jones, 1992).

CHAPITRE 2

MATERIELS ET METHODES

CHAPITRE 2 :   Matériels et méthodes

2.1. Matériel végétal

Les graines de *Laurus nobilis* L. sont récoltées sur des plantes originaires du Bardo (36° 130'N, 10° 23'O), près de Tunis, et du Nord-Est de l'Algérie, près de la ville de Annaba (38° 310'N; 7° 460'E) (carte 2.1). Le premier site est caractérisé par un bioclimat semi-aride supérieur (moyenne des précipitations annuelles: 260 mm; température maximale moyenne mensuelle du mois le plus chaud: 35,3°C; température minimale moyenne mensuelle du mois le plus froid: 7,7°C). Cependant le second se trouve dans l'étage bioclimatique subhumide (la moyenne des précipitations annuelles: 850 mm; la température maximale moyenne mensuelle du mois le plus chaud: 27,9°C; température minimale moyenne mensuelle du mois le plus froid: 7°C). Les plantes issues de Bardo seront ci-après désignées comme «Ecotype 'Bardo'» et celles d'Annaba «Ecotype 'Annaba'».

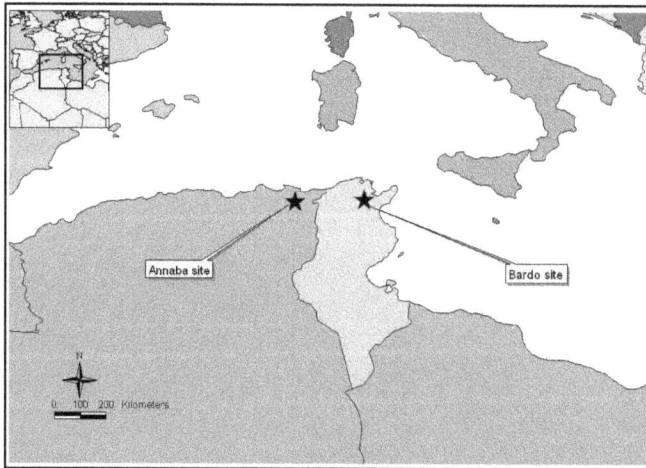

Carte 2.1: Sites de prélèvement des deux écotypes de *Laurus nobilis* L.

2.2. Conduite des cultures

Les graines de *L. nobilis* débarrassées de leur péricarpe, sont désinfectées par trempage pendant 5min dans une solution contenant 0,1 g·L^{-1} HgCl$_2$ et 5 mL·L^{-1} HCl 0,1 mmol.L^{-1} (Nasr et *al.*, 2005). L'essai s'est déroulé au siège de l'Institut National de Recherches en Génie Rural, Eaux et Forêts de Tunis 'l'INRGREF' à Ariana, Tunisie (bioclimat semi-aride supérieur variant à hiver doux, latitude 36°50'N ; longitude 10°14'E; et altitude, 3m) dans des conditions semi-contrôlées (sous ombrière qui réduit de 30% le rayonnement global incident). Durant l'année de conduite de l'expérimentation, la moyenne annuelle des précipitations est de 525 mm, la durée d'insolation est de 2948 h·an^{-1}, la moyenne du rayonnement photosynthétique actif PAR, mesuré grâce à un luxmètre Delta HD 8366, varie de 1000 à 1500 μmol m^{-2}s^{-1} ; la température varie de 22 à 31 °C pendant la journée et de 14 à 18 °C pendant la nuit ; l'humidité relative est de 60 ± 4% au cours de la journée et de 72 ± 3% au cours de la nuit. L'ensemencement est effectué dans des sachets en polyéthylène (12 cm de diamètre et 18 cm de profondeur) remplis par un substrat, stérilisé par tyndallisation, constitué d'un mélange de sable (deux tiers) et de terreau forestier (un tiers) dont certaines propriétés physico-chimique sont consignées dans le tableau 2.1.

Tableau 2.1: Caractéristiques physico-chimique du substrat de culture

Argile (en%)	12	pH	7,3
Limons fins (%)	4	Conductivité mmho/cm	3,8
Limons grossiers (%)	6	Saturation ml/ 100 g	40
Sable fin (%)	29	Calcaire total (%)	6
Sable grossier (%)	51	Carbone (%)	4
Matière organique (%)	1,9	P$_2$O$_5$ (ppm)	15
		K$_2$O (ppm)	70
		Azote total (ppm)	590

Au stade 6 feuilles, les plants de taille homogène sont transplantés dans des pots en plastique (25 cm de diamètre et 23 cm de profondeur) troués par le bas pour faciliter le drainage. Chaque pot contient au fond 0,5 kg de gravier stérilisé surmonté par 5 kg du même substrat de culture. Les pots sont installés en surélévation sur des briques pour éviter l'infiltration de l'eau du sol. Afin d'obtenir une bonne croissance des lauriers sauces, nous avons choisi de les irriguer avec une solution nutritive de type Coïc-Le Saint Daverede (1996) (tableau 2.2).

Tableau 2.2 : Composition de la solution nutritive utilisée pour l'irrigation des plants de *L. nobilis*.

Eléments majeurs	NO_3^-	$H_2PO_4^-$	SO_4^-	NH_4^+	K^+	Ca^{2+}	Mg^{2+}
$(Meq.l^{-1})$	8,8	1,0	2,0	1,0	2,1	6,7	2,0
Oligo-éléments	Fe	Mn	Mo	B	Zn	Cu	
$(Mg.l^{-1})$	5,90	2,00	0,05	1,5	0,50	0,25	

Après un an de culture dans les mêmes conditions environnementales, 150 plants de chaque écotype sont choisis afin d'étudier la résistance de *L. nobilis* au stress hydrique en conditions semi-contrôlées. Les plants sont placés à la pépinière de l'INRGREF, rangés selon un dispositif en blocs aléatoires complets (PEBAC). Ce dispositif adopté comporte 4 blocs, chaque bloc est composé de 10 parcelles élémentaires (de 6 plants chacune), correspondant aux cinq régimes hydriques appliqués (C, S1, S2, S11 et S22), réparties aléatoirement. Les différentes variables sont évaluées sur un plant par parcelles élémentaire. Le gabarit des plants est généralement homogène entre les blocs et les traitements afin d'éviter l'effet de leur dimension initiale sur la croissance et la physiologie (Iamhamedi et *al.*, 1998).

Ce dispositif comprend cinq traitements hydriques avec quatre répétitions pour chaque traitement (schéma 2.1).

Bloc 1	Bloc 2	Bloc 3	Bloc 4
S2 A	S1 A	S1 B	S2 A
S22 A	S11 A	S11 B	S22 A
S2 B	C A	C A	S2 B
S22 B	C B	C B	S22 B
C B	S1 B	S2 B	S1 A
S1 B	S11 B	S22 B	S11 A
S11 B	S2 A	S1 A	C B
S1 A	S22 A	S11 A	C A
S11 A	S2 B	S2 A	S1 B
C A	S22 B	S22 A	S11 B

Schéma 2.1. Dispositif expérimental en blocs aléatoires complets (B et A désignent respectivement, l'écotype Bardo et l'écotype Annaba).

Photo 2.1 : Dispositif expérimental

Cinq traitements différents sont considérés:

- **Les témoins «C»** : la teneur en eau du sol est maintenue à la capacité au champ par irrigation journalière, dont le potentiel hydrique de base (Ψb) est de - 0,2 ± 0,3MPa.

- **Deux stress permanents** comprenant :

Un stress modéré «**S1**» et un stress sévère « **S2** » dont l'humidité du sol est maintenue à 60% CC (soit Ψb = –1,5 ±0,3MPa) et à 20% CC (Ψb = –2,5 ±0,3MPa), respectivement.

- **Deux stress cycliques** qui groupent :

Un stress modéré «**S11**» et un stress sévère «**S22**»: le sol est re-irrigué à la capacité au champ à chaque fois que l'humidité du sol atteint 60% CC et 20% CC, respectivement.

Au début de l'expérience, le substrat de tous les pots est saturé en eau. Après ressuyage de 48 h, des mesures du potentiel hydrique de base (Ψb), réalisées à un intervalle régulier de 2 jours à l'aide d'une chambre à pression (type Corvallis, PMS 1000, Modèle 1000, PMS Instruments Company, Corvallis, Ore. USA; Scholander et *al.,* 1965), ont porté sur 6 plants à chaque fois. En même temps, la quantité d'eau évapotranspirée par pot est évaluée sur 6 autres plants par pesée au 0,1g; elle constitue la quantité d'eau à restituer pour maintenir le niveau du stress souhaité. A chaque intervalle de Ψb, (-0,2 à -0,5 MPa), (-1,2 à -1,8 MPa) et (-2,2 à -2,8 MPa) correspondant respectivement aux traitements C, S1 (S11), S2 (S22), 150 plants de chaque écotype sont retirés pour constituer les cinq lots de traitement. En plus, des sondes (diélectriques) ThetaProbe, capteurs d'humidité de type ML1 (Delta-T Devices Ltd-UK) sont installées dans les pots. Elles donnent rapidement la teneur en eau volumique. Cette teneur est convertie en teneur en eau gravimétrique sur une base d'étalonnage obtenue pour le substrat considéré avec des échantillons du contenu d'eau gravimétrique connue.

En raison de l'évolution au cours du temps de la biomasse des plants, la quantité d'eau restituée à chaque pot et la fréquence d'irrigation sont réajustées tous les 10 jours par mesure de Ψb sur 6 plants et simultanément par suivi des masses de 6 autres plants et ce pour chaque lot. Ces traitements sont appliqués pendant la saison de pleine croissance végétative (15 mai au 15 août), durant deux années consécutives (2005 et 2006).

Les données météorologiques de la station Tunis-Carthage (station proche de notre site d'expérimentation) sont données dans le tableau 2.3.

Tableau 2.3. Données météorologiques de la station Tunis-Carthage (Latitude 36° 50' N; Longitude 10° 14' W et une altitude de 4 mètres).

	Pluie (mm)	H. moy %	T. min °C	T. max °C	Insolation (h)
Mai 2005	9,7	60	15,8	27,7	316,2
Juin 2005	4,5	59	20,1	31,5	305,1
Juillet 2005	2,8	57	23,0	34,1	340,5
Août 2005	17,6	57	22,8	32,6	306,9
Mai 2006	35,1	63	16,8	28,5	301,5
Juin 2006	1,9	57	19,1	31,9	288,2
Juillet 2006	0	60	22,9	34,3	371,1
Août 2006	0,4	57	23,2	33,0	327,6

Pluie : Pluviométrie mensuelle en millimètres

H. moy % : Humidité moyenne mensuelle en %

T. min °C : Température minimale moyenne en °C

T. max °C : Température maximale moyenne en °C

Insolation (h) : Insolation mensuelle en heures

2.3. Paramètres étudiés

Les mesures des paramètres de croissance, des relations hydriques, des échanges gazeux (photosynthèse, conductance stomatique, transpiration,.....), des compositions biochimiques et les analyses des huiles essentielles sont réalisées sur des feuilles matures et complètement développées (choisies dans la partie médiane de la plante), à la fin de chaque période d'expérimentation sur 4 plants/traitement.

2.3.1- Caractères physiologiques

2.3.1.1- Mesure de la croissance

La croissance des tiges en hauteur et en diamètre est déterminée à l'aide d'une règle graduée au mm et d'un pied à coulisse digital, respectivement. Ces paramètres sont suivis sur les mêmes plants (4 plants par écotype et par traitement) au début et à la fin de l'expérimentation. A la fin de la période de stress, 4 plants par traitement sont récoltés et séparés en feuilles, tiges et racines. Les racines sont soigneusement séparées du sol environnant et lavées délicatement pour enlever les particules de sol adhérentes. La masse de matière fraiche des différents organes est déterminée immédiatement après la récolte et celle de matière sèche correspondante est déterminée après passage de 48 h à l'étuve à 70° C. La même procédure est appliquée au début de l'expérimentation pour la détermination de la masse initiale.

2.3.1.2- Taux de croissance relative

Le taux de croissance relative (RGR) est estimé a partir de la matière sèche initiale (au début de l'expérimentation) et de la matière sèche finale (à la fin de traitements) des feuilles, tiges et racines, en utilisant la formule suivante :

RGR = $[\ln MS_f - \ln MS_i]/\Delta t$ (Evans, 1972), exprimé en $(g.g^{-1}.j^{-1})$.
MS_f et MS_i sont la matière sèche finale et initiale, respectivement et Δt est le temps écoulé entre les deux mesures exprimé en jours.

2.3.1.3- Surface foliaire et masse surfacique

La surface foliaire totale de chaque plant est déterminée à la fin de l'expérimentation sur les mêmes feuilles qui ont servi aux mesures de la biomasse (4 Plants/traitement/écotype), à l'aide d'un planimètre (Δt Area meter, Δt Devices).

La masse surfacique, LMA, est obtenue, en mesurant la surface foliaire des feuilles et en déterminant leurs matières sèches après séchage à l'étuve à 80°C pendant 48 heures, selon la formule suivante :

$LMA(g.m^{-2})$=Masse de matière sèche des feuilles/surface foliaire correspondante

2.3.1.4- Relations hydriques

a-potentiel hydrique de base Ψb

Au cours de ce travail, le contrôle de l'état hydrique du sol est effectué par la mesure du potentiel hydrique de base (Ψb) à l'aide d'une chambre à pression (PMS Instruments, Corvallis, Ore. USA; Scholander et *al.*, 1965), peu avant le lever du soleil. Selon Katerji et Hallaire (1984), cette grandeur traduit les conditions d'alimentation hydrique d'un végétal liées à l'état de dessèchement du sol exploré par le système racinaire. Il traduit aussi la résultante des forces d'origine osmotique (substances dissoutes) et de turgescence (élasticité pariétale) qui lient l'eau au tissu végétal. Cette méthode consiste à mesurer la tension de la sève brute dans les vaisseaux d'une feuille fraîchement cueillie introduite dans une chambre à pression connectée à une bouteille de gaz (azote). Seul le pétiole, coupé à son extrémité, sort de la chambre par un petit orifice prévu à cet effet. La feuille est soumise à une pression gazeuse croissante dans la chambre jusqu'à l'apparition d'un ménisque de sève sur la section du pétiole. Cet instant correspond à l'équilibre de pression existant avant le détachement de la feuille du rameau. La pression minimale pour faire apparaître un ménisque de sève est enregistrée sur le manomètre.

Pour les témoins et les traités S1 et S2, le potentiel hydrique foliaire de base (Ψb) est mesuré à 5h00 du matin sur trois groupes de quatre feuilles par plante. En ce qui concerne S11 et S22, Ψb est mesuré chaque fois, 4 jours après la dernière irrigation. Pendant les mesures, une feuille de papier filtre humide est ajoutée dans la chambre pour éviter la perte d'eau. Pour chaque population et traitement, 4 plantes choisies au hasard sont examinées.

b-Paramètres hydriques issus des Courbes pression-volume

Un rameau de 8 cm de long de chaque plant est récolté sur les parties médianes des plantes à l'aube. Ce rameau, dont l'extrémité est immergée dans l'eau distillée, est couvert par un sac en plastique, et placée à l'obscurité, à 7°C pendant 18h. Il est inséré dans un bouchon troué en caoutchouc, après avoir enlevé un peu d'écorce à la base et recoupé l'extrémité. Puis, il est alors installé dans la chambre à pression. La pression d'azote est ensuite augmentée lentement dans la chambre jusqu'à ce que l'eau commence à perler de la surface de la coupe. La pression est alors notée et considérée égale et opposée au potentiel hydrique du xylème Ψx (Scholander et *al.*, 1965).

Juste avant la première mesure, l'échantillon est pesé pour déterminer le poids à la turgescence (P_T) avant de l'installer dans la chambre à pression. La première valeur de pression notée se situe généralement entre 0,05 et 0, 2 MPa, le laps de temps entre le retrait de l'échantillon et la lecture de la première valeur étant très court (<2min), ces valeurs constituent la première mesure. Après la lecture de la pression d'équilibre à saturation un tube de tygon de cinq centimètres de longueur bourré de papier absorbant est d'abord pesé, puis placé sur la tige de l'échantillon pour la récolte de la sève. La pression est alors augmentée de 0,5 MPa et maintenue à ce niveau pendant 10 minutes, ce qui produit une exsudation de la sève et son absorption par le papier absorbant.

La pression est ensuite baissée jusqu'à ce que la sève cesse de sortir de la surface de coupe. Le tube est ôté et repesé afin de déterminer la masse d'exsudation absorbée par le papier absorbant. La même procédure est répétée pour les mesures subséquentes. Ceci se poursuit jusqu'à ce que la pression d'équilibre atteigne -4,7 MPa (Bernier 1994). Après la mesure de la dernière pression d'équilibre, l'échantillon est sorti de la chambre et pesé pour déterminer sa masse fraîche finale, puis sa masse sèche après un séchage à l'étuve à 80°C pendant 24 heures.

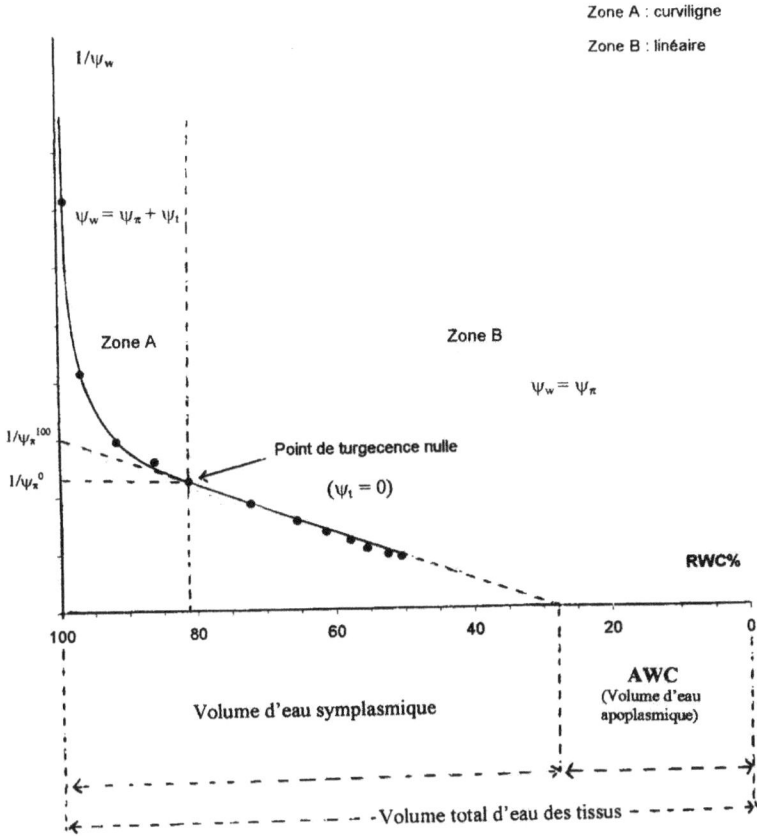

Figure 2.1 : Courbe ''Pression-Volume'' $1/\Psi w = f(RWC)$

Ces mesures sont réalisées grâce à une chambre de pression de type Scholander (PMS Instrument Co.Corvallis, OR, USA) et d'une balance de précision au 1/10000 de type.

Les valeurs de Ψ_X et les masses de sève récoltées sont compilées et analysées en se servant du programme P-V développé par Schulze et Hinckley (1985). Le programme permet l'obtention des courbes pression-volume en utilisant la régression linéaire $(1/\Psi w)$ en fonction de RWC (Fig. 2.1).

RWC diminue avec la baisse de Ψw suite à l'extraction de sève. Sa valeur, à chaque niveau de pression, est calculée selon la relation :

$$\mathbf{RWC\%=100-[(c_i+iE)/(P_{sat}-P_s)]*100}$$

P_{sat}: le poids de la feuille à saturation (g)

P_s: le poids de matière sèche de la feuille (g)

c_i: le poids cumulé de sève récoltée au niveau i de pression (g)

iE: facteur de correction permettant d'estimer le poids de sève évaporée à l'intérieur de la chambre au niveau i. En supposant que l'évaporation de la sève est uniforme durant le test, E est calculé à l'aide de la formule :

$$E= (P_{sat}-P_f-c_n)/n$$

Pf : poids de la feuille à la fin du test (à Ψw=-4,7 MPa) (g).

c_n : poids total de sève récoltée durant le test (g).

n : le nombre de niveaux d'équilibre appliqués.

L'extrapolation de la section droite de la ligne avec l'ordonnée donne $1/\Psi$ (correspond à l'inverse du potentiel osmotique à la turgescence nulle Ψ_Π^0) et celle avec l'abscisse donne AWC (la teneur en eau apoplasmique). Le potentiel osmotique à pleine turgescence (Ψ_Π^{100}) est estimé à partir de la régression linéaire des données dans la portion linéaire des courbes pressions-volumes (Patakas et al., 2002). La teneur en eau par rapport à la turgescence nulle (RWC_0)

est déterminée par la projection de l'intersection entre les portions linéaires et curvilignes de la courbe pression-volume sur l'axe des abscisses.

L'élasticité de la paroi cellulaire des tissus de la feuille est estimée grâce à la détermination du module d'élasticité volumique (ε_{max}). Ce paramètre est défini comme suit (Patakas et Noitsakis, 1999) :

$$\varepsilon_{max} = [(\Psi^{100}{}_{\Pi} - \Psi^0{}_{\Pi}) * (1\text{-AWC})]/ (1\text{- RWC}_0)$$

c-Potentiel osmotique

La mesure du potentiel osmotique réel (Ψ_{Π}) est réalisée sur des feuilles rapidement cueillies, coupées en petits morceaux, puis placées dans des tubes Eppendorf perforés et immédiatement conservées dans l'azote liquide. Au moment des mesures chaque échantillon est tout d'abord décongelé pendant 30min et transféré dans un deuxième tube Eppendorf intacte, puis centrifugé à 15.000 g pendant 15min à 4 °C. La sève tissulaire ainsi récupérée est analysée pour l'estimation de Ψ_{Π}. L'osmolarité (c) est évaluée avec un osmomètre à pression de vapeur (Wescor 5500) et convertie à partir de $mosmkg^{-1}$ en MPa selon la formule: Ψ_{Π} (MPa) =-c (mosm kg-1) $* 2,58 \ 10^{-3}$ selon l'équation de Van't Hoff.

2.3.1.5- Relations hydriques

-Choix du moment des mesures

A la récolte, toutes les mesures sont effectuées sur des feuilles matures en pleine expansion ayant atteint environ les 2/3 de la taille maximale, de rang 4 à 6 (n=4 plant/traitement/écotype) pouvant fournir ainsi une indication satisfaisante sur les échanges gazeux de la plante. Des mesures préliminaires sont effectuées au cours 10ème jours de traitements de 8 à 16 heures, à intervalle régulier de deux heures afin de fixer le moment où l'assimilation photosynthétique est maximale.

L'évolution journalière de la photosynthèse nette (Fig. 2.2) montre un maximum d'assimilation vers 10 heures et ceci pour les cinq traitements et les deux écotypes étudiés, 'Bardo' et 'Annaba'. Vu le nombre élevé d'échantillons, toutes nos mesures sont réalisées entre 9h et 11h.

-Principe des mesures

Les échanges gazeux dépendent de l'éclairement, de la température de la feuille, du flux de vapeur d'eau émis par les feuilles et du déficit de pression de saturation de l'air. Ces différentes mesures sont effectuées grâce à un système ouvert portatif modèle ADC LCA-4 analyseur à gaz infrarouge (IRGA, Analytical Development Company Ltd., England). Il permet de quantifier les échanges gazeux entre le mésophylle et l'atmosphère environnante en détectant les variations des fractions molaires du CO_2 (différence de teneur en CO_2 de l'air à l'entrée et à la sortie de l'appareil assimilateur) et celles de la vapeur d'eau dans le système. Comme les teneurs en CO_2 de l'air comprimé ne sont pas stables, l'air entrant dans l'appareil est d'abord décarbonaté à l'aide de colonnes de chaux sodée puis enrichi en CO_2 jusqu'à la teneur adéquate ($350 \, \mu mol^{-1} mol^{-1}$). L'air contenant un volume de CO_2 déterminé passe à travers la cellule de référence de l'appareil, tandis que l'air qui sort circule par la cellule de mesure.

A près la mise en marche de l'appareil, on attend 5min, temps nécessaire afin d'atteindre un équilibre entre la chambre et l'atmosphère environnante. Durant l'expérience, les mesures sont effectuées dans les conditions suivantes: surface foliaire dans la pince (chambre), $S = 6,25cm^2$, humidité relative (RH) variant de 40 à 50%, flux de photons (au niveau de la feuille) variant de 800 à 900 $\mu mol \, m^{-2} s^{-1}$, température de la feuille de 28 à 32°C et teneur en CO_2 de 350 $\mu mol^{-1} mol^{-1}$. Chaque échantillon est gardé pendant 2min dans la pince du LCA-4 (pour s'accommoder aux conditions environnantes) puis on enregistre 4 lectures à 30 secondes d'intervalle.

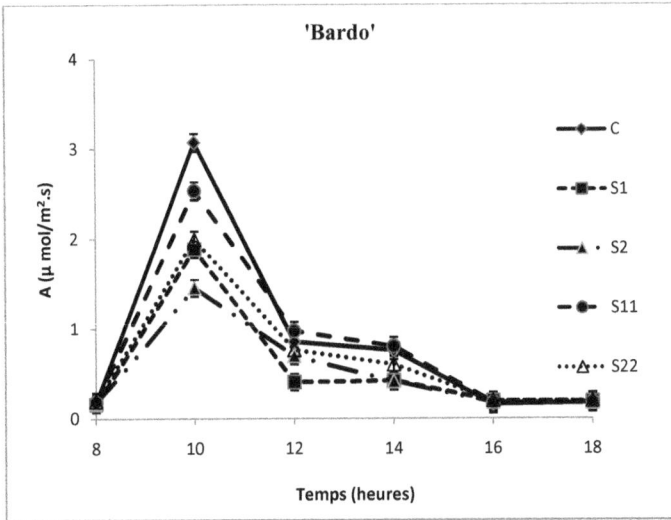

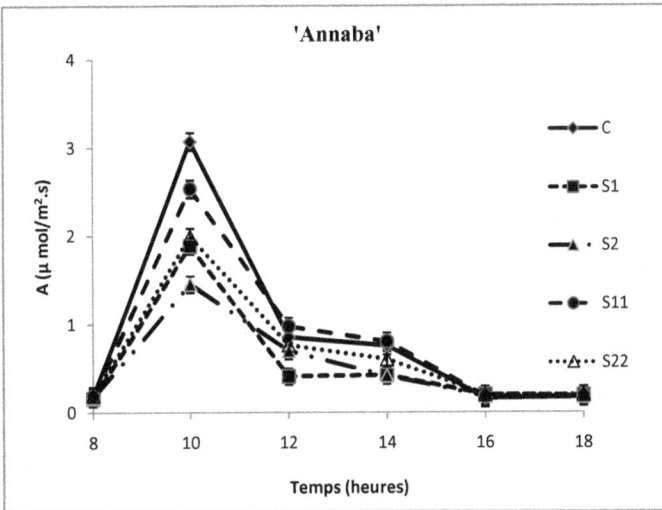

Figure 2.2. Evolution journalière de l'assimilation nette (A), chez les deux écotypes de laurier noble ('Bardo' et 'Annaba') irrigués à la capacité au champ (C) ou soumis aux différents traitements du stress hydrique (S1, S2, S11 et S22) durant 10 jours, n=10.

-Détermination des variables des échanges gazeux

En raison des interactions entre les molécules gazeuses de l'eau, du dioxyde de carbone et de l'air entrant et sortant à travers les stomates, des corrections sont apportées pour calculer les paramètres résultant des échanges gazeux. Les équations de Von Caemmerer et Farquhar (1981) sont utilisées pour déterminer les intensités d'assimilation (A, en μmol CO_2 m^{-2} s^{-1}), la conductance stomatique (gs, en mmol H_2O. m^{-2} s^{-1}), le taux de transpiration (E, en mmol H_2O. m^{-2} s^{-1}), le CO_2 intercellulaire (C_i, en μmol.mol^{-1}) et l'efficience d'utilisation de l'eau (WUEi= A/E, en μmol CO_2/ mmol H_2O). Notons, par ailleurs, que les valeurs de A, gs, E et Ci sont automatiquement calculées par un logiciel intégré à l'appareil LCA4.

-Conductance stomatique (gs)

La diffusion de la vapeur d'eau à travers les stomates d'une feuille rencontre sur son passage une résistance r_s définie par la formule suivante :

$$r_s = [(W_f - W_{an})/(\Delta W \times U_s)] - r_b, \quad \text{exprimée en } m^2.s.mol^{-1}.$$

Où W_f: concentration saturante en vapeur d'eau dans les chambres sous-stomatiques ($mol.mol^{-1}$).

ΔW: différence de la teneur en vapeur d'eau de l'air à l'entrée et à la sortie de la chambre du LCA ($mol.mol^{-1}$).

W_{an} : concentration en vapeur d'eau à l'extérieur de la chambre ($mol.mol^{-1}$).

r_b : résistance de la couche limite à la diffusion de la vapeur d'eau ($m^2.s. mol^{-1}$).

U_s: masse du flux d'air par m^2 de surface foliaire ($mol.m^{-2}.s^{-1}$).

Le plus souvent, on utilise la conductance stomatique gs $=1/r_s$ ($mol.m^2.s^{-1}$).

-Taux photosynthétique net (A)

Le taux d'assimilation photosynthétique dépend de la conductance stomatique et de la capacité photosynthétique du mésophylle. Il exprime le taux d'échange du CO_2 à l'intérieur de la chambre.

$A = Us \times \Delta C$, exprimé en $\mu mol.m^{-2}.s^{-1}$.

Où ΔC : variation de la concentration en CO_2 entre l'entrée et la sortie de la chambre ($\mu mol.mol^{-1}$).

Us: masse du flux d'air par m^2 de surface foliaire ($mol.m^{-2}.s^{-1}$).

avec $Us:U/S$

U : fraction molaire de flux d'air ($mol.s^{-1}$).

S : surface foliaire projetée (m^2).

$\Delta C = C_{ref} - C'_{an}$

C_{ref} : concentration en CO_2 à l'intérieur de la chambre ($\mu mol.mol^{-1}$).

C'_{an} : concentration en CO_2 à la sortie de la chambre ($\mu mol.mol^{-1}$).

$C_{ref} = [C_{ref}]^1 + b \times W_{ref} \times [C_{ref}]^1$

$[C_{ref}]^1$: concentration corrigée du CO_2 de référence; lecture ($[C'_{an}]^1$ pour analyse), $\mu mol.mol^{-1}$.

B : facteur de compensation (la même valeur utilisée pour les analyses).

W_{ref} : concentration de référence en vapeur d'eau ($mol.mol^{-1}$).

$C'_{an} = C_{an} \times [1 - W_{ref} / 1 - W_{an}]$

C_{an} : concentration en CO_2 restant dans la chambre, $\mu mol.mol^{-1}$.

W_{ref} : concentration de la vapeur d'eau entrant dans la chambre ($mol.mol^{-1}$).

W_{an} : concentration de la vapeur d'eau dans la chambre ($mol.mol^{-1}$).

-CO$_2$ intercellulaire (substomatale) (Ci)

La réponse des plantes au CO$_2$ est très variable et est liée aux conditions de culture appliquées au cours de leur développement.

$$Ci = \frac{\left[\left(g's - \frac{E}{2}\right) C'an\right] - A}{g's + E/2} \; ; \text{ exprimé en } \mu mol.mol^{-1} \text{ (de Von Caemmerer et Farquhar, 1981)}.$$

Où $g's = \frac{1}{1,6rs + 1,37rb}$; conductance stomatique pour le CO$_2$ (mol.m^{-2}.s^{-1})

avec   C'an : concentration en CO$_2$ à la sortie de la chambre (μmol.mol^{-1}).

E : taux de transpiration (mol.m^{-2}.s^{-1}).

A : taux de photosynthèse nette (μmol.m^{-2}.s^{-1}).

rb : résistance de la couche limite à la diffusion de la vapeur d'eau (m^2.s.mol^{-1}).

rs : résistance stomatique (m^2.s.mol^{-1}).

-Taux de transpiration (E)

La transpiration est le processus par lequel l'eau des végétaux est transférée dans l'atmosphère sous forme de vapeur, elle est exprimée en mol$\cdot$m$^{-2}\cdot$s^{-1}.

-L'efficience d'utilisation de l'eau intrinsèque (Wi)

Elle est déterminée par le rapport taux de photosynthèse net/conductance stomatique pour la vapeur d'eau pendant des secondes ou des minutes (gs) (Wi=A/gs, exprimée en μmol CO$_2$ mol^{-1} H$_2$O (Erice et al., 2007)).

-Composition et discrimination isotopique

A la récolte, cinq feuilles matures sont prélevées (sur 4 plants par écotype et par traitement), séchées à 75 °C pendant 48 h, broyées en poudre à l'aide d'un moulin cutter microhammer (Glen Creston Ltd, Stanmore, Middlesex, UK), pesées par une balance «micro-pesée» et transvasées dans des capsules de 1 mg.

Les compositions isotopiques $\delta^{13}C$, $\delta^{15}N$ et la composition en azote (%) dans les feuilles sont réalisées à l'Université de Liège, à l'Unité de Recherche en Biogéochimie des Isotopes Stables (URBIS) au Laboratoire d'Océanologie, à l'aide d'un spectromètre de masse isotopique *IRMS* (Isotope Ratio-Mass Spectrometry, Optima, Micromass, UK) couplé à un analyseur élémentaire (Roboprep).

Les compositions isotopiques du carbone et d'azote ont été calculées comme suit :

$$\delta^{13}Z = [(R_{éch}/R_{std})/R_{std}] \times 1000 = [(R_{éch}/R_{std})-1] \times 10^3$$

où R est le rapport de $^{13}C/^{12}C$ ou $^{15}N/^{14}N$. Les normes sont le Pee Dee bélemnite standard (APB) pour le carbone atmosphérique et N_2 pour l'azote. Les gaz purs de CO_2 ($\delta^{13}C$ = -28,2 ± 0,1%) et N_2 ($\delta^{15}N$ =- 2,1 ± 0,1%) sont calibrés contre des gaz standard de CO_2 (-10,38%) et de N_2 (-0,22%). La discrimination isotopique est calculée comme suit :

$$\Delta\ (‰) = [(\delta_{air} - \delta_{plant}) / (1+ \delta_{plant})] \times 1000,$$ où δ_{plant} est $\delta^{13}C$ de l'échantillon et δ_{air} est $\delta^{13}C$ de CO_2 atmosphérique (−8‰).

> ➤ **Principe de mesure du Spectromètre de Masse Isotopique (SMI).**

Le spectromètre de masse isotopique mesure le rapport isotopique ($^{13}C/^{12}C$, $^{15}N/^{14}N$, $^{18}O/^{16}O$) du gaz pur (CO_2, N_2, O_2) et le compare à celui d'un gaz de référence (étalonné par rapport au standard international). Le gaz pur (gaz échantillon ou gaz de référence) est introduit dans la source du SMI où il est bombardé par les électrons. Le gaz ainsi ionisé est chargé positivement. Il est accéléré et projeté sous forme d'un faisceau très fin dans un champ magnétique et les ions sont déviés sur les trajectoires circulaires en fonction de leur masse. Les ions ainsi séparés arrivent dans 3 collecteurs réglés pour collecter les masses

44, 45 et 46 pour le CO_2 ou les masses 28, 29 et 30 pour le N_2 et masses 32, 33 et 34 pour le O_2.

Un amplificateur relié aux collecteurs permet d'amplifier les signaux électriques qui dépendent de la quantité d'ions collectés. Ces signaux sont transmis à un ordinateur où ces données sont analysées et les rapports de masses isotopiques (45/44 et 46/44 pour le CO_2, 29/28 et 30/28 pour N_2, 33/32 et 34/32 pour O_2) sont déterminés et comparés à ceux du gaz de référence (Fig. 2.3). La précision de mesure est de 0,2 ‰.

Plusieurs systèmes couplés au SMI permettent l'analyse isotopique des échantillons solides, liquides et gazeux avec ou sans purifications préalables. Ils sont décrits ci-dessous.

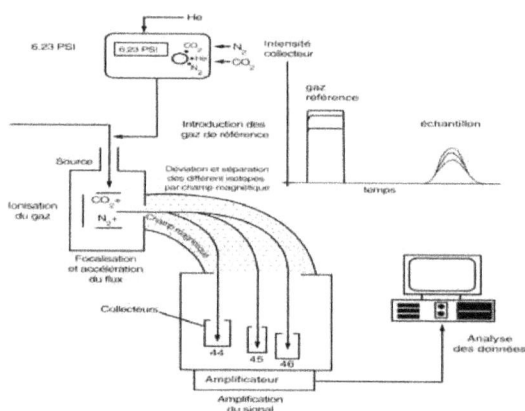

Figure 2.3. Spectromètre de Masse Isotopique, d'après Deléens et *al.*(1997).

> ➤ **Analyseur élémentaire (analyse de CO_2 et N_2 de la matière organique).**

Le rapport isotopique ($^{13}C/^{12}C$ ou $^{15}N/^{14}N$) d'un échantillon de matière organique est mesuré sur le CO_2 (ou N_2) moléculaire qui rassemble sous la forme gazeuse la totalité du carbone (ou de l'azote) de l'échantillon soumis à l'analyse.

Cette transformation solide-gaz est effectuée par un analyseur élémentaire qui permet la combustion de l'échantillon solide en présence de l'oxygène dans une atmosphère d'hélium (pour plus de détails, voir Deléens et *al.* (1997).

Les gaz issus de cette combustion sont séparés dans une colonne de chromatographie de gaz intégrée dans l'analyseur élémentaire et le pic d'intérêt passe ensuite, poussé par **le flux continu d'hélium,** dans le spectromètre de masse isotopique (Fig. 2.4). L'analyse isotopique du carbone se fait sur 1 mg de matière organique (3 mg pour l'azote) sous forme d'une poudre séchée. Un carrousel permet le passage automatique de 50 échantillons.

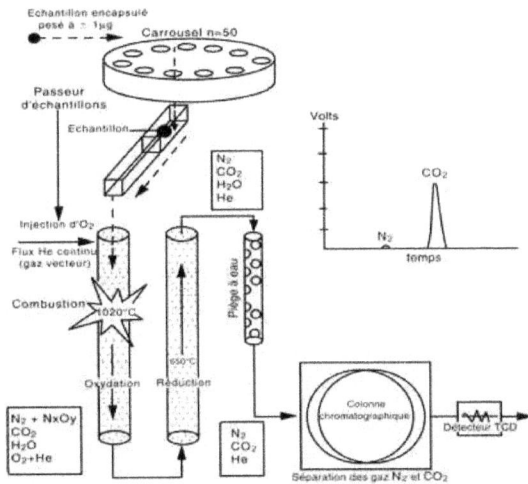

Figure 2.4. Analyseur élémentaire, d'après Deléens et *al.*(1997)

2.3.1.6- Mesure de la teneur en chlorophylle

La mesure de la teneur en chlorophylle est réalisée par un chlorophylle mètre CCM 200. Cet appareil permet l'utilisation des rayonnements transmis dans l'infrarouge ; il est capable de fournir des valeurs numériques qui sont liées à la concentration en chlorophylle (Minolta, 1989). C'est une méthode rapide et non destructive (*in situ et in vivo*).

Les mesures ont été effectuées à quatre endroits sur les feuilles utilisées pour l'étude des échanges gazeux. Ces feuilles représentent une gamme complète de couleurs (des jeunes feuilles vert foncées à des feuilles anciennes montrant des signes de chlorose) et appartenant à tous les traitements. Lors des mesures, le détecteur de CCM doit couvrir entièrement le limbe de feuille (moyennes de 5 mesures par feuille) et éviter les interférences provenant des veines et des nervures médianes.

Calibration des mesures avec CCM

Pour déterminer la concentration en chlorophylle à partir des valeurs CCM, une courbe d'étalonnage (calibration) est établie en utilisant la méthode d'extraction par l'acétone (Torrecillas et *al.,* 1984). Cette mesure permet de déterminer la correspondance entre les unités de CCM et les quantités réelles de chlorophylles.

Le dosage des pigments chlorophylliens est réalisé une seule fois, selon la méthode de Torrecillas et *al* (1984). Des feuilles sont prélevées à partir des plants de différents traitements. Elles sont découpées en petits morceaux. Des échantillons de 0,1 g sont placés avec 5 ml d'acétone 80 % dans des flacons bruns (la chlorophylle est photolabile). Les flacons sont conservés à 4°C et à l'obscurité pendant 72 h. Ensuite, l'extrait est centrifugé à 14000 g pendant 5min et l'absorbance du surnageant est lue à 649 et 665nm en utilisant un spectrophotomètre (Hitachi-220).

Les teneurs en chlorophylle a, b et totales «tot» sont calculées en utilisant les équations suivantes (Strain et Svéc, 1966) :

Chl a (μg/ml) =11,63 (DO_{665}) – 2,39 (DO_{649})

Chlb (μg/ml) =20,11 (DO_{649}) – 5,18 (DO_{665})

Chl tot (μg/ml) =6,45 (DO_{665}) + 17,72 (DO_{649})

Où DO_{665} et DO_{649} sont les valeurs de l'absorbance données par le spectrophotomètre à 665 et à 649 nm, respectivement.

La relation trouvée entre la teneur en chlorophylles (mg g^{-1} MF) et la valeur x, indiquée par le CCM est :

Chl tot (mg/gMF) = 0,001 × (CCM)² - 0,010 × CCM + 0,294 (Fig.2.5)

2.3.2. Analyse des ions minéraux
2.3.2.1- Extraction des ions minéraux

Des échantillons de feuilles, décongelés après conservation dans l'azote liquide, sont centrifugés pendant 10min à 10000 g puis pendant 5min à 20000 g afin d'en extraire la sève.

2.3.2.2- Dosage des cations majeurs (K^+, Ca^{2+} et Mg^{2+})

Des extractions dans le HNO_3 (4ml, 35%) sont réalisées pour des échantillons de 50 μl de sève, suivies par des dilutions de 5 et de 10 fois afin de mesurer les concentrations des cations majeurs (K^+, Ca^{2+} et Mg^{2+}) en utilisant un spectrophotomètre d'absorption atomique AA-60 (Shimadzu Ltd, Kyoto, Japon).

2.3.2.3- Dosage de NO_3^-

NO_3^- est déterminé par une nitration de l'acide salicylique 5% dans une solution de H_2SO_4 concentrée (réactif). 0,8 ml du réactif ainsi préparé, est ajouté à 0,2 ml de chaque échantillon de sève. Après 20 min, 19 ml de NaOH (2N) sont ajoutés pour augmenter le pH jusqu'à 12 (±2) avant de mesurer l'absorbance à 410 nm (Cataldo et al,. 1975 cité par Bajji et al., 1998). La gamme étalon est établie à

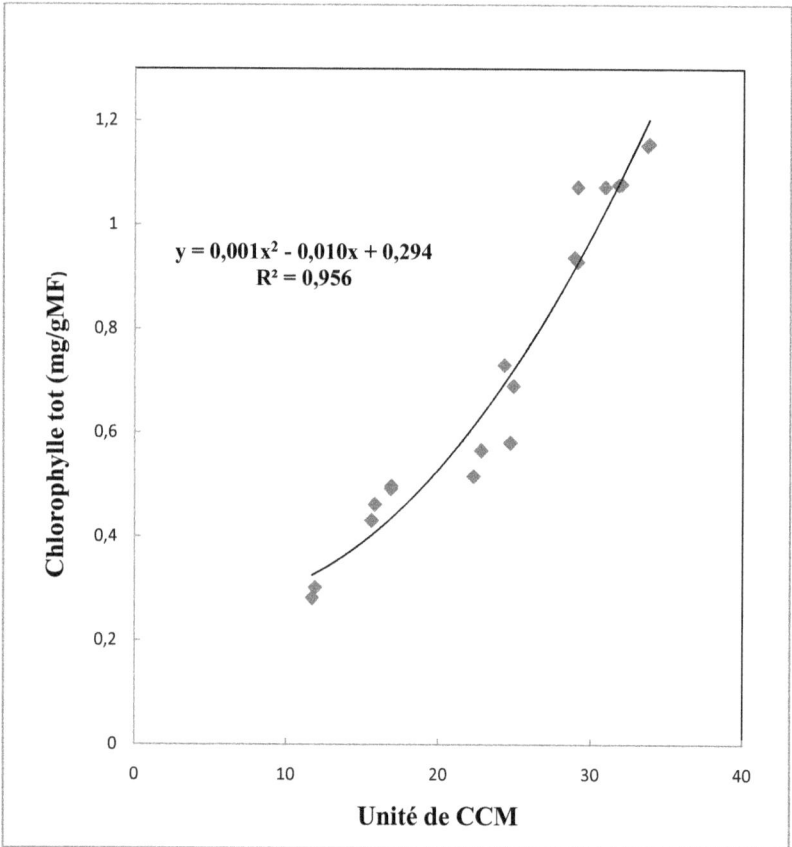

Figure 2.5. Relation entre les unités du CCM et la concentration de chlorophylle totale dans les feuilles des plants de *Laurus nobilis* L., établie après étalonnage du chlorophylle-mètre (CCM).

partir d'une solution de 0,2 ml d'eau distillée, de 0,2 ml d'acide salicylique et 0,2 ml de NaOH pour des concentrations de NO_3^- comprises entre 0 et 5 mM.

2.3.2.4- Dosage de l'ammonium

Pour chaque échantillon, on prélève 1 ml auquel on ajoute 2,5 ml de réactif A, RA (10 g de phénol+50 mg nitro-prussiate de Na dissous dans 1 L d'eau distillée) et 2,5 ml de réactif B, RB (5g de NaOH+53,7 g de $Na_2HPO_4.12 H_2O$ dans 400 ml d'eau distillée+10 ml d'hypochlorite de Na).

Le mélange est placé dans un bain marie à 30°C pendant 30 min. La lecture de l'absorbance est réalisée à 625 nm (Weatherburn, 1967 cité par Bajji et *al.*, 1998). La gamme étalon est établie à partir d'une solution de NH_4Cl pour des concentrations comprises entre 0 et 300 μM.

2.3.2.5- Extraction et dosage du phosphore inorganique

Les feuilles récoltées à la fin de l'expérimentation sont séchées pendant 48 h à l'étuve à 80°C. Le contenu en phosphore inorganique est déterminé sur des échantillons de 0,1 g placés dans des piluliers en verre contenant 25 ml d'une solution d'acide nitrique dilué (0,1 N). L'extraction du phosphore se fait à froid pendant 48 h à la température ambiante du laboratoire. Les extraits acides sont filtrés sur papier filtre sans cendres. La mesure de la concentration en orthophosphate (Pi) s'effectue selon la méthode de Vert de Malachite (Ohno et Zibilske, 1991). On prélève 1 ml de chaque échantillon auquel on ajoute 0,2 ml de réactif 1 R1 (17,55 g d'heptamolybdate d'ammonium dissous dans 168 ml de H_2SO_4 puis complété à 1 L avec de l'eau distillée). Après 10 min, on ajoute 0,2 ml de réactif 2 R2 (3,5 g de PVA sont dissous dans de l'eau bouillante à 80°C ; après refroidissement, on ajoute 0,35 g de Vert de Malachite et on complète à 1 L avec de l'eau distillée). L'absorbance est lue à 630 nm après 30 min à température ambiante. La gamme étalon est établie à partir d'une solution de KH_2PO_4 pour des concentrations de Pi comprises entre 0 et 25 μM (Annexe1).

2.3.3. Extraction et Analyse de la proline

La quantification de la proline libre est déterminée par la méthode décrite par Bates et *al.* (1973). A cet effet, 150 mg de matière fraiche sont broyés dans l'azote liquide puis transférés dans des tubes à centrifuger en suspension, dans 10 ml d'acide sulfosalicylique à 3%. Les échantillons sont vortexés, puis centrifugés à 5000 g pendant 7 min. 2 ml du surnageant récupéré sont transférés dans un nouveau tube avec 2 ml d'acide acétique glacial et 2 ml de réactif de ninhydrine puis chauffés pendant 1 h à 90° C. La réaction est arrêtée par refroidissement des tubes dans de la glace. 2 ml de toluène sont ajoutés à chaque tube, la phase colorée obtenue est récupérée dans une cuvette en verre et l'absorbance est lue à 520 nm, en utilisant le toluène comme blanc. La teneur en proline est calculée à partir de l'absorbance d'une gamme de L.proline standards (0-12 mg).

2.3.4. Extraction et Analyse de la glycine betaïne

La quantification de la glycine bétaïne est déterminée à partir de 200 mg de matière fraiche broyés dans un mortier à froid en présence d'azote liquide. Le broyat est transféré dans un flacon et homogénéisé au vortex avec 5 ml d'eau ultra-pure. Après centrifugation à 10000 tours/min pendant 15 min, le surnageant est filtré sur un papier Whatman N°1 et récupéré. Ensuite, il est passé sur une mini colonne échangeuse d'ions (1,6 ml) contenant une résine X8 AG1 (200-400 mesh, sous forme OH Biorad). La colonne est séchée par centrifugation (3 min, 4° C, 300 g), puis lavée avec 875 µl d'eau distillée. L'extrait de la glycine bétaïne est quantifié selon la méthode de Bessières et *al.* (1999). L'échantillon est injecté dans un système HPLC Bio-Rad équipé avec une colonne Nucleodur C18 Gravity (250 * 4,6 mm). L'élution est pratiquée à température ambiante avec un flux de 0,8 ml/min par un mélange sodium heptane sulfonique acide/ sulfate de sodium (13 mM/0,5mM) ajusté à pH 3,7 avec de H_2SO_4. La détection est obtenue par un détecteur d'UV (Monitor BioRad 1801 UV) et la quantification est effectuée par le Système ValueChrom HPLC ® (BioRad Chromatography

Software version 4). La quantité de la glycine betaine est évaluée en fonction de la surface des pics comparée à la surface des pics d'une courbe d'étalonnage (Annexe 2).

2.3.5. Extraction et Analyse des sucres solubles totaux

L'extraction des sucres solubles totaux se fait en broyant 1 g de matière fraiche dans l'azote liquide. Puis les échantillons sont homogénéisés avec 4 ml d'éthanol 80%. L'homogénat est laissé agir pendant 5 min. Le résidu insoluble est éliminé par centrifugation. Le culot est repris avec 2ml d'éthanol à 80% et recentrifugé à 8000 tours pendant 10 min. Le culot est resuspendu de nouveau dans 2ml d'éthanol 80% suivi par une dernière centrifugation. Tous les surnageants sont regroupés et filtrés dans un tube flacon. Le filtrat est utilisé pour les dosages des sucres solubles par la méthode d'anthrone classique (Yemm et Willis, 1954) à l'aide d'un spectrophotomètre à 625 nm (Beckman DU ® 640, USA). La courbe standard est établie à partir d'une gamme de 0 à 500 mg/l glucose et les résultats sont donc exprimés en μmol équivalents glucose g^{-1} MF.

2.3.6. Isolement des fractions hemicellulosique, cellulosique et pectique

Collecte et analyse de matériau de paroi cellulaire

Les feuilles fraiches collectées sont coupées en petits fragments, puis fixées dans le méthanol bouillant pendant 10 min. L'extrait du méthanol est désigné comme une fraction soluble du méthanol. Les fragments des feuilles sont réhydratés et homogénéisés dans l'eau déminéralisée avec un homogénéisateur polytron. L'homogénat est centrifugé pendant 10 min à 1000 g et le résidu est lavé avec de l'eau déminéralisée, de l'acétone et un mélange de méthanol et de chloroforme (1:1 v / v), puis séché. La matière séchée (paroi cellulaire) est traitée pendant 2h avec l'a-amylase (2 unités ml^{-1} ; type 1-A Sigma) de pancréas du porc dans un tampon Na-acétate (pH 6,5; 50 mM) pour éliminer l'amidon, puis pendant 18h avec la Pronase type Roche dont la concentration est de l'ordre de 200 mg ml^{-1}

dans un tampon Na-phosphate (pH 6,5; 50 mM) contenant 5% d'éthanol pour éliminer les protéines.

Isolement de substances pectiques (Kertesz, 1951)

A partir de cette paroi cellulaire ainsi traitée, on a réussi a récupéré la substance pectique obtenue selon une procédure en trois étapes d'extraction progressive. Comme agents d'extraction on a utilisé l'acide éthylène diamine tetra acétique «EDTA» (acide diaminotétracarboxylique) 50 mM à 95 °C pendant 15min suivie d'une centrifugation (2000 tr/min, 10min). Le surnageant obtenu est précipité par trois volumes d'alcool. Le précipité est dialysé et lyophilisé (Salimath et Tharanathan, 1982). Toutes les expériences sont répétées trois fois.

Isolement des fractions hemicellulosique et cellulosique

Les polysaccharides hemicellulosiques sont extraits (à partir de la paroi cellulaire traitée) pendant 18h avec 17,5% de NaOH contenant 0,02% $NaBH_4$, puis neutralisés avec l'acide acétique glacial. Les substances pectiques et la fraction hemicellulosique neutralisée sont dialysées contre l'eau désionisée pendant 36h et lyophilisées à froid.

Le résidu alcalique insoluble est hydrolysé avec de l'acide trifluoracétique (2M, 121°C, 1h) afin de libérer la partie restante des substances hemicellulosiques (Yeo et *al.*, 1995), puis lavé avec de l'éthanol et de l'acétate d'éthyle (1:1 , v/v). Cette fraction est séchée sous la hotte pour récupérer la cellulose.

2.3.7. Dosages des carbohydrates (sucres neutres) dans les fractions pectiques et hemicellulosiques

Les hydrolysats de polysaccharides séparés ont servi pour déterminer les quantités de sucres neutres en utilisant la réaction à l'anthrone (Dische, 1955). 1ml d'anthrone 1% (p/v) préparé avec 76% de H_2SO_4 (v/v) est ajouté pour chaque échantillon de 200 µl. Ensuite, le mélange est placé dans un bain d'eau bouillante pendant 10min et l'absorbance est réalisée à 625 nm. Les sucres neutres sont calculés en équivalents de glucose. Ces sucres neutres sont convertis en dérivés de l'acétate alditol (acétylation) (Englyst et Cummings, 1984) par une double hydrolyse, une préhydrolyse avec H_2SO_4 (13M) durant 1h pour les produits insolubles, suivie par d'une hydrolyse avec H_2SO_4 1M à 100°C pendant 2h. Ensuite, ils sont analysés par une chromatographie à gaz-liquide (CGL) sur un appareil Shimadzu GC-18A équipé d'un détecteur à ionisation de flamme. Une colonne capillaire (25 mm, 0,22 mm, Hicap CPB10) est utilisée et exploitée à 220°C avec un débit de gaz azotique de 60 ml min^{-1}. Les surfaces des pics sont mesurées avec une Shimadzu Chromatocorder-21. La phase mobile est de 2 mM NaOH; le volume d'échantillon injecté est de 25 µl. La quantification est réalisée en utilisant les sucres (Fucose, Arabinose, Glucose...) comme standards.

2.3.8. Analyse d'acide uronique

La méthode est fondée sur une procédure décrite par Filisetti-Cozzi et Carpita (1991) avec de légères modifications. Pour chaque échantillon de 200 µl, 40 µl d'une solution de sulfamate de potassium/acide sulfamique (4 M, pH 1,6) sont ajoutés. Après refroidissement par la glace, 2,4 ml d'une solution sulfurique ($Na_2B_4O_{10}$ 10 H_2O; 75 mM) est additionnée. Ensuite, le mélange est chauffé à 100°C pendant 20 min, et refroidi de nouveau. 80 µl de *m*-hydroxydiphenyl 0,15% (p/v) dans NaOH 0,12 M sont ajoutés à ce mélange. Après 20 min, l'absorbance est lue à 525 nm et la concentration de l'acide uronique est calculée à l'aide de l'acide galacturonique comme standard.

2.3.9. Dosage de ß-glucanase

Des échantillons de feuilles congelées (environ 500 mg de la matière fraiche) sont homogénéisées à froid dans 10 mM de tampon phosphate de sodium (pH 7,0). L'homogénat est filtré à travers des mailles de propylène (32 µm). La fraction est lavée avec le même tampon puis mis en suspension dans 10 mM de tampon phosphate de sodium (pH 6,0) contenant 1M de NaCl. La suspension est maintenue pendant 24h à 4°C et puis filtrée de nouveau sur maillage de propylène. Le filtrat est utilisé comme extrait enzymatique pour la mesure de l'activité β-glucanase. Le mélange réactionnel (un total de 100 µl) contenait 50 mg de bêta-glucanes (β-1,3; 1,4-D-glucanes) et 10 µg de protéine de la paroi cellulaire préparé dans 10 mM de tampon phosphate de sodium (pH 6,0). La solution est incubée pendant 6h à 37°C et la réaction est ensuite annulée par ébullition. L'activité enzymatique (β endo-1-4 glucanases) est déterminée par le contrôle de l'augmentation des sucres réducteurs libérés de β-glucanes par la méthode de Somogyi-Nelson (Somogyi, 1952) et est exprimée en équivalents glucose. Les sucres réducteurs, à ébullition et en milieu alcalin, réduisent une solution cuivrique (Cu^{++}), avec précipitation d'oxyde cuivreux (Cu^+). Par addition d'une solution arséniomolybdique à température ambiante, les ions cuivreux sont engagés dans un complexe coloré en bleu, dont la D.O est proportionnelle à la concentration en sucres réducteurs présents. L'absorbance est lue à 520 nm.

2.3.10. Analyse des huiles essentielles
-Extraction des huiles essentielles

Les feuilles de laurier noble sont récoltées sur des plants de différents traitements, séchées à l'ombre dans une chambre à température ambiante, coupées en petits morceaux et broyées en fine poudre dans un moulin cutter microhammer (Glen Creston Ltd, Stanmore, Middlesex, UK).

Dans un ballon en verre de 250 ml (A) contenant un barreau magnétique (K), 1 g de chaque échantillon est ajouté à 40 ml d'eau distillée. L'ensemble est connecté à un micro-distillateur à la vapeur avec un solvant d'extraction «Micro-steam Distillation-Extraction Apparatus (SD/SE)» (Fig.2.8). Environ 5 ml d'éther éthylique sont placés dans la fiole (B). Avant de commencer la procédure, l'eau distillée et l'éther éthylique (v/v; 1,5 ml) sont introduits dans la chambre de séparation «bol» (C) par une seringue à travers le poing (H).

Ce solvant est suffisant pour remplir les bras de retour (D) et (E) et établir un équilibre démixtion (séparation en fractions non miscibles) entre les deux couches de solvant dans (C). Les canaux de vapeur (F) et (G) sont emballés avec un ruban isolant pour minimiser la condensation des solvants au cours de la recirculation. L'eau glacée est distribuée à travers un réfrigérateur (-10°C) (I et J). Pour commencer la distillation, deux bains d'huile de silicone sur deux plaques chauffantes et deux agitateurs sont utilisés pour chauffer le ballon (A) à un reflux vigoureux et fournissent suffisamment de chaleur réfléchie pour maintenir un léger reflux de l'éther éthylique en flacon (B). L'extraction se poursuit pendant 3h. Après ce temps, les sources de chaleur sont retirées et les solvants sont laissés jusqu'à l'arrêt de la recirculation et le refroidissement.

L'extrait de l'éther dans la fiole (B) et le bol (C) sont ensuite combinées après avoir débranché l'appareil à partir du ballon (A). Le volume de l'extrait est ajusté à 5 ml avec de l'éther éthylique. Le distillat «huile essentielle» ainsi obtenu est stockée à -20°C à l'obscurité et séchée avec du sulfate de sodium anhydre.

Les valeurs des rendements sont exprimées par rapport à la matière sèche (en ml/100 g de matière sèche).

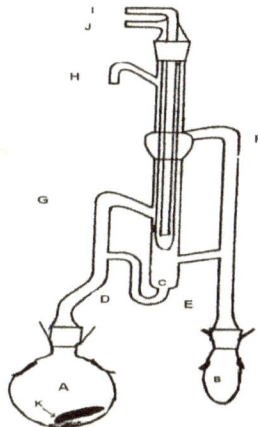

Figure 2.6: Appareil pour la micro-distillation à vapeur combinée à l'extraction par un solvant (éther éthyliques) de *laurus nobilis* L. A= ballon d'ébullition; B = récepteur pour l'extraction de solvant (plus léger que l'eau); C = bol pour la séparation de phase ; D, E, F et G sont solvables ou bras de transfert de vapeur, H= port d'entrée pour les échantillons de solvants et position pour l'extraction liquide-liquide ; I et J =ports d'entrés pour le réfrigérateur ; K= barreau magnétique.

-Analyse chimique

Pour l'analyse chimique qualitative de nos échantillons il est nécessaire d'adopter une technique qui permette de séparer et d'identifier les nombreux constituants du mélange et d'identifier chacun d'eux par deux méthodes indépendantes. L'appareillage le plus adapté étant un chromatographe en phase gazeuse couplé à une spectrométrie de masse.

Le principe de la spectrométrie de masse consiste à volatiliser la substance organique à analyser par un chauffage sous un vide très poussé. Dans ces conditions la substance, à l'état gazeux, est soumise à un bombardement électronique sous l'effet duquel les molécules constitutives de la substance sont ionisées et fragmentées.

Les ions positifs résultants sont ensuite accélérés par un champ électrique et séparés par un canalisateur (champs magnétique ou quadripôle) selon le rapport de la masse à la charge (m/z). Les ions émis sont enfin collectés par une cathode fixe ; l'amplification des signaux reçus à la cathode permet d'obtenir un spectre de masse de la substance à analyser où figurent les pics correspondant aux ions positifs dérivés des produits de fragmentation.

En plus des renseignements, fournis sur la longueur des chaînes hydrocarbonées par la chromatographie en phase gazeuse, l'analyse par la spectrométrie de masse permet de déterminer leur structure chimique et leur poids moléculaire. Nous avons utilisé ces deus techniques (CPG et CPG/MS) sous les conditions opératoires suivantes.

-Analyse chromatographique en phase gazeuse avec détection par ionisation de flamme GC-FID

L'analyse quantitative est effectué sur un chromatographe en phase gazeuse de type Hewlett-Packard (HP GC 6890). La colonne capillaire 5% Phényl Méthyl Siloxane possède les caractéristiques suivantes : 35 m de longueur, 0,25 mm de diamètre interne et 0,25 µm d'épaisseur de film, d'un détecteur à ionisation de flamme réglé à 300°C et alimenté par un mélange de gaz H2/air et d'un injecteur split-splitless réglé à 280°C. Le gaz vecteur est l'hélium à 1 ml/min.

Le mode d'injection est split (rapport de fuite de 1/50, débit de 66 ml/min). La température de la colonne est programmée de 40 (1min) à 200°C à raison de 6°C/min, puis de 200 à 280°C à 30°C/min et est maintenue à 280°C pendant 2 min. Le volume injecté est de 1µl d'une solution d'huile essentielle diluée à 1% dans l'hexane. L'appareil est piloté par un système informatique de type "HP ChemStation" gérant le fonctionnement de l'appareil et permettant de suivre l'évolution des analyses chromatographiques. La chromatographie en phase gazeuse (CPG) est, comme toutes les techniques de chromatographie, une technique qui permet de séparer des molécules d'un mélange éventuellement très complexe de nature très diverses.

Pour chaque échantillon, trois analyses chromatographiques sont réalisées. Le pourcentage de chaque composé au sein de l'huile est déterminé à partir des aires des pics et présente le rapport entre l'aire du pic de ce composé et la somme des aires de tous les pics du chromatogramme sans tenir compte des facteurs de correction en supposant que tous les constituants ont des coefficients de réponse voisine.

-Analyse GC/MS

L'analyse chimique des huiles essentielles est effectuée à l'aide d'un chromatographe en phase gazeuse. L'analyse GC/MS (**photo.2.2**) est réalisée sur un chromatographe en phase gazeuse de type Hewlett–Packard série HP 6890 couplé à un spectromètre de masse modèle Agilent 19091J-433. La fragmentation est effectuée par impact électronique sous un champ de 70 eV. La température de la colonne est programmée comme précédemment de 40 à 250°C à raison de 6°C/min. Le gaz vecteur est l'hélium à 1 ml/min (vitesse linéaire moyenne =36 cm/sec). Le mode d'injection est splitless (débit 26 ml/min) avec une température de 280°C. L'appareil est relié à un système informatique gérant une bibliothèque de spectres de masse NIST 98. Les composés volatils sont identifiées grâce à leurs spectres de masse et à leurs indice de rétention stockés dans la base de données.

La chromatographie en phase gazeuse permet de séparer les constituants d'un mélange qui sera partagé entre une phase mobile (gaz vecteur) et une phase stationnaire liquide non volatile fixée sur un support inerte. Cette étape est suivie de la décomposition de chacun des composés en une répartition caractéristique de fragments dans le spectromètre de masse. Le soluté sera partagé entre le gaz vecteur et le liquide stationnaire pour donner un chromatogramme. Le volume de l'échantillon injecté est de 1µl d'une solution de l'huile essentielle diluée à 1% dans le chloroforme. Le spectromètre de masse couplé avec un système de chromatographie en phase gazeuse est une association d'une méthode séparative et d'une méthode d'identification qui permet d'étudier des mélanges complexes à l'état de traces.

L'identification des différents constituants est réalisée à partir de leurs spectres de masse et de leurs indices de rétention selon Kovats en comparaison avec ceux des composés standards de la banque de données informatisées: NIST 98.

L'indice de Kovats (Kovats, 1965) est calculé à partir des temps de rétention fournis par les chromatogrammes des composés volatiles de l'échantillon et de ceux des composés volatiles standard (sigma). IK d'un produit inconnu x est donné par la formule suivante en programmation de température :

$$IK = 100 \left[n + \frac{t_{R(X)} - t_{R(n)}}{t_{R(n-1)} - t_{R(n)}} \right]$$

* n: nombre d'atomes de carbone du composé standard éluée avant le composé inconnu x

* $t_R(x)$: temps de rétention du composé inconnu x

* $t_R(n)$ temps de rétention du composé standard à n atomes de carbone élué avant le produit x

* $t_R(n-1)$: temps de rétention du composé à n-1 atomes de carbone élué après le produit x

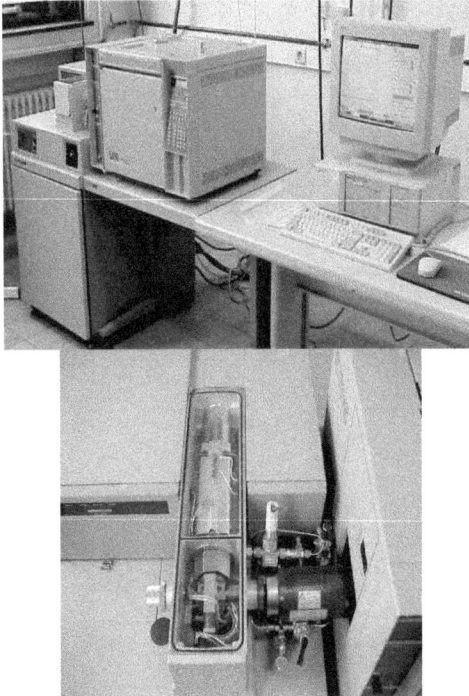

Photo 2.2. Une chromatographie en phase gazeuse couplée à la spectrométrie de masse (CPG/SM).

2.4. Analyses statistiques

L'analyse statistique des résultats est réalisée à l'aide du logiciel SAS (SAS Instituts, Tervueren, Belgique). Les données brutes de chaque variable sont soumises, après vérification de l'homogénéité des variances à l'aide du test de Bartlett (Dagnelie, 1998), à une analyse de la variance (ANOVA, à un niveau de signification de $p \leq 0.05$ ou $P \leq 0,01$) à trois critères (écotype, régime d'irrigation, répétition) pour chacune des périodes de mesures. En absence d'interaction significative entre l'effet écotype et l'effet irrigation (taitement), les comparaisons multiples des facteurs principaux sont réalisées à l'aide de la méthode de Newman et Keuls au seuil de 5%. En présence d'interaction significative entre ces effets, des analyses séparées par régime d'irrigation ont sont effectuées afin de préciser la signification des différences entre les deux écotypes étudiés.

CHAPITRE 3

IMPACT DU STRESS HYDRIQUE SUR LA

CROISSANCE DE *L. NOBILIS*

CHAPITRE 3 : Impact du stress hydrique sur la croissance de *L. Nobilis*

3.1. Introduction

La sécheresse estivale est considérée comme le facteur le plus déterminant pour la croissance et la distribution des plantes dans les régions méditerranéennes (Mooney, 1982). Les espèces méditerranéennes, principalement les plantes sclérophylles à feuilles persistantes, développent plusieurs mécanismes pour survivre dans de telles conditions, mais avec des taux de croissance faibles comparés à ceux des forêts tempérées (Margaris et Mooney, 1981). La disponibilité en eau dans les régions méditerranéennes est susceptible d'être réduite dans un proche avenir par l'augmentation des températures, et la réduction probable de précipitations (IPCC, 2001).

La répartition naturelle des plantes ligneuses est fortement tributaire de la résistance des plantes à la sécheresse dans les zones arides et semi-arides. Les stratégies de survie en réponse au déficit hydrique dans la phase initiale de croissance des plants sont abondamment étudiées chez plusieurs espèces (Batchelard, 1986 ; Marron et *al.*, 2002).

Les travaux réalisés sur le laurier noble au stade adulte sont plus nombreux que ceux réalisés au stade juvénile. Selon Lo Gullo et *al* (2003), les jeunes plants se caractérisent par des systèmes racinaires peu profonds et sont plus sensibles à la sécheresse que les adultes.

Dans ce chapitre, nous nous intéresserons à l'étude du comportement de deux écotypes du laurier noble issus de deux sites distincts (carte 2.1) afin de déterminer l'effet du stress hydrique sur la croissance et la morphologie de L. *nobilis* (stade juvénile), d'évaluer l'impact de la modalité (cinétique) et de l'intensité du stress appliqué au cours de la période d'expérimentation et d'améliorer les chances de réussite de nouvelles plantations de L. *nobilis* dans les sites appropriés.

Nous rappelons que les plants de L. *nobilis*, des deux écotypes 'Annaba' et 'Bardo', sont soumis à 5 traitements différents de stress hydrique : **C** : 100% de la capacité au champ; **S1 et S2** : stress permanents, correspondant respectivement à 60% et de 20 % de la capacité au champ; **S11 et S22** : stress cycliques, la capacité au champ est reconduite à 100% à chaque fois qu'elle tombe à 60% et à 20%, respectivement. Après trois mois de traitements, diverses mesures morphologiques sont effectuées : croissance pondérale, hauteur et diamètre au collet (croissance radiale), surface foliaire.....

3.2. Croissance pondérale

Tableau 3-1. Résultats des analyses statistiques avec SAS (L'ANOVA). Les différences significatives sont mentionnées par les étoiles : *, P<0,05 ; **, P<0,01 ; ***, P<0,001 ; ****, P<0,0001 ; NS indique une différence non significative.

	Croissance de la plante entière (MS)	Croissance moyenne relative foliaire (RGR_F)	Croissance moyenne relative des tiges (RGR_T)	Croissance moyenne relative des racines (RGR_R)	R/OA
F	146,88	17,95	23,14	8,54	7,04
DL	9	9	9	9	9
R^2	0,9706	0,8015	0,8388	0,6822	0,6130
Ecotype (Ect)	****	****	****	****	*
Traitement (Tr)	****	****	****	***	****
Interaction (Ect*Tr)	****	NS	NS	NS	**

F: statistique de Fisher-Snedecor; DL : le nombre de degrés de liberté (d.d.l.) ; R^2 : coefficient de détermination.

3.2.1. Croissance de la plante entière

Les résultats du **tableau 3-1** révèlent un effet écotype et un effet traitement très hautement significatifs pour la biomasse sèche totale au bout de trois mois des traitements.

La **figure 3.1.a** représente les variations de la matière sèche de la plante entière (MS) selon les niveaux de stress hydrique appliqués, mesurée à la fin de l'expérimentation.

Sous contrainte hydrique, l'évolution de la biomasse produite varie selon l'écotype et le traitement hydrique (S1, S2, S11 et S22). Chez L. *nobilis*, les témoins de l'écotype 'Annaba' ont une meilleure croissance de la biomasse totale (81,13 g MS/plant) par rapport à l'écotype 'Bardo' (52,31g MS/plant). Sous stress hydrique, la croissance diminue significativement quelque soit l'écotype et le traitement appliqué. Cette baisse est plus importante sous S2 chez les deux écotypes. Elle est de l'ordre de 73,2 % pour l'écotype 'Annaba' et de 72,8 % pour 'Bardo'. Les stress cycliques S11 et S22 ont des effets moins importants sur la croissance de la plante entière.

Pour mieux percevoir l'effet des différents traitements sur l'activité de croissance, nous avons déterminé la Croissance Moyenne Relative (Relative Growth Rate : RGR).

3.2.2. Croissance moyenne relative

Les plants témoins de l'écotype 'Annaba', ont une activité de croissance moyenne relative foliaire (RGR_F) élevée (3,901 $g \cdot j^{-1}$) (fig. 3.1.b). Chez les deux écotypes, les traitements S1 et S2 (stress permanents) ont entrainé une diminution significative (P <0,001) de RGR_F. L'effet du stress sévère S2 est plus intense sur l'écotype 'Bardo' que 'Annaba'. Chez ce dernier nous enregistrons une baisse deux fois plus importante (24,2% par rapport à 12,3%). Les deux autres traitements hydriques S11 et S22 n'ont pas d'effets significatifs sur RGR_F (fig. 3.1.b).

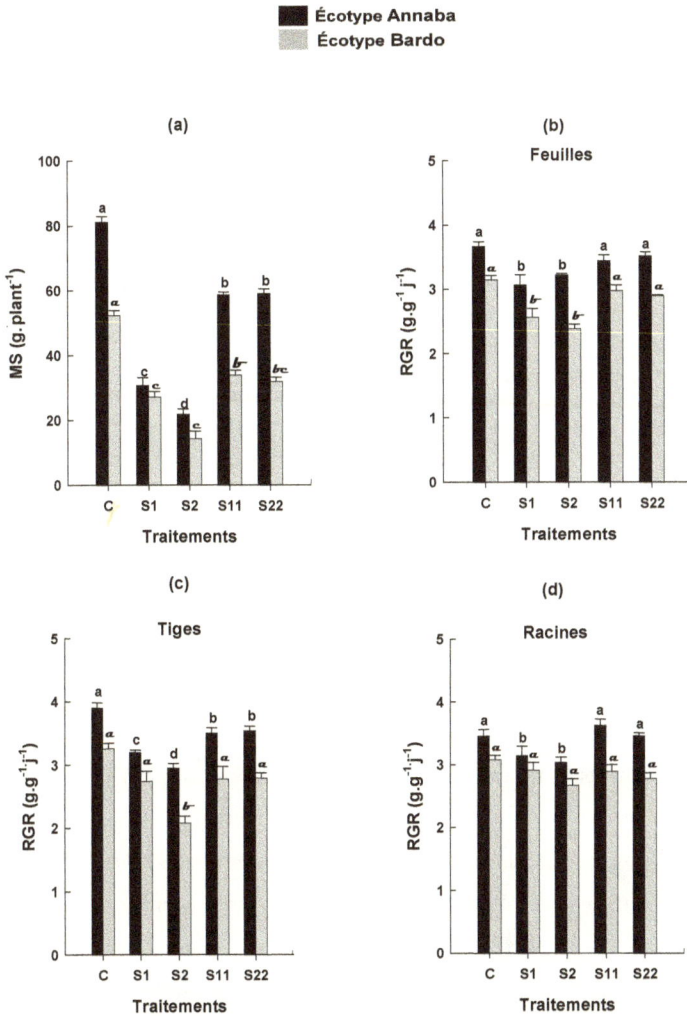

Figure 3.1. Effet des différents traitements de stress hydrique sur la production de matière sèche de la plante entière (MS) (a) chez deux écotypes de *Laurus nobilis* et sur l'activité de la Croissance Moyenne Relative des feuilles (b), tiges (c) et racines (d). Le RGR correspond à la production de MS par unité de temps et par unité de biomasse. Les moyennes suivies d'une même lettre ne sont pas significativement différentes au seuil de 5%, n=4. **C** : capacité au champ (100% CC) ; **S1** : 60% CC ; **S2** : 20% CC ; **S11** : le sol est re-irrigué à 60% CC ; **S22** : le sol est re-irrigué à 20% CC.

Toutefois, chez l'écotype 'Bardo', nous ne notons de baisse significative de l'activité de croissance moyenne relative des tiges (RGR_T) que sous stress sévère S2 (2,079 g·j^{-1}, soit une baisse de 34,3%). Par contre, pour l'écotype 'Annaba', cette activité diminue significativement sous les différents traitements, mais l'effet de S1 et S2 est beaucoup plus important (une baisse de 25% sous S2). Les variations de RGR racines sont faibles chez les deux écotypes. Elles sont non significatives chez l'écotype 'Bardo' indépendamment du traitement appliqué et significatives sous stress sévère S2 pour l'écotype 'Annaba'.

Après trois mois de traitements, aucune différence significative n'est enregistrée entre 'Annaba' et 'Bardo'.

3.2.3. Croissance des organes

Les variations de la masse de matière sèche (MS) des différents organes de L. *nobilis* en fonction des différents traitements du stress hydrique sont illustrées par la figure 3.2.

Globalement, les variations de la croissance des organes aériens (feuilles et tiges) et des racines rappellent celles de la plante entière : chez les deux écotypes, les différents traitements induisent une diminution de la croissance et ce sont les stress permanents (S1 et S2) qui entrainent la forte inhibition. Cette décroissance chez les feuilles est de l'ordre de 60,9 et de 57,4% par rapport au témoin sous stress modéré (S1) chez 'Bardo' et 'Annaba', respectivement. Signalons toutefois, que le stress sévère S2 a l'effet le plus dépressif surtout sur les plants 'Bardo', dont la baisse de croissance dépasse 80%. La biomasse des tiges des plants 'Bardo' et 'Annaba' diminue significativement en fonction des différents traitements, néanmoins cette chute de croissance est beaucoup plus importante sous stress permanents S1 et S2 (une baisse d'environ 85% sous stress sévère).

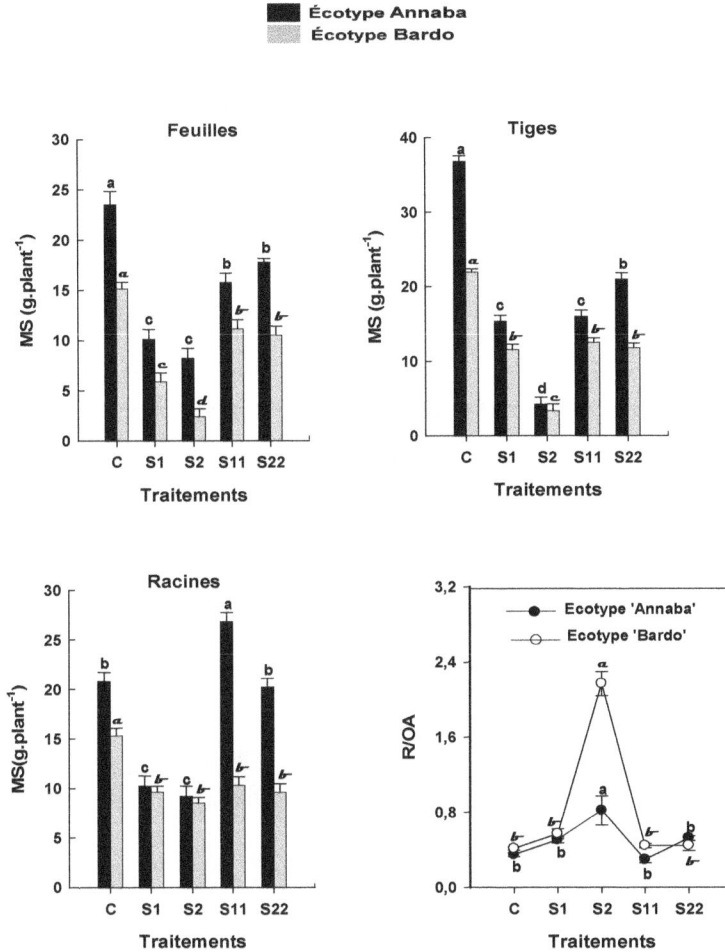

Figure 3.2. Effet des différents traitements du stress hydrique sur la croissance des différents organes de *laurus nobilis* (feuilles (a), tiges (b) et racines (c)) et sur la répartition de matière sèche entre les organes aériens et les racines (d) (estimé par le rapport de matière sèche Racines/ organes aériens). Moyenne de 5 répétitions. Les valeurs suivies d'une même lettre au moins ne sont pas significativement différentes au seuil de 5%. **C** : capacité au champ (100% CC) ; **S1** : 60% CC ; **S2 :** 20% CC ; **S11** : le sol est re-irrigué à 60% CC ; **S22** : le sol est re-irrigué à 20% CC.

Les racines sont nettement les moins touchées par le stress hydrique. Chez l'écotype 'Annaba', nous constatons que la majorité de la matière sèche est allouée aux racines sous stress cycliques (S11 et S22) dont la matière sèche n'a pas subi une réduction significative. Tandis que, les stress permanents induisent une diminution significative de la biomasse racinaire chez les deux écotypes étudiés. En effet, nous enregistrons une décroissance de 44,5 et de 55, 6% sous stress sévère S2 chez 'Bardo' et 'Annaba', respectivement.

Une allocation préférentielle de la matière sèche aux racines est observée chez l'écotype 'Bardo' de *L. nobilis* sous stress sévère S2 dont le rapport R/OA est 5 fois plus important que le témoin (fig. 3.2.c). Il en est de même, chez les plants 'Annaba', S2 favorise une élévation significative de ce dernier, mais d'une façon beaucoup moins importante. En effet, R/OA passe de 0,346 chez le témoin à 0,817 chez le traité.

3.3. Accroissement radial et en hauteur

L'analyse de la variance des mesures de la hauteur chez les deux écotypes étudiés (tab.3.2) montre un effet écotype, un effet traitement et une différence entre écotypes très hautement significatifs. Par contre, pour l'accroissement radial, cette analyse n'est significative que pour l'effet traitement.

Tableau 3-2. Résultats des analyses statistiques avec SAS (L'ANOVA). Les différences significatives sont mentionnées par les étoiles : *, $P<0,05$; **, $P<0,01$; ***, $P<0,001$; ****, $P<0,0001$; NS indique une différence non significative.

	Accroissement en hauteur	Accroissement radial
F	77,31	11,79
DL	9	9
R-Square	0,945638	0,726264
Ecotype (Ect)	****	NS
Traitement (Tr)	****	****
Interaction (Ect*Tr)	****	NS

F: statistique de Fisher-Snedecor; DL : le nombre de degrés de liberté (d.d.l.) ; R^2 : coefficient de détermination.

Sous conditions normales, l'écotype 'Annaba' présente un meilleur accroissement en hauteur (87,14 cm) par rapport à l'écotype 'Bardo' (49,09 cm) (Fig.3.3.a). La croissance en hauteur montre des variations importantes avec les traitements pour les plants des deux écotypes. Pour l'écotype 'Bardo', les traitements S2 et S22 induisent une forte réduction significative (P <0,001) de la hauteur. Cette diminution est de l'ordre de 78,5 % et 67,9% respectivement. Les plants de l'écotype 'Annaba' présentent une réduction importante de la croissance en hauteur sous stress sévère S2 (une diminution de 81,8 % sous S2) (Fig.3.3.a).

Les deux écotypes présentent des modifications similaires vis-à-vis du diamètre au collet sous différents traitements hydriques. L'effet du stress hydrique sur le diamètre au collet est significatif (P <0,001), mais S1 et S2 induisent la plus forte inhibition de la croissance radiale (Fig.3.3.b).

3.4. La surface foliaire

Tableau 3-3. Résultats des analyses statistiques avec SAS (L'ANOVA). Les différences significatives sont mentionnées par les étoiles : *, P<0,05 ; **, P<0,01 ; ***, P<0,001 ; ****, P<0,0001 ; NS indique une différence non significative.

	SF
F	17,41
DL	9
R-Square	0,796
Ecotype(Ect)	****
Traitement (Tr)	****
Interaction (Ect*Tr)	NS

F: statistique de Fisher-Snedecor; DL : le nombre de degrés de liberté (d.d.l.) ; R^2 : coefficient de détermination.

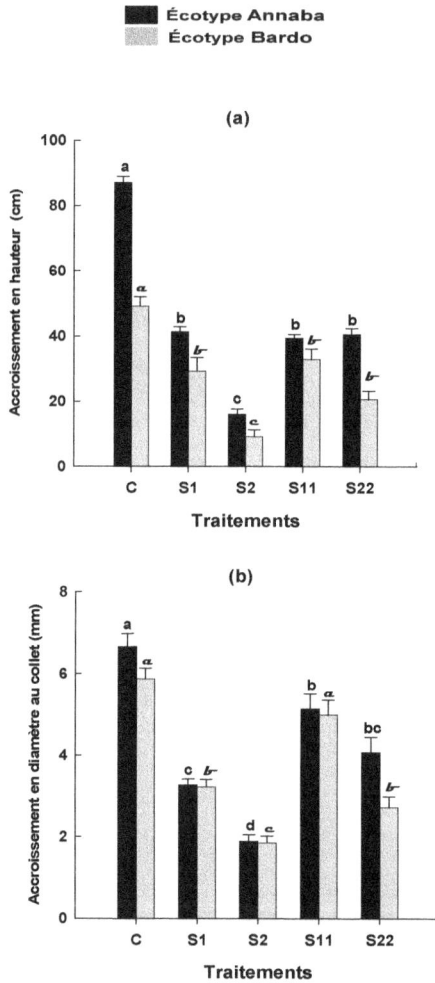

Figure 3.3. Variations de la hauteur des plants (a) et du diamètre au collet (b) de deux écotypes de *laurus nobilis* en fonction de différents traitements de la contrainte hydrique. Les résultats sont exprimés en cm pour la hauteur et en mm pour le diamètre au collet. Les valeurs représentent les moyennes de 6 mesures individuelles. Les valeurs suivies d'une même lettre au moins ne sont pas significativement différentes au seuil de 5%. **C** : capacité au champ (100% CC) ; **S1** : 60% CC ; **S2** : 20% CC ; **S11** : le sol est re-irrigué à 60% CC ; **S22** : le sol est re-irrigué à 20% CC.

93

L'examen des résultats relatifs à la surface foliaire (tab.3-3) fait ressortir un effet traitement et un effet écotype très hautement significatifs.

La figure 3.4 montre l'évolution de la surface foliaire (SF) par plant sous différents traitements. Dans les conditions témoins, c'est l'écotype 'Annaba' qui présente la surface foliaire la plus élevée. Les traitements S1 et S2 affectent d'une manière significative la surface foliaire des deux écotypes. Alors que, les stress cycliques S11 et S22 n'induisent pas de variations significatives sur les deux écotypes.

3.5. Allocation de biomasse aux feuilles et aux racines

Les résultats du tableau 3-4 nous permettent de distinguer un effet traitement ($P<0.001$) et un effet écotype ($P<0,01$) hautement significatifs pour la masse surfacique LMA. Concernant le RMR (Rapport des biomasses des racines sur la biomasse totale), l'effet traitement est très hautement significatif alors que l'effet écotype est non significatif.

Tableau 3-4. Résultats des analyses statistiques avec SAS (L'ANOVA). Les différences significatives sont mentionnées par les étoiles : *, $P<0.05$; **, $P<0.01$; ***, $P<0.001$; $P<0.0001$; NS indique une différence non significative.

	LMA	RMR
F	5,45	15,5
DL	9	9
R-Square	0.550819	0.777207
Provenance (Ect)	**	NS
Traitement (Tr)	***	****
Interaction (Ect*Tr)	*	****

F: statistique de Fisher-Snedecor; DL : le nombre de degrés de liberté (d.d.l.) ; R^2 : coefficient de détermination.

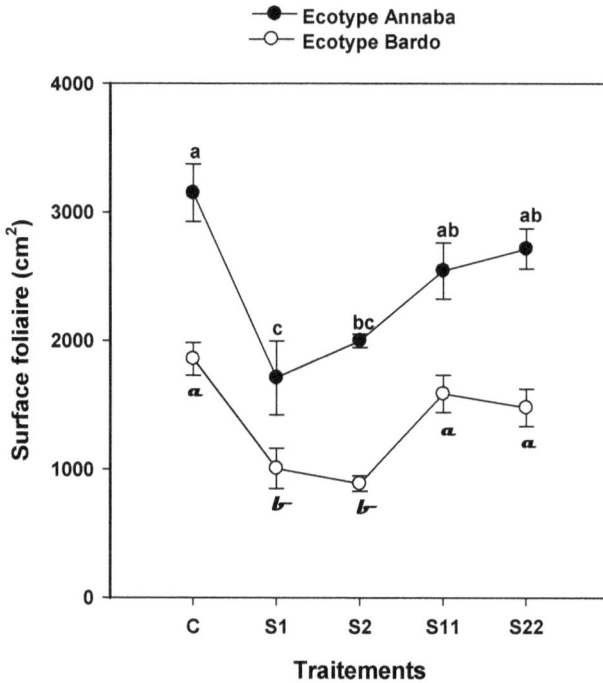

Figure 3.4. Variations de la surface foliaire de deux écotypes de *laurus nobilis* en fonction de différents traitements de la contrainte hydrique. Les résultats sont exprimés en cm². Les valeurs représentent les moyennes de 4 mesures individuelles. Les valeurs suivies d'une même lettre au moins ne sont pas significativement différentes au seuil de 5%. **C** : capacité au champ (100% CC) ; **S1** : 60% CC ; **S2 :** 20% CC ; **S11** : le sol est re-irrigué à 60% CC ; **S22** : le sol est re-irrigué à 20% CC.

La masse surfacique des feuilles (LMA) demeure stable et identique au témoin quelque soit le traitement appliqué chez l'écotype 'Bardo'. En effet aucune différence significative n'est enregistrée. En revanche, chez l'écotype 'Annaba', nous constatons que ce paramètre augmente significativement par rapport au témoin quand les plantes sont soumises aux traitements S1 et S2. Toutefois, nous signalons une diminution significative aux traitements S11 et S22. En outre, les valeurs notées pour ces deux derniers traitements sont presque identiques à celles obtenues chez les plantes témoins (128,9 $g.m^{-2}$) (fig.3.5).

Chez l'écotype 'Bardo' l'effet traitement hydrique se manifeste par une augmentation significative du RMR par rapport au contrôle. Il semble que sous contrainte hydrique la biomasse est allouée au système racinaire. En effet, sous stress sévère S2, nous enregistrons un RMR deux fois plus élevé que celui des plantes témoins. Quand nous appliquons un stress cyclique (S11 et S22) à cet écotype nous constatons une diminution significative de ce rapport mais qui demeure presque identique à celui des plantes témoins (fig.3.5).

Concernant l'écotype 'Annaba', l'effet traitement se traduit par une augmentation significative du RMR par rapport au témoin. En effet nous signalons une évolution uniforme de ce rapport jusqu'au traitement S11. Quant au traitement S22, il induit une diminution significative du RMR par rapport à la valeur obtenue sous S11 (0,458 $g.g^{-1}$). Cependant toutes les valeurs notées demeurent toujours supérieures à celles du contrôle. D'où l'effet traitement que nous venons de signaler.

Par contre l'effet écotype ne commence à apparaitre significativement que sous traitements S2, S11 et S22. En effet, sous S2 l'écotype 'Bardo' a un RMR plus élevé de 30% par rapport à celui enregistré chez l'écotype 'Annaba' subissant le même traitement. Cependant RMR 'Bardo' diminuent aux traitements cycliques notamment sous S11. Il est de 33% inferieur au RMR 'Annaba'. En outre ces deux RMR ne sont plus significativement différents au traitement S22 (Fig.3.5).

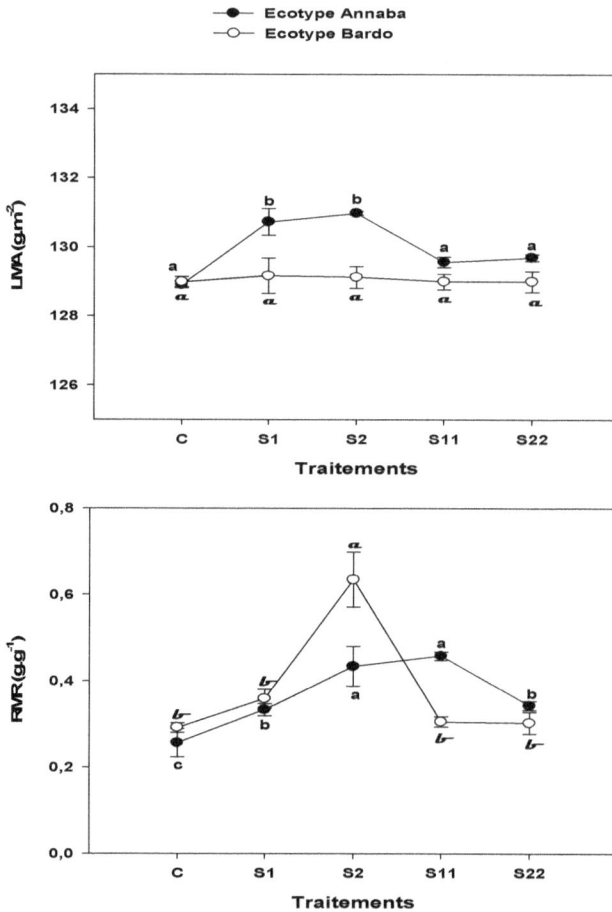

Figure 3.5. Variations du rapport de la surface foliaire totale sur la masse de matière sèche totale de la plante, (LMA), et du rapport de masse de matière sèche des racines sur la masse de matière sèche totale de plante, (RMR g.g^{-1}), des deux écotypes de *laurus nobilis* en fonction de différents traitements de la contrainte hydrique. Les résultats de LMA sont exprimés en g m^{-2}. Les valeurs représentent les moyennes de 6 mesures individuelles. Les valeurs suivies d'une même lettre au moins ne sont pas significativement différentes au seuil de 5%. **C** : capacité au champ (100% CC) ; **S1** : 60% CC ; **S2** : 20% CC ; **S11** : le sol est re-irrigué à 60% CC ; **S22** : le sol est re-irrigué à 20% CC.

3.6. Teneurs en chlorophylles

Les résultats de l'analyse de la variance des mesures de teneurs en chlorophylles (tab.3-5) indiquent la présence d'un effet traitement et d'un effet écotype.

Tableau 3.5. Résultats des analyses statistiques avec SAS (L'ANOVA). Les différences significatives sont mentionnées par les étoiles : *, P<0,05 ; **, P<0,01 ; ***, P<0,001 ; P<0,0001 ; NS indique une différence non significative.

	Chlorophylle totale	chlorophylle «a»	Chlorophylle «b»
F	126,06	175,68	180,06
DL	9	9	9
R-Square	0,926500	0,946143	0,947384
Provenance (Ect)	****	****	****
Traitement (Tr)	****	****	****
Interaction (Ect*Tr)	****	****	****

F:statistique de Fisher-Snedecor; DL : le nombre de degrés de liberté (d.d.l.) ; R^2 : coefficient de détermination.

Chez les témoins de l'écotype 'Annaba' nous enregistrons des teneurs en chlorophylle totale (1,086 mg.g^{-1}MF) et en chlorophylle «a» (0,649 mg.g^{-1} MF) plus élevées par rapport à celles obtenues chez les témoins de l'écotype 'Bardo' (0,678 et 0,396 mg.g^{-1}MF, respectivement) (Fig. 3.6). Les stress permanents S1 et S2 ont des effets dépressifs sur l'accumulation de la chlorophylle totale et de la chlorophylle «a» dans les feuilles de l'écotype 'Annaba'. De ce fait, le stress sévère S2 réduit fortement ces teneurs à 0,032 mg.g^{-1}MF pour la chlorophylle «a». Cette réduction est 95,4% par rapport au témoin. Les stress cycliques S11 et S22 induisent, également, une réduction significative de l'accumulation de ces teneurs.

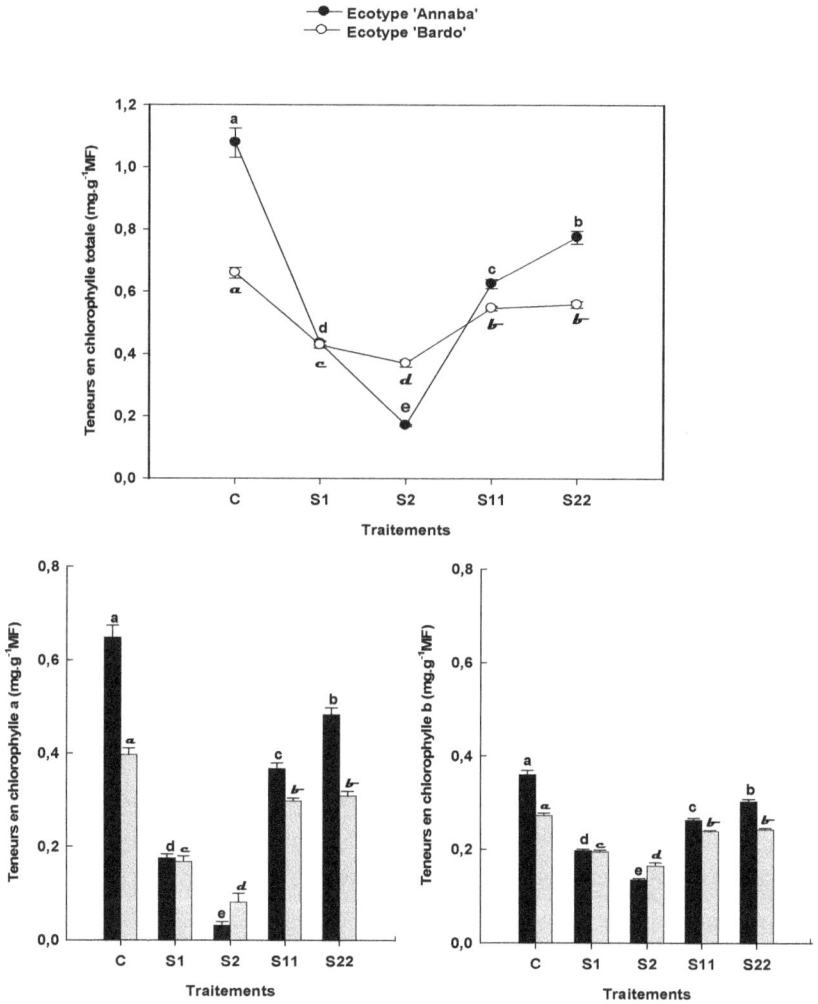

Figure 3.6. Variations de la teneur de la chlorophylle totale, de la teneur en chlorophylle «a» et de la teneur en chlorophylle «b» chez les deux écotypes de *Laurus nobilis* L. en fonction de différents traitements de la contrainte hydrique. Les résultats sont exprimés en mg g[-1]. Les valeurs représentent les moyennes de 10 mesures individuelles. Les valeurs suivies d'une même lettre au moins ne sont pas significativement différentes au seuil de 5%.

Chez l'écotype 'Bardo', les teneurs en chlorophylle totale et en chlorophylle «a» subissent une baisse significative sous les différents traitements du stress hydrique. En effet, cette baisse est beaucoup plus importante sous stress sévère S2 où nous notons une réduction de 80% par rapport au témoin (Fig.3.6).

Les traitements S1 et S2 d'une part, et les traitements S11 et S22 d'autre part réduisent spécifiquement l'accumulation de la chlorophylle «b» chez les deux écotypes. Néanmoins, les stress permanents affectent beaucoup plus les teneurs en chlorophylle «b» que les stress cycliques (Fig.3.6).

Les analyses multivariées de l'ensemble des résultats obtenus au cours des traitements révèlent une variabilité dans la réponse selon l'écotype, la modalité du stress et le traitement appliqué pour les paramètres correspondants. Ainsi, nous pouvons signaler l'existence d'un effet écotype et d'un effet traitement. Partant de cette variabilité, l'analyse de variance suivie de test Student-Newman-Keuls au seuil 5% nous permet de distinguer :

-un effet traitement significatif à très hautement significatif dans la réponse des plants T, S1, S2, S11 et S22 chez les deux écotypes étudiés. Signalons que T>S11$\geq$ S22> S1> S2.

-un effet écotype sensiblement marqué où nous faisant apparaitre deux classes (S1-S2 et S11-S22) en tenant compte de l'ensemble des paramètres étudiés. Il semble que l'écotype 'Annaba' présente des potentialités meilleures que celles de l'écotype 'Bardo'.

3.7. DISCUSSION

En considérant l'ensemble des paramètres étudiés, il semble que le déficit hydrique subi par les plants de laurier noble serait déterminant pour leur survie et leur croissance. Ceci se traduit par des effets variables selon l'écotype, la cinétique et l'intensité du traitement appliqué. En effet, le déficit hydrique a un impact négatif sur la croissance des plantes (Franco et *al.*, 2006). Il provoque chez les plants 'Annaba' et 'Bardo' de nombreuses modifications morphologiques. En outre, les traitements permanents et cycliques limitent la production de biomasse et la croissance de la plante entière des deux écotypes de L. *nobilis* (Fig. 3.1). Un comportement analogue est observé chez plusieurs espèces telles que *Sophora davidii* (Franch.) (Wang et *al.*, 2003; Wu et *al.*, 2008), *Cistus albidus* L. et *Cistus monspeliensis* L. (Sánchez-Blanco et *al.*, 2002).

Sous les différents traitements la biomasse totale diminue significativement chez les deux écotypes de L. *nobilis* par rapport au témoin. Néanmoins, cette baisse est drastique sous stress permanent que sous stress cycliques. Ainsi, les premiers (surtout S2) ont un effet dépressif sur l'écotype 'Bardo' et à un degré moindre sur l'écotype 'Annaba'. Les plants des deux écotypes, cultivés sous stress permanents (S1 et S2), présentent une réduction des activités de croissance moyenne relative des feuilles et des tiges, alors que celles de racines n'a subi qu'une légère diminution essentiellement sous S2 pour l'écotype 'Annaba'. Ces résultats concordent avec ceux rapportés par Curtis et *al* (1986) chez le kenaf (*Hibiscus cannabinus* L.).

Il est connu que la limitation de l'expansion cellulaire est considérée parmi les effets initiaux et rapides de la contrainte hydrique (Yin et *al.*, 2005). L'accroissement en nombre des cellules nouvellement produites (auxèse) est très sensible au stress hydrique (Hsiao et Xu, 2000). Il est communément admis que la contrainte hydrique affecte la répartition de la matière sèche entre les différents organes. Chez les deux écotypes de L. *nobilis*, c'est la matière sèche des organes aériens et surtout celle des feuilles qui est la plus sensible aux différents traitements, ces résultats corroborent ceux obtenus par Soar et Loveys (2007). En outre, Bacelar et *al* (2007) révèlent que l'exposition au stress hydrique entraine une diminution significative de la masse sèche aérienne de plants d'olivier (*Olea europaea* L.), mais n'a aucun effet sur la masse des racines.

Kage et *al* (2004) suggèrent que la productivité des plants sous stress hydrique est étroitement liée aux processus de répartition de la matière sèche et de la distribution spatial et temporelle des racines. Indépendamment de l'écotype, les différents traitements S1, S2, S11 et S22 entrainent une augmentation du rapport R/OA. De plus, plusieurs travaux signalent l'augmentation de ce rapport dans des conditions de déshydratation (Rasoul Sharifi et Rundel, 1993; Sánchez-Blanco et *al*., 2009). En effet, dans les racines, la matière sèche n'a subit qu'une faible réduction par rapport à celles des feuilles et des tiges chez l'écotype 'Bardo' et dans une moindre mesure chez l'écotype 'Annaba'. Ces résultats sont en accord avec les valeurs de RMR qui engendrent une augmentation hautement significative sous stress sévère S2 chez l'écotype 'Bardo' et sous le traitement S2 et S11 chez l'écotype 'Annaba'.

A la lumière des résultats obtenus nous pouvons dire que, d'une manière générale, un déficit hydrique sévère induit chez les deux écotypes de L. *nobilis* une réduction de la croissance foliaire (expansion cellulaire) accompagnée d'une allocation préférentielle de la matière sèche aux racines, conduisant à une augmentation significative des rapports R/OA et RMR. Des résultats analogues ont été observés chez des plants stressés de *Cassuarina glauca* Sieb (Albouchi et *al*,. 2003) et de *Populus przewalskii* Maximowicz (Yin et *al*., 2005). Cette redistribution de la matière sèche en faveur des racines au détriment des organes aériens (Brugnoli et Bjorkman, 1992 ; Montero et *al*., 2001) est probablement due à la nécessité des plantes de maintenir une surface racinaire développée afin d'absorber l'eau dans les conditions de sécheresse (Bradford et Hsiao, 1982) et de réduire ainsi la surface d'évaporation (De Herraldeet *al*.,1998). Selon les travaux de Timothy et *al* (1998), les espèces tolérantes ont une grande plasticité dans l'allocation de la biomasse vers les racines à l'inverse des espèces sensibles.

La croissance en hauteur et en diamètre des plants stressés des deux écotypes de L. *nobilis* est affectée fortement par les différents traitements. Plusieurs travaux montrent que l'application d'un stress hydrique sévère réduit la croissance en hauteur par rapport aux témoins de 63% chez *pinus caribaea* (MORELET), de 65% chez *pinus oocarpa* (Lindl.) (Tesha, 1971), de 35% chez *Quercus robur* L. et de 26% chez *Fagus sylvatica* L. (Van hees, 1997).

Jurik (1986) a suggéré que LMA (la masse surfacique) représente un index de productivité. En effet, LMA est le produit de l'épaisseur de la feuille et de sa densité. Ces deux propriétés peuvent varier indépendamment (Niinemets, 1999). Nos résultats montrent que, comparées au témoin, les valeurs de LMA mesurées sont plus élevées chez les feuilles stressées des deux écotypes étudiés. Cette augmentation n'est significative que chez les plants 'Annaba' sous stress permanents (S1 et S2). Des résultats comparables ont été rapportés par Bacelar et *al* (2006) chez *Olea europaea* L. De plus, l'augmentation du LMA, en relation avec la diminution de la ressource en eau, a été montrée dans de nombreuses études à la fois par des comparaisons interspécifiques et intraspécifiques (Reich et al., 1999; Wright et al., 2005). Cette augmentation est généralement due à une augmentation de la densité (Niinemets, 2001). Ce phénomène est fréquemment interprété comme un mécanisme d'adaptation à la sécheresse (Givnish, 1979).

Dans les écosystèmes méditerranéens, la végétation est caractérisée par des valeurs élevées de LMA souvent liées à la résistance des feuilles à la sécheresse (Harley et al.,1987; Kyparissis et Manetas, 1993; Gratani, 1996; Niinemets, 2001), au potentiel d'évapotranspiration (Wright et al., 2004) et à une meilleure efficience d'utilisation de l'eau. Tout ceci est dû, grâce à la disposition de plus de tissu mésophyllien par unité de surface transpirante (Paula et Pausas, 2006). Par ailleurs, un fort LMA est souvent associé à une longue durée de vie des feuilles (Reich et al., 1999).

D'autres modifications de la morphologie foliaire dues à la sécheresse peuvent intervenir. Nous citons à titre d'exemple une diminution de la surface individuelle des feuilles qui permet d'augmenter la conductance de la couche limite à la chaleur et à la vapeur d'eau ainsi qu'un épaississement de la cuticule qui limite la déshydratation. Des résultats obtenus montrent que les stress permanents, S1 et S2, affectent d'une manière significative la surface foliaire chez les deux écotypes de L. *nobilis*. En outre, la réduction de la surface foliaire, suite à une contrainte hydrique, est considérée comme une stratégie pour minimiser la perte d'eau par les stomates chez *Cistus albidus* L. (Blum, 1986; Ruiz-Sánchez et *al.*, 2000).De plus, Leiva et Fernández-Alès (1998) ont suggéré qu'une augmentation du rapport R/OA et une baisse de la surface foliaire (diminution de la transpiration) améliorent l'absorption de l'eau et l'exploitation des ressources hydriques disponibles.

Parmi les propriétés particulières des feuilles, nous avons également déterminé les teneurs en chlorophylle «a», «b» et en chlorophylle totale. Nous constatons que ces paramètres diminuent nettement sous les différents traitements. Cependant, la chlorophylle «a» est la plus sensible au stress hydrique notamment le stress sévère (S2). Ce fait est en accord avec les travaux de Pagter et *al* (2005) sur *Phragmites australis* (Cav.) Zunzunegui et *al* (2009) sur *Halimium halimifolium* L. En effet, sous contrainte hydrique la chlorophylle «a» subit une altération très prononcée par rapport à la chlorophylle «b». Ce fait engendre un déséquilibre de la balance PSII/PSI (Barber, 1994). La diminution de la quantité de chlorophylle sous stress hydrique est peut être due à l'augmentation de l'activité chlorophyllase, même si cette dernière pourrait ne pas être purement hydrolytique (Mihailović et *al.*, 1997).

3.8. Conclusion

Le stress hydrique est un facteur limitant de la croissance et du développement au stade jeune (Yin et *al.*, 2005). Quelque soit l'écotype étudié, les jeunes plants de L. *nobilis* montrent une réduction de la croissance (production de la biomasse, hauteur, diamètre au collet, surface foliaire ....) sous stress permanents (S1 et S2). Sous stress sévère S2, l'écotype 'Bardo' posséde une meilleure aptitude d'allouer la matière sèche vers les racines.

104

Chez les deux écotypes étudiés, les variations de la croissance sont insuffisantes pour déterminer lequel de deux écotypes 'Annaba' ou 'Bardo' est le plus tolérant à la sécheresse, malgré les adaptations morphologiques mises en jeux : comme la répartition de la matière sèche en réponse au stress hydrique, la surface foliaire, LMA....

Ces adaptations sont souvent accompagnées par des ajustements physiologiques parmi lesquels figurent l'ajustement osmotique, l'assimilation nette du CO_2, la conductance stomatique, l'efficience d'utilisation de l'eau et la discrimination isotopique. Ceci fera l'objet des chapitres suivants.

CHAPITRE 4
EFFET DU STRESS HYDRIQUE SUR LES RELATIONS HYDRIQUES ET LA PHYSIOLOGIE DE *LAURUS NOBILIS*

CHAPITRE 4: Effet du stress hydrique sur les relations hydriques et la physiologie de *Laurus nobilis*

4.1. Introduction

Le stress hydrique diminue la croissance et la productivité des plantes, en ralentissant le taux de division et d'expansions de cellules principalement en raison d'une perte de turgescence liée à l'altération de l'état hydrique cellulaire. Le contenu relatif en eau (RWC) ainsi que le potentiel hydrique (Ψw) et ses composantes (le potentiel de turgescence (Ψt) et le potentiel osmotique (Ψ_Π)) sont les paramètres les plus étudiés pour évaluer l'état hydrique des plantes (Tezara et *al*., 2002). La diminution du potentiel hydrique foliaire (Ψwf) et de RWC observée en réponse à la contrainte hydrique conduit à une diminution de la capacité photosynthétique chez plusieurs espèces comme le cas du tournesol (Chartzoulakis et *al*., 2002).

Les réponses morphologiques et physiologiques peuvent mener à une certaine adaptation à l'égard de la rareté d'eau et peuvent changer considérablement selon les espèces. Le maintien des potentiels hydriques élevés dans les cellules est une stratégie pour éviter le manque d'eau et réduire au minimum la nécessité des ajustements métaboliques développés habituellement chez les espèces tolérantes (Levitt, 1980).

La fermeture stomatique, qui résulte de la régulation du potentiel hydrique foliaire, est la première limitation photosynthétique qui apparaît en condition de stress hydrique (Chaves, 1991). La diminution de RWC et du Ψwf, a pour conséquence une augmentation de la résistance de la feuille à la diffusion du CO_2 (Plaut et Federman, 1991). La chute de la photosynthèse qui en résulte peut être attribuée à une baisse de la concentration interne en CO_2 (Ci) sans que la capacité photosynthétique des tissus de la feuille ne soit affectée et/ou également attribuée à une altération de l'appareil photosynthétique (El-jaafari et Paul, 1993).

La vulnérabilité des arbres au stress hydrique dépend à la fois de l'intensité du stress et de sa durée. Nous avons vu dans le chapitre précédent que les différents niveaux du stress hydrique ont induit une diminution de la productivité chez les plants des deux écotypes, en provoquant des dysfonctionnements majeurs sur les organes aériens.

Le présent chapitre comporte deux objectifs principaux. En effet, le premier objectif que nous envisageons consiste à étudier les causes, en relations avec l'état hydrique des plants, qui ont conduit à cette baisse de la croissance. Les paramètres utilisés sont le potentiel hydrique de base Ψb (à l'aube) et de midi Ψmin ainsi que ses composantes osmotique et de turgescence. La variation de ces paramètres sous l'effet des différents traitements de stress hydrique (C, S1, S2, S11 et S22) permet d'estimer l'effet de l'intensité de la contrainte hydrique sur certains aspects cellulaires. Des mesures du contenu relatif en eau des tissus (RWC), du contenu en eau apoplastique (AWC) et de l'élasticité des parois cellulaires (CWE) sont effectuées pour mieux percevoir ces aspects en illustrant nettement les modifications fondamentales au niveau tissulaire. Cependant, ces manifestations caractéristiques qui résultent du déficit hydrique sont en forte relation avec la régulation stomatique et la limitation de la photosynthèse. Ces deux facteurs dépendent de la sévérité du déficit hydrique (Kicheva et *al.,* 1994; Heitholt et *al.,* 1991).

Le second objectif établi dans ce chapitre nous permettra d'évaluer l'effet des différents traitements sur la capacité photosynthétique chez les deux écotypes du laurier noble. De ce fait, nous réalisons des mesures de la conductance stomatique (gs), de l'assimilation nette de CO_2 (A), de la transpiration (E), de l'efficience d'utilisation de l'eau WUEi et de la discrimination isotopique du carbone $\Delta^{13}C$. La détermination de ces paramètres nous permet d'une part, d'évaluer l'impact du stress hydrique sur la physiologie interne de plants de deux écotypes de *laurus nobilis* 'Annaba' et 'Bardo' et d'autre part de comparer leurs comportements vis à vis du stress hydrique appliqué.

4.2. Impact du stress hydrique sur les relations hydriques

4.2.1. Impact sur le potentiel de base et de midi

Les résultats de l'analyse de variance du potentiel de base et de midi (Tab.4-1) montrent un effet traitement très hautement significatif chez les deux écotypes, d'une part, et un effet écotype hautement significatif pour le potentiel de base (Ψb) et non significatif pour celui de midi (Ψmin) d'autre part. Les différences entre les traitements à l'intérieur de chaque écotype sont illustrées par les figures 4.1(a) et 4.1(b).

La figure 4.1(a) montre une variation significative ($P<0,05$), au cours des traitements hydriques, du potentiel hydrique foliaire de base et de midi. Toutefois, les taux de variation sont différents selon le paramètre, le traitement appliqué et l'écotype.

Tableau 4-1. Résultats des analyses de la variance (L'ANOVA ; SAS). Les différences significatives sont mentionnées par les étoiles : * : effet significatif ; ** : effet hautement significatif ; *** et **** : effets très hautement significatifs ; NS : indique une différence non significative.

Variables expérimentales	DL	F	P
Ψb (R^2= 92,2%; $F_{(9,30)}$= 39,91; P= 0,0001)			
Traitement (Tr)	4	86,34	0,0001****
Ecotype (Ect)	1	9,34	0,004**
Interaction (Ect*Tr)	4	1,13	0,361 NS
Ψmin (R^2= 96,7%; $F_{(9,30)}$= 99,14; P= 0,0001)			
Traitement (Tr)	4	214,28	0,0001****
Ecotype (Ect)	1	3,67	0,064 NS
Interaction (Ect*Tr)	4	7,86	0,0002***

F: statistique de Fisher-Snedecor; DL : le nombre de degrés de liberté (d.d.l.); R^2 : coefficient de détermination; P : probabilité.

Chez le témoin C (100 % de la capacité au champ), Ψb est similaire chez les deux écotypes. Il est de -0,57 MPa et -0,68 MPa respectivement chez 'Bardo' et 'Annaba'. Toutefois il diminue significativement sous les différents traitements hydriques quelque soit l'écotype. Cette diminution est très hautement significative ($P<0,001$) sous stress sévères S2 et S22. Elle est moins atténuée sous S1 et S11 (S2≥S22>S1=S11>C). Cependant, cette baisse est plus accentuée chez l'écotype 'Annaba' qui enregistre le Ψb le plus bas à S2 (-2,45 MPa contre -2,11 MPa chez l'écotype 'Bardo'). Par ailleurs, les valeurs moyennes du du potentiel hydrique de midi (Ψmin) (Fig.4.1(b)), sous les différents traitements, sont plus basses, que celles du hydrique de base (Ψb).

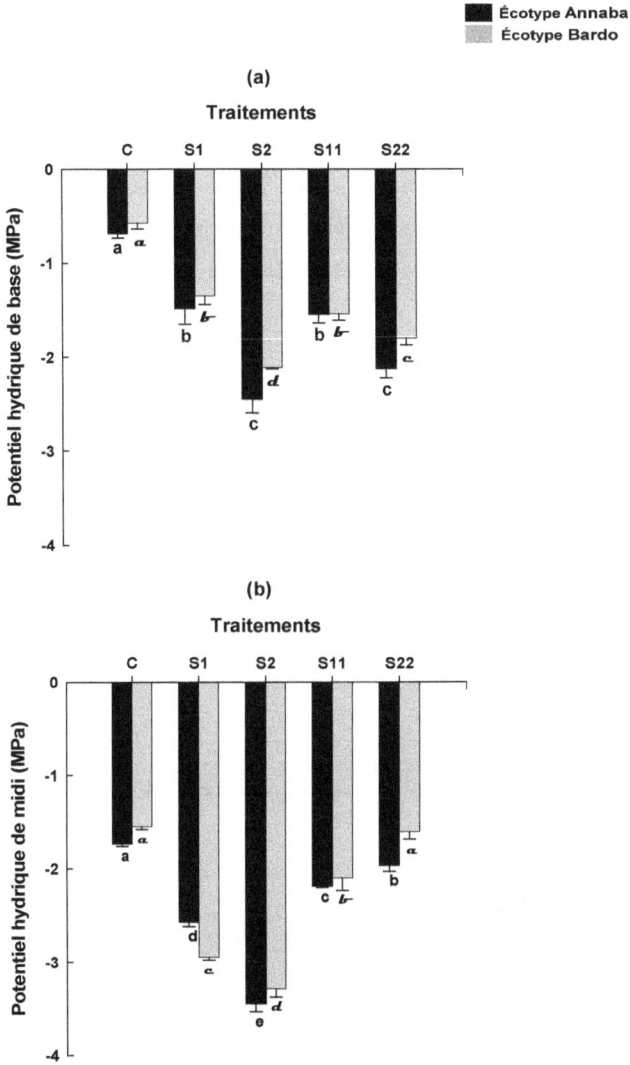

Figure 4.1. Influence des différents traitements de stress hydrique sur le potentiel hydrique de base (a) et de midi (b) chez les deux écotypes de *Laurus nobilis*. (n= 4, moyenne ±SD). Les valeurs suivies d'une même lettre au moins ne sont pas significativement différentes au seuil de 5%. **C** : capacité au champ (100% CC) ; **S1** : 60% CC ; **S2** : 20% CC ; **S11** : le sol est re-irrigué à 60% CC et **S22** : le sol est re-irrigué à 20%.

Les différents traitements hydriques induisent une baisse plus prononcée chez l'écotype 'Annaba'. Les résultats obtenus révèlent une diminution très forte du potentiel hydrique de midi, Ψmin, sous stress permanant S1 et S2. De plus, c'est le régime sévère S2 qui induit la réduction la plus importante. En effet, nous enregistrons sous S1 un Ψmin de -1,74 MPa qui diminue jusqu'à atteindre -3,45 MPa sous S2 chez l'écotype 'Annaba'. Nous constatons la même évolution chez l'écotype 'Bardo' où ce potentiel varie de -1,55 MPa sous S1 à -3,29 MPa sous S2 (S2>S1>S11>S22>C).

4.2.2. Impact sur le contenu relatif en eau (RWC et RWC$_0$)

Les résultats de l'analyse de variance du contenu relatif en eau (RWC) et du contenu relatif en eau à la turgescence nulle (RWC$_0$) (Tab.4-2) nous permettent de distinguer un effet traitement hautement significatif pour RWC et très hautement significatif quant à RWC$_0$. L'effet écotype est très hautement significatif pour RWC$_0$ à l'inverse de RWC. Les différences entre les traitements à l'intérieur de chaque écotype apparaissent clairement sur les figures 4.2 (a) et (b).

Tableau 4-2. Résultats des analyses de la variance (L'ANOVA ; SAS). Les différences significatives sont mentionnées par les étoiles : * : effet significatif ;** : effet hautement significatif ; *** et **** : effets très hautement significatifs ; NS : indique une différence non significative

Variables expérimentales	DL	F	P
RWC (R^2= 56,6%; $F_{(9,30)}$= 12,66; P= 0,001)			
Traitement (Tr)	4	5,37	0,001***
Ecotype (Ect)	1	34,15	0,06 NS
Interaction (Ect*Tr)	4	10,23	0,54 NS
RWC0 (R^2= 82,7%; $F_{(9,30)}$= 15,99; P= 0,0001)			
Traitement (Tr)	4	8,96	0,0001****
Ecotype (Ect)	1	54,02	0,0001****
Interaction (Ect*Tr)	4	13,50	0,0001****

. F: statistique de Fisher-Snedecor; DL : le nombre de degrés de liberté (d.d.l.) ; R^2: coefficient de détermination ; P : Probabilité.

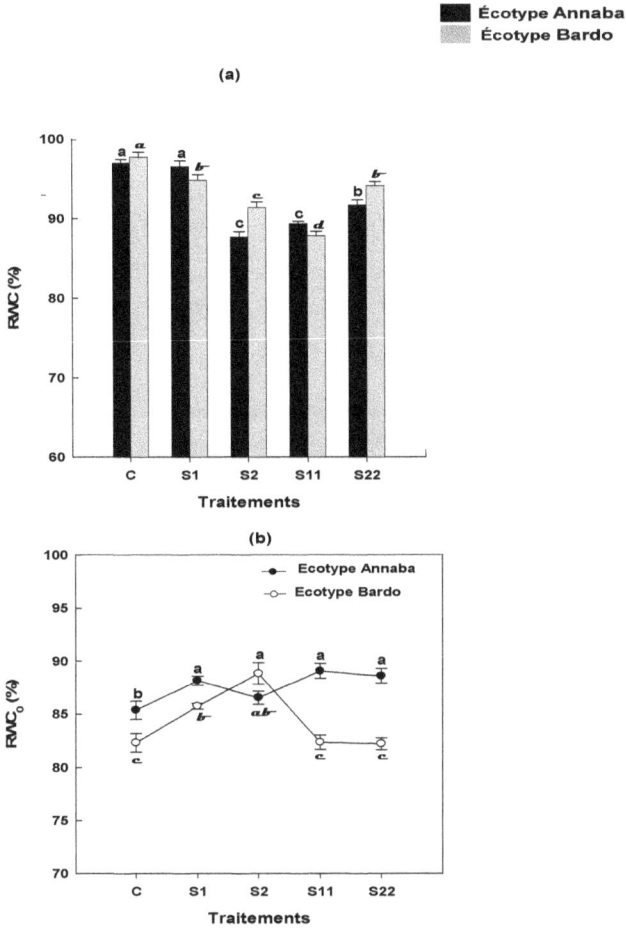

Figure 4.2. Influence des différents traitements hydriques sur le contenu relatif en eau RWC (a) et le contenu relatif en eau à la turgescence nulle RWC_0 (b) des deux écotypes de *Laurus nobilis*, 'Annaba' et 'Bardo'. Les valeurs suivies d'une même lettre au moins ne sont pas significativement différentes au seuil de 5%, n= 4 (Moyenne ±SD). **C**: capacité au champ (100% CC); **S1**: 60% CC; **S2**: 20% CC ; **S11**: le sol est re-irrigué à 60% CC et **S22**: le sol est re-irrigué à 20%.

112

Le contenu relatif en eau (RWC) est utilisé en tant que critère indirect pour examiner le statut hydrique foliaire (Fig.4.2.a). Les plants témoins des deux écotypes présentent des valeurs du RWC similaires (97,7% et 96,9% respectivement pour 'Bardo' et 'Annaba').

Le contenu relatif en eau de chacun des deux écotypes engendre une légère baisse sous stress modéré S1. Les traitements S2 et S11 induisent une diminution importante et significative chez 'Annaba' et 'Bardo' (S2 $\geq$S11 >S22 >S1 >C). Cette diminution est de l'ordre de 10% chez les deux écotypes, par rapport aux témoins.

Le contenu relatif en eau à la turgescence nulle (RWC_0) des plants témoins de l'écotype 'Bardo' est plus faible que celui mesuré chez l'écotype 'Annaba' (82,3% contre 85,3%).

Chez l'écotype 'Bardo', RWC_0 évolue beaucoup plus sous stress permanents que sous stress cycliques. Les traitements S1 et S2 entrainent une augmentation hautement significative de RWC_0 (P<0,001) qui passe de 82,3% (témoins) à 85,7% sous S1 et à 88,8% sous stress sévère S2 (fig 4.2 (b)). Toutefois, les traitements S1, S11 et S22 induisent une augmentation significative des valeurs moyennes de RWC_0 mesurées chez l'écotype 'Annaba' où RWC_0 atteint 89% sous S11.

✓ **Relation entre le contenu relatif en eau (RWC) et le potentiel hydrique de base (Ψb)**

La figure 4.3 montre que l'écotype 'Annaba' maintient RWC à des valeurs relativement élevées sous les valeurs les plus négatives du potentiel hydrique Ψb sauf sous le traitement sévère S2. L'inverse est observé chez l'écotype 'Bardo', sous stress sévère S2, il a conservé un contenu relatif en eau plus élevé sous des valeurs faibles de Ψb.

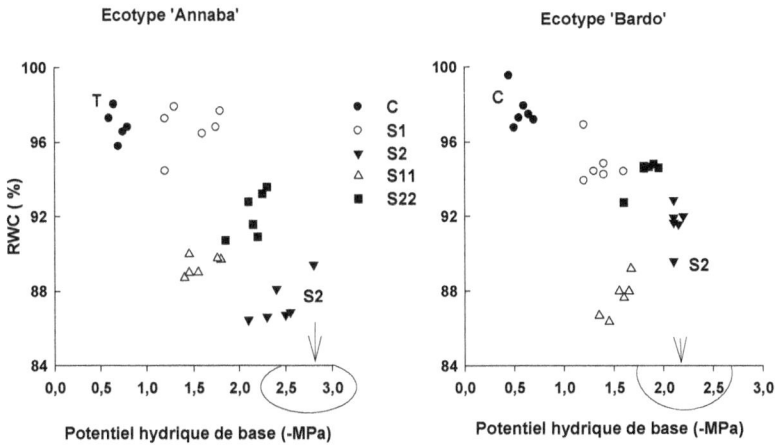

Figure 4.3. Relation entre le potentiel hydrique foliaire de base (Ψb) et le contenu relative en eau chez les écotypes de *Laurus nobilis* ('Annaba' et 'Bardo') en réponses aux différents traitements hydriques (C, S1, S2, S11 et S22).

114

4.2.3. Impact sur le potentiel osmotique (Ψ_Π, Ψ_Π^{100}, Ψ_Π^{0})

Tableau 4-3. Résultats des analyses de la variance (L'ANOVA ; SAS). Les différences significatives sont mentionnées par les étoiles : * : effet significatif ; ** : effet hautement significatif ; *** et **** : effets très hautement significatifs ; NS : indique une différence non significative.

Variables expérimentales	DL	F	P
Ψ_Π (R^2 = 81,6%; $F_{(9,30)}$=14,84; P=0,0001)			
Traitement (Tr)	4	12,51	0,0001****
Ecotype (Ect)	1	63,35	0,0001****
Interaction (Ect*Tr)	4	5,04	0,0031**
Ψ_Π^{100} (R^2=90,2%; $F_{(9,30)}$=30,81;P=0,0001)			
Traitement (Tr)	4	41,31	0,0001****
Ecotype (Ect)	1	108,66	0,0001****
Interaction (Ect*Tr)	4	0,83	0,51 NS
Ψ_Π^{0} (R^2= 88,1% ; $F_{(9,30)}$= 24,68; P=0,0001)			
Traitement (Tr)	4	34,24	0,0001****
Ecotype (Ect)	1	22,21	0,0001****
Interaction (Ect*Tr)	4	15,74	0,0001***

F: statistique de Fisher-Snedecor; DL : le nombre de degrés de liberté (d.d.l.) ; R^2 : coefficient de détermination ; P: probabilité.

> **Impact sur le potentiel osmotique Ψ_Π**

Les résultats de l'analyse de variance du potentiel osmotique (Ψ_Π) (Tab.4-3) montrent un effet traitement et un effet écotype très hautement significatif.

Les plants témoins des deux écotypes de *Laurus nobilis*, 'Annaba' et 'Bardo', ont des valeurs similaires du potentiel osmotique Ψ_Π, obtenu à partir de la sève tissulaire foliaire (-2,30 MPa). Chez l'écotype 'Bardo', le potentiel osmotique Ψ_Π ne varie de manière significative que sous stress modéré S1. Ce dernier passe de -2,32 MPa chez le témoin à -2,57 MPa sous S1 (Fig.4.4 (a)). Par contre, chez l'écotype 'Annaba', Ψ_Π diminue quasiment sous les différents traitements hydriques. Il atteint la valeur la plus basse sous S2 (-3,18 MPa).

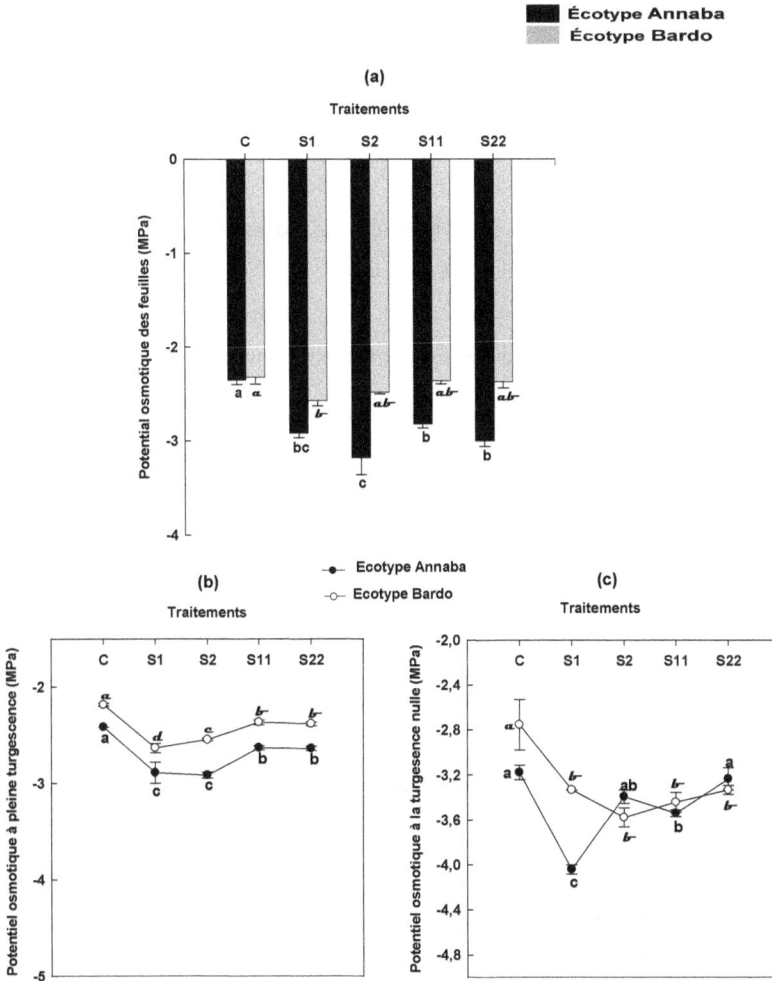

Figure 4.4. Effet des différents traitements hydriques sur le potentiel osmotique Ψ_Π tissulaire(a), le potentiel osmotique à pleine turgescence Ψ_Π^{100} (b) et le potentiel osmotique à la turgescence nulle Ψ_Π^0 (c) chez les deux écotypes de *Laurus nobilis*, 'Annaba' et 'Bardo'. Les valeurs suivies d'une même lettre au moins ne sont pas significativement différentes au seuil de 5%, n= 4 (Moyenne ±SD). **C**: capacité au champ (100% CC); **S1**: 60% CC; **S2**: 20% CC; **S11**: le sol est re-irrigué à 60% CC et **S22**: le sol est re-irrigué à 20%.

> **Impact sur le potentiel osmotique à la pleine turgescence Ψ_Π^{100}**

L'étude comparative entre les deux écotypes étudiés (Tab.4-3) révèle l'absence d'une interaction «écotype*traitement» significative et des effets traitement et écotype très hautement significatifs.

La figure 4.4 (b) illustre la variation du potentiel osmotique à la pleine turgescence Ψ_Π^{100} obtenu par l'analyse des courbes P-V. Les différents traitements hydriques induisent une réduction de Ψ_Π^{100} chez les deux écotypes de *Laurus nobilis*. Cette diminution est plus importante sous S1 et S2 (S1≈S2>S11≈S22>C). La valeur minimale est enregistrée sous S2 chez l'écotype 'Annaba' (-2,92 MPa). Les valeurs du potentiel osmotique à la pleine turgescence Ψ_Π^{100} sont plus négatives chez la l'écotype 'Annaba' que chez l'écotype 'Bardo'.

> **Impact sur le potentiel osmotique à la turgescence nulle Ψ_Π^0**

Les résultats de l'analyse de variance du potentiel osmotique à la turgescence nulle Ψ_Π^0 (Tab.4-3) montrent un effet traitement et un effet écotype très hautement significatifs. De même l'interaction «écotype*traitement» est très hautement significatif pour Ψ_Π^0.

L'examen de la variation du potentiel osmotique à la turgescence nulle Ψ_Π^0 (Fig.4.4 (c)) révèle que Ψ_Π^0 des plants témoins de l'écotype 'Annaba' est plus bas que celui mesuré chez l'écotype 'Bardo'. Les stress modérés S1 et S11 provoquent une baisse assez importante de Ψ_Π^0 chez l'écotype 'Annaba', particulièrement S1 qui induit la plus forte baisse, atteignant-4,04 MPa, soit une diminution de 72,9 % par rapport aux témoins.

Chez l'écotype 'Bardo', Ψ_Π^0 diminue significativement (P<0,001) sous les différents traitements hydriques indépendamment de l'intensité imposé. C'est le stress sévère S2 qui provoque la plus forte baisse (-3,58 MPa). Cette diminution est de l'ordre de 71,2% par rapport aux témoins.

4.2.4. Impact sur le contenu en eau de l'apoplasme (AWC)

Tableau 4-4. Résultats des analyses de la variance (L'ANOVA ; SAS). Les différences significatives sont mentionnées par les étoiles : *: effet significatif ; ** : effet hautement significatif ; *** et **** : effets très hautement significatifs ; NS : indique une différence non significative.

Variables expérimentales	DL	F	P
AWC (R^2= 95,2%; $F_{(9,30)}$= 66,92; P= 0,0001)			
Traitement (Tr)	4	74,38	0,0001****
Ecotype (Ect)	1	24,88	0,0001****
Interaction (Ect*Tr)	4	69,97	0,0001****
ε_{max} (R^2= 87,1%; $F_{(9,30)}$= 22,58; P= 0,0001)			
Traitement (Tr)	4	12,35	0,0001****
Ecotype (Ect)	1	24,43	0,0001****
Interaction (Ect*Tr)	4	32,35	0,0001****
AO (R^2= 69%; $F_{(7,24)}$= 7,66; P=0,0001)			
Traitement (Tr)	3	16,39	0,0001****
Ecotype (Ect)	1	2,52	0,12 NS
Interaction (Ect*Tr)	3	0,63	0,60 NS

F: statistique de Fisher-Snedecor; DL : le nombre de degrés de liberté (d.d.l.) ; R^2 : coefficient de détermination ; P : probabilité.

Le suivi de l'évolution du contenu en eau apoplastique (AWC) au cours des traitements montre un effet traitement, un effet écotype et une interaction «écotype*traitement» très hautement significatifs (Tab.4-4).

L'analyse des résultats des mesures du contenu en eau apoplastique, AWC, montre une variabilité des réponses selon l'intensité et la modalité du stress appliqué (Fig.4.5 (a)). Chez les plants témoins (C), les valeurs moyennes de AWC enregistrées chez l'écotype 'Annaba' sont plus élevées que celles mesurées chez 'Bardo' (19,65% contre 15,69%). Chez les plants stressés de l'écotype 'Bardo', nous notons une augmentation significative de AWC d'autant plus élevée que l'intensité du stress appliqué est plus sévère (35,23 et 29,88% sous S2 et S22, respectivement). Par contre, AWC mesuré chez l'écotype 'Annaba' augmente de manière significative sous stress modérés S1 (31,98%) et S11 (36,2%).

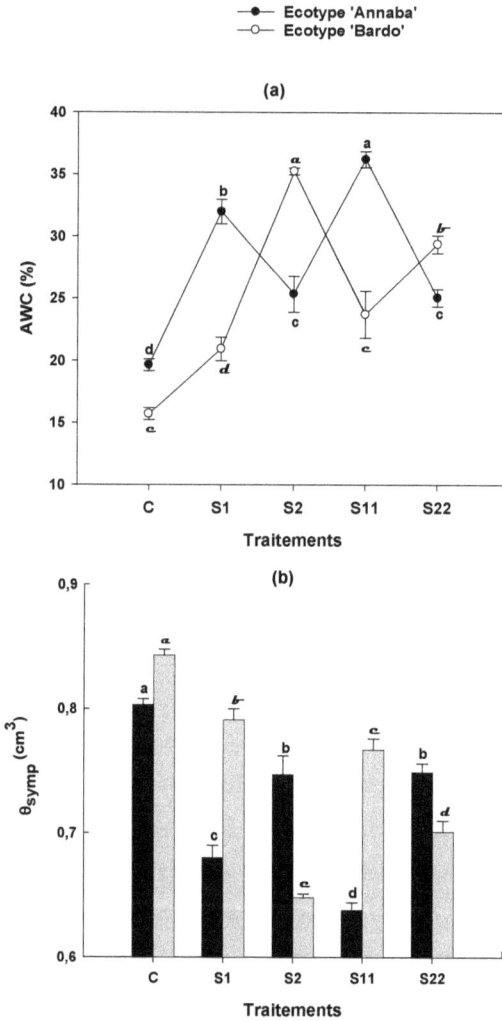

Figure 4.5. Les variations du contenu en eau apoplastique AWC (a) et de la fraction d'eau symplastique (θ_{symp}) (b) chez les deux écotypes de *Laurus nobilis*, 'Annaba' et 'Bardo', en fonction de différents traitements hydriques. Les valeurs suivies d'une même lettre au moins ne sont pas significativement différentes au seuil de 5%, n= 4 (Moyenne ±SD). **C**: capacité au champ (100% CC); **S1**: 60% CC; **S2**: 20% CC ; **S11**: le sol est re-irrigué à 60% CC et **S22**: le sol est re-irrigué à 20%.

A la lumière des résultats obtenus, chez les deux écotypes étudiés, la variation du contenu en eau apoplastique AWC est influencée par l'intensité plutôt que par la modalité du stress imposé. Ceci est bien confirmé et vérifié par l'examen des résultats obtenus sur la fraction symplastique, θ_{symp}, (Fig.4.5 (b)).

A l'encontre de ce qui vient d'être dit sur la modification de AWC sous l'effet des différents traitements hydrique, θ_{symp} diminue d'une manière hautement significative en réponse aux traitements S2 et S22 chez l'écotype 'Bardo' et aux traitements S1 et S11 chez 'Annaba'.

4.2.5. Variation de l'élasticité des parois cellulaires (ε_{max})

L'analyse de la variance révèle un effet traitement, un effet écotype et une interaction «écotype*traitement» très hautement significatifs pour l'élasticité des parois cellulaires au cours de traitements (Tab.4-4).

Les plants témoins de l'écotype 'Bardo' présentent une élasticité membranaire plus importante que celle de 'Annaba' (Fig.4.6 (a)). Les stress permanents S1 et S2 induisent une augmentation significative de ε_{max} chez l'écotype 'Bardo' par comparaison aux témoins. Cependant, ils n'ont pas d'effet significatif sur l'écotype 'Annaba'. En revanche, les stress cycliques (S11 et S22) entrainent une élévation accrue de ε_{max} qui passe de 9,87 MPa (témoins) à 13,47 MPa en réponse au traitement S22 chez l'écotype 'Annaba'.

4.2.6. Variation de l'ajustement osmotique (OA)

Les résultats de l'analyse de la variance des mesures de l'ajustement osmotique des deux écotypes montrent un effet traitement très hautement significatif. Par contre, l'effet écotype n'est pas significatif (Tab.4.4).

En condition de stress permanents, l'ajustement osmotique (AO), illustré par la figure 4.6 (b), subit des variations plus fortes que celles enregistrées sous stress cycliques chez les deux écotypes (S1≈S2>S11≈S22). Néanmoins, les plants stressés Annaba présentent un ajustement osmotique assez important sous stress sévère S2 (0,499 MPa).

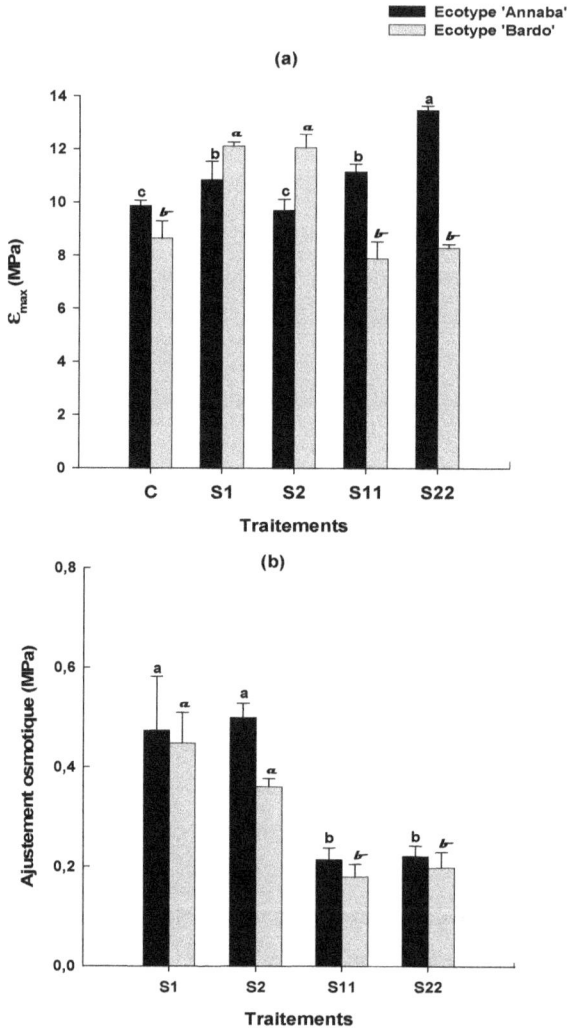

Figure 4.6. Les variations de l'élasticité des parois cellulaires (ε_{max}) (a) et de l'ajustement osmotique (**AO**) (b) chez les deux écotypes de *Laurus nobilis* ('Annaba' et 'Bardo) en fonction de différents traitements hydriques. Les valeurs suivies d'une même lettre au moins ne sont pas significativement différentes au seuil de 5%, n= 4 (Moyenne ± SD). **C**: capacité au champ (100% CC); **S1**: 60% CC; **S2**: 20% CC; **S11**: le sol est re-irrigué à 60% CC et **S22**: le sol est re-irrigué à 20%.

4.3. Effet du stress hydrique sur les échanges gazeux

4.3.1. La conductance stomatique (gs)

Tableau 4-5. Résultats des analyses de la variance (L'ANOVA ; SAS). Les différences significatives sont mentionnées par les étoiles : * : effet significatif ; ** : effet hautement significatif ; *** et **** : effets très hautement significatifs ; NS: indique une différence non significative.

Variables expérimentales	DL	F	P
gs (R^2= 94,1 %; $F_{(9,190)}$= 340,52 ; P= 0,0001)			
Traitement (Tr)	4	719,01	0,0001***
Ecotype (Ect)	1	36,38	0,0001***
Interaction (Ect*Tr)	4	38,06	0,0001***
A (R^2= 82,9 % ; $F_{(9,190)}$= 103,06 ; P= 0,0001)			
Traitement (Tr)	4	213,2	0,0001****
Ecotype (Ect)	1	19,94	0,0001****
Interaction (Ect*Tr)	4	13,69	0,0001****

F: statistique de Fisher-Snedecor; DL : le nombre de degrés de liberté (d.d.l.) ; R^2 : coefficient de détermination ; P : probabilité.

Les résultats de l'analyse de la variance des mesures de la conductance stomatique chez les plants 'Annaba' et 'Bardo' (Tab.4-5) indiquent la présence d'un effet traitement et d'un effet écotype très hautement significatifs.

L'évolution de la conductance stomatique, gs, est illustrée par la figure 4.7 (a). Dans les conditions témoins, la conductance stomatique est assez élevée chez l'écotype 'Annaba' (265 mmol H_2O m^{-2} s^{-1}) que chez l'écotype 'Bardo' (226,65 mmol H_2O m^{-2} s^{-1}). Le manque d'eau entraine une baisse significative (p<0,001) de gs indépendamment du traitement et de l'écotype étudié. Toutefois, cette réduction de gs est beaucoup plus importante sous l'effet des stress permanents S1 et S2. Elle est de l'ordre de 97,1 % et 96,1 % chez les plants soumis au régime S2 de l'écotype 'Annaba' et 'Bardo', respectivement. Sous les traitements S1, S11 et S22, les valeurs de gs enregistrées chez l'écotype 'Bardo' sont plus élevées que celles mesurées chez 'Annaba' (C>S11>S1>S22>S2).

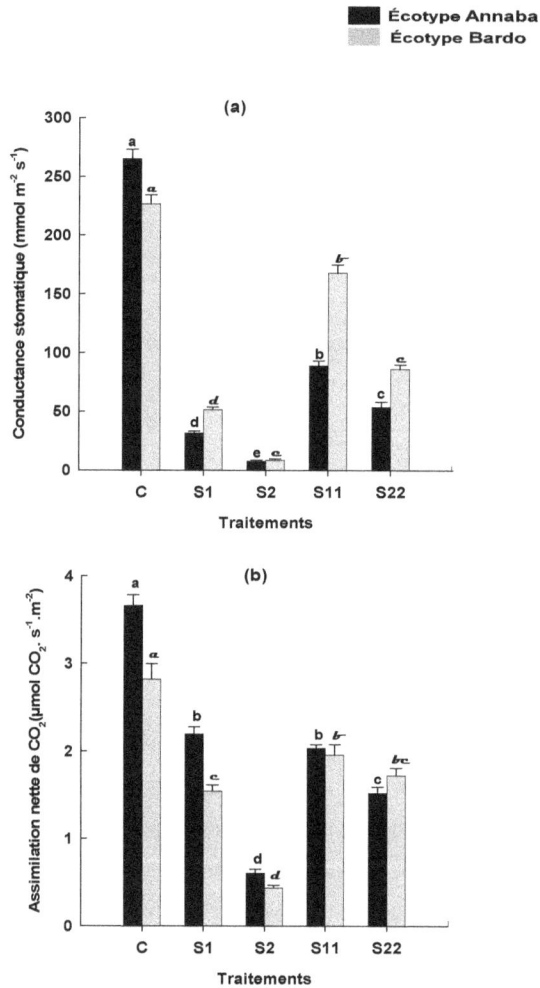

Figure 4.7. Variations de la conductance stomatique (gs) (a) et de l'assimilation nette de CO_2 (A) (b) chez les deux écotypes de *Laurus nobilis* ('Annaba' et 'Bardo') en fonction de différents traitements hydriques. Les valeurs suivies d'une même lettre au moins ne sont pas significativement différentes au seuil de 5%, n= 20 (Moyenne ± SD). **C** : capacité au champ (100% CC) ; **S1**: 60% CC; **S2**: 20% CC; **S11**: le sol est re-irrigué à 60% CC et **S22**: le sol est re-irrigué à 20%.

✓ **Variation de la conductance stomatique (gs) en fonction du potentiel hydrique de base (Ψb) :** L'examen de la figure 4.8 montre une relation étroite et significative entre la conductance stomatique et le potentiel hydrique de base (gs =763,5 exp(-1,65 Ψb); R^2 = 0,708) chez l'écotype 'Annaba'. Cette relation est plus marquée chez ce dernier que pour l'écotype 'Bardo' (gs =568,6 exp(-1,42 Ψb); R^2 = 0,448). Ces résultats soulignent une diminution importante de la conductance stomatique gs en fonction du potentiel hydrique de base Ψb chez les deux écotypes de L. *nobilis*.

4.3.2. Assimilation photosynthétique foliaire (A)

Les résultats du tableau 4-5 révèlent un effet écotype et un effet traitement très hautement significatifs pour l'assimilation nette de CO_2.

La variation de cette assimilation nette de CO_2, sous les différents traitements hydriques, est représentée par la figure 4.7(b). Les plants témoins de l'écotype 'Annaba' présentent un taux photosynthétique net significatif plus élevé que ceux de 'Bardo' (3,666 contre 2,819 µmol CO_2 s^{-1} m^{-2}). Quelque soit l'intensité du traitement hydrique appliqué, l'assimilation nette de CO_2 (A) diminue significativement chez les deux écotypes. A est nettement supérieure chez l'écotype 'Annaba' que celle mesurée chez l'écotype 'Bardo' sauf sous le régime S22. C'est le stress sévère S2 qui a conduit à la forte diminution du taux de la photosynthèse nette. Ce traitement induit ainsi une baisse de 40,1 et de 45,27 % chez l'écotype 'Annaba' et 'Bardo', respectivement par rapport au témoin. Aucune différence significative n'est observée entre les plantes exposées aux traitements S11 et S22.

➢ **Réduction de l'assimilation photosynthétique foliaire chez L. *nobilis*: (est-elle due à l'effet stomatique ou non stomatique?)**

Dans le paragraphe précédent nous avons signalé une réduction de l'assimilation photosynthétique chez les deux écotypes étudiés. La question qui se pose alors serait de déterminer si cette réduction est due à l'effet stomatique ou à celui non stomatique. Par conséquent, il nous semble judicieux de déterminer ces deux effets.

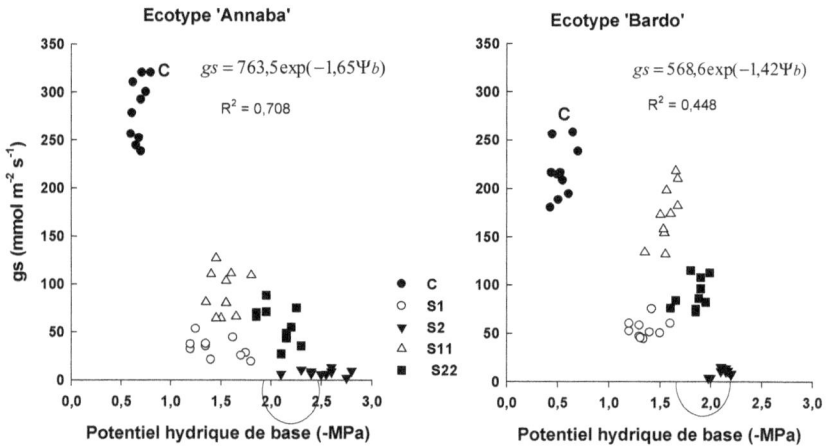

Figure 4.8. Relation entre la conductance stomatique (gs) et le potentiel hydrique de base foliaire (Ψb) chez les écotypes de L. *nobilis* ('Annaba' et 'Bardo') en réponses aux différents traitements hydriques (C, S1, S2, S11 et S22).

a- Effet stomatique :

Il existe une forte corrélation entre A et gs ($R^2 = 0,66$ et $0,61$ pour 'Annaba' et 'Bardo', respectivement) (Fig. 4.9). Rappelons que c'est surtout le traitement S2 qui a induit une forte baisse en faveur de l'écotype 'Annaba' par rapport à celui de 'Bardo' (Chap.3). Par ailleurs, cette relation significative déterminée entre A et gs révèle une réponse classique de A suite à la diminution du potentiel hydrique (et de RWC).

b- Comment savoir si l'effet stomatique contribue seul, ou bien avec des effets non-stomatiques, à la baisse de la photosynthèse foliaire ?

Les variations de C_i durant la contrainte sont souvent utilisées pour répondre à cette question (C_i est la teneur moyenne de CO_2 directement en contact avec le mésophylle, sachant que le mésophylle est la masse de cellules qui photosynthétisent). Pour chaque valeur de A mesurée, nous calculons une valeur de Ci. La figure 4.10 représente la variation de A en fonction de Ci.

Une corrélation significative est déterminée entre l'assimilation nette de CO_2(A) et la concentration intercellulaire en CO_2 (CO_2 substomatale) Ci, $R^2 = 0,66$ et $0,61$ chez 'Annaba' et 'Bardo', respectivement.

4.3.3. Transpiration (E)

Tableau 4-6. Résultats des analyses de la variance (L'ANOVA ; SAS). Les différences significatives sont mentionnées par les étoiles : * : effet significatif ; ** : effet hautement significatif ; *** et **** : effets très hautement significatifs ; NS : indique une différence non significative

Variables expérimentales	DL	F	P
E ($R^2 = 82,7\%$; $F_{(9,190)} = 101,41$; $P = 0,0001$)			
Traitement (Tr)	4	142,58	0,0001****
Ecotype (Ect)	1	76,34	0,0001****
Interaction (Ect*Tr)	4	66,52	0,0001****
WUE$_i$ ($R^2 = 70,1\%$; $F_{(9,190)} = 49,72$; $P = 0,0001$)			
Traitement (Tr)	4	22,24	0,0001****
Ecotype (Ect)	1	175,68	0,0001****
Interaction (Ect*Tr)	4	45,72	0,0001****

F: statistique de Fisher-Snedecor; DL : le nombre de degrés de liberté (d.d.l.) ; R^2 : coefficient de détermination ; P : probabilité.

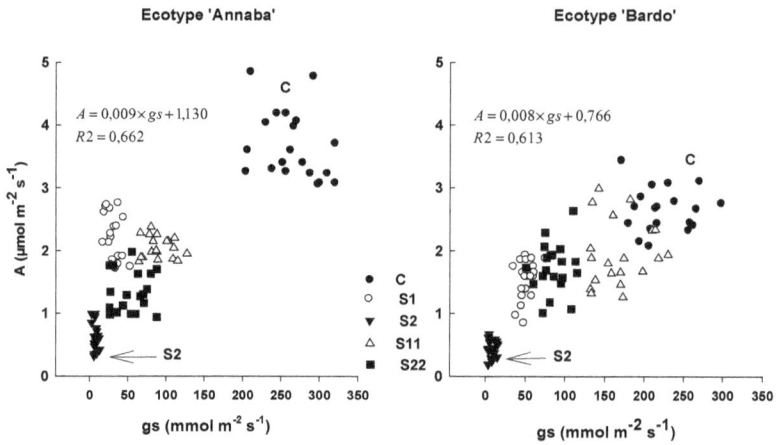

Figure 4.9. Relation entre l'assimilation nette de CO_2 et la conductance stomatique (gs) chez les écotypes de *laurus nobilis* ('Annaba' et 'Bardo') en réponses aux différents traitements hydriques (C, S1, S2, S11 et S22).

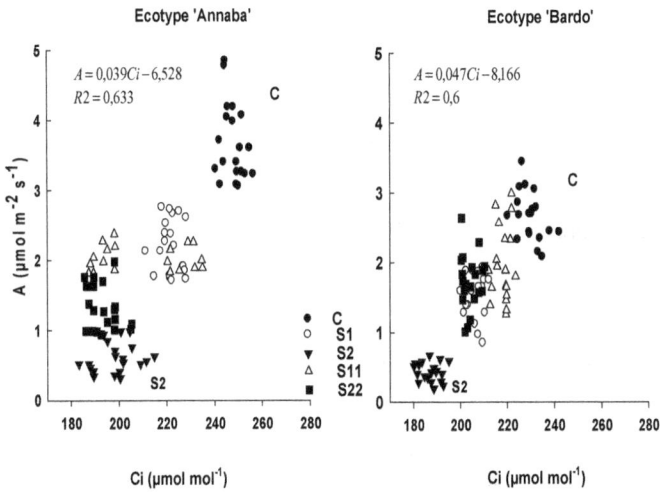

Figure 4.10. Relation entre l'assimilation nette de CO_2 et la concentration intercellulaire en CO2 (Ci) chez les écotypes de *laurus nobilis* ('Annaba' et 'Bardo') en réponses aux différents traitements hydriques (C, S1, S2, S11 et S22). Les points des données sont les moyennes de 8 mesures.

L'analyse de la variance des valeurs de la transpiration (Tab.4-6) révèle un effet traitement et un effet écotype très hautement significatifs.

Le stress hydrique induit une diminution très hautement significative ($p<0,0001$) de la transpiration foliaire (E) (Fig.4.11(a)). Sous les différents régimes hydriques, E demeure plus faible chez l'écotype 'Annaba' que chez celui de 'Bardo' sauf pour les témoins. Elle est de l'ordre de 0,62 chez 'Annaba' contre 0,32 mmol H_2O m^{-2} s^{-1} chez 'Bardo'.

Les traitements S1 et S2 affectent fortement la transpiration foliaire et c'est le régime S2 qui a un effet dépressif sur cette fonction importante de la plante. La transpiration minimale est enregistrée chez l'écotype 'Annaba' où E passe de 0,62 à 0,046 mmol H_2O m^{-2} s^{-1}, soit une diminution de 93,5%.

4.3.4. Efficience instantanée d'utilisation de l'eau (WUE$_i$)

Les résultats obtenus nous permettent de distinguer un effet traitement et un effet écotype très hautement significatifs pour l'efficience instantanée d'utilisation de l'eau, WUEi, chez les deux écotypes (Tab.4.6)

L'application du stress hydrique affecte différemment WUEi chez les deux écotypes (Fig.4.11 (b)). Les traitements S1 et S2 entrainent une stimulation importante de l'efficience instantanée d'utilisation de l'eau chez l'écotype 'Annaba'. Ce paramètre est multiplié par deux et par trois fois sous les régimes S1 et S2, respectivement. Cependant, il n'a pas varié significativement sous stress cycliques S11 et S22.

A l'inverse des résultats obtenus chez l'écotype 'Annaba', WUEi est réduit nettement sous stress S2, S11 et S22, chez l'écotype 'Bardo'. Cette réduction est voisine de 66 et de 58% sous stress sévère S2 et S22, respectivement.

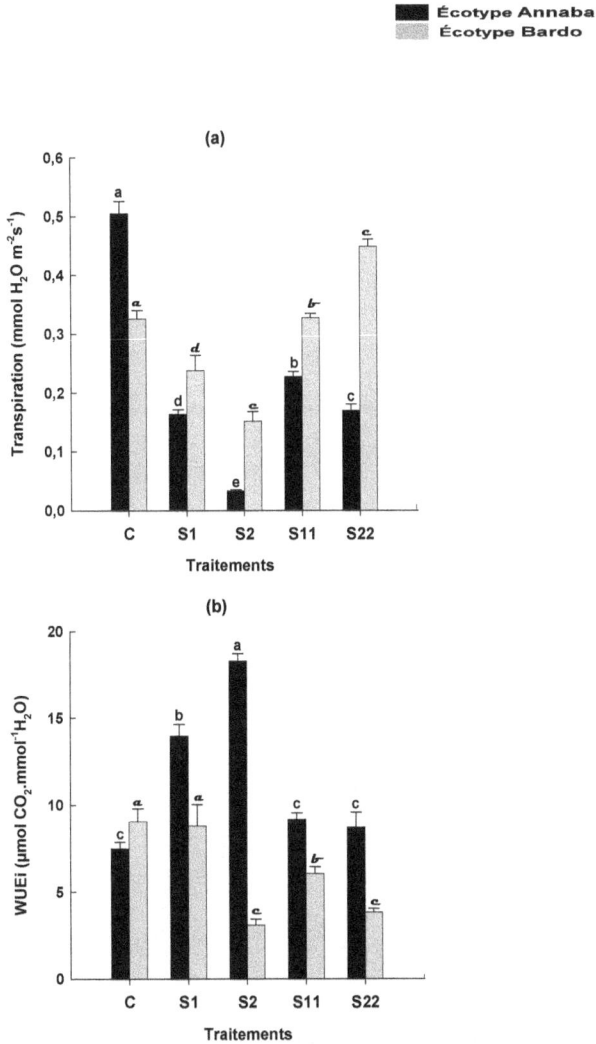

Figure 4.11. La transpiration (E) (a) et l'efficience d'utilisation de l'eau (WUEi) (b) chez les deux écotypes de *Laurus nobilis* ('Annaba' et 'Bardo') en fonction de différents traitements hydriques. Les valeurs suivies d'une même lettre au moins ne sont pas significativement différentes au seuil de 5%, n= 20 (Moyenne ± SD). **C**: capacité au champ (100% CC); S1: 60% CC ; S2: 20% CC; S11: le sol est re-irrigué à 60% CC et S22: le sol est re-irrigué à 20%.

4.3.5. Discrimination isotopique du carbone 13 ($\Delta^{13}C$) et sa relation avec l'efficience d'utilisation de l'eau instantanée WUEi

Les résultats de l'analyse de la variance des mesures de la discrimination isotopique (Tab.4-7) indiquent la présence d'un effet traitement très hautement significatif et l'absence d'un effet écotype.

Tableau 4-7. Résultats des analyses de la variance (L'ANOVA ; SAS). Les différences significatives sont mentionnées par les étoiles:* : effet significatif; **: effet hautement significatif; *** et ****: effets très hautement significatifs; NS: indique une différence non significative.

Variables expérimentales	DL	F	P
$\Delta^{13}C$ (R^2= 63,8 %; F$_{(9,40)}$= 7,84; P= 0,0001)			
Traitement (Tr)	4	14,07	0,0001***
Ecotype (Ect)	1	2,58	0,115 NS
Interaction (Ect*Tr)	4	2,93	0,03 *
$\delta^{15}N$ (R^2= 92,7 %; F$_{(9,40)}$= 57,11; P= 0,0001)			
Traitement (Tr)	4	24,12	0,0001****
Ecotype (Ect)	1	358,85	0,0001****
Interaction (Ect*Tr)	4	14,66	0,0001****
N% (R^2= 22,02 %; F$_{(9,40)}$= 1,26; P= 0,29)			
Traitement (Tr)	4	1,65	0,18 NS
Ecotype (Ect)	1	2,89	0,09 NS
Interaction (Ect*Tr)	4	0,45	0,76 NS

F: statistique de Fisher-Snedecor; DL : le nombre de degrés de liberté (d.d.l.) ; R^2 : coefficient de détermination ; P : probabilité.

L'examen de la figure 4.12 montre que la discrimination isotopique du carbone 13 ($\Delta^{13}C$) ne diminue pas d'une manière significative chez l'écotype 'Bardo'. Cependant, elle est réduite significativement (p<0,0001) sous les régimes hydriques S1 et S2 chez l'écotype 'Annaba'. En effet, nous notons que $\Delta^{13}C$ passe de 22,05 (témoin) à 19,95 sous stress sévère S2. La variation de ce paramètre sous stress cycliques S11 et S22 est non significative.

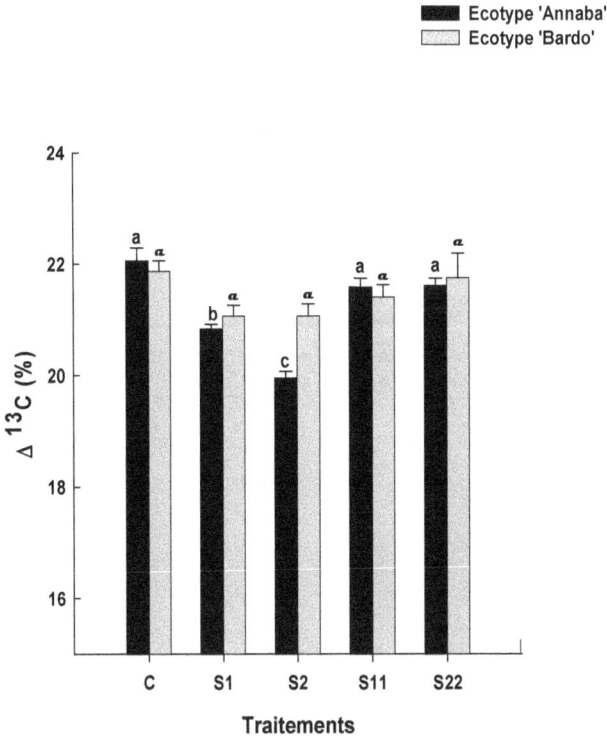

Figure 4.12. Variation de la discrimination isotopique du carbone 13($\Delta^{13}C$), exprimée en pourcentage (%). Chez les deux écotypes de *Laurus nobilis* en fonction des différents traitements hydriques. Les valeurs suivies d'une même lettre au moins ne sont pas significativement différentes au seuil de 5%, n=5 (Moyenne ± SD). **C** : capacité au champ (100% CC) ; S1 : 60% CC ; S2 : 20% CC ; S11 : le sol est re-irrigué à 60% CC et S22 : le sol est re-irrigué à 20%.

La discrimination isotopique du carbone 13 ($\Delta^{13}C$) est considérée comme une méthode d'évaluation indirecte de WUE. Afin de mettre en évidence ce type de liaison, nous avons mis en relation l'efficience instantanée d'utilisation de l'eau WUEi (A/E) avec la discrimination isotopique du carbone 13 ($\Delta^{13}C$) (Fig.4.13). Une corrélation négative ($R^2=0,651$) est obtenue entre WUEi et $\Delta^{13}C$ chez l'écotype 'Annaba'. Par contre, chez l'écotype 'Bardo', aucune relation n'est observée.

4.3.6. Composition isotopique ($\delta^{15}N$) et contenu foliaire en azote

Les résultats de l'analyse de la variance de la composition isotopique en azote (Tab.4-7) montrent un effet traitement et un effet écotype très hautement significatifs. Néanmoins, les analyses de la variance du contenu foliaire en azote présentées dans le même tableau (4-7) nous permettent de constater l'absence des effets traitement et écotype.

La variation de la composition isotopique en azote 15 ($\delta^{15}N$) en fonction des différents traitements hydriques est représentée par la figure 4.14(a). Pour l'écotype 'Annaba', les deux stress permanents S1 et S2 induisent une augmentation significative (P< 0,05) de $\delta^{15}N$ qui passe de 6,47 (témoin) à 7,65 et à 7,78% sous S1 et S2, respectivement. Toutefois ce paramètre demeure constant sous stress cycliques. Quant à l'écotype 'Bardo', les régimes sévères S2 et S22 entrainent une stimulation du prélèvement de l'azote 15.

Chez l'écotype 'Bardo', le stress hydrique augmente significativement le contenu en azote foliaire (N%) sauf sous le régime S11 (Fig.4.14 (b)). Nous constatons que N% augmente de 20,4%, de 17,3% et de 20,7% respectivement sous les stress S1, S2 et S22. Cependant, la teneur en azote ne varie pas de façon significative chez 'Annaba'.

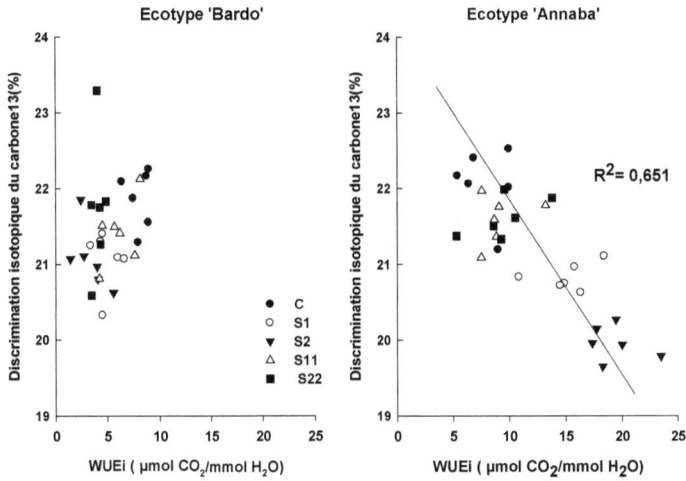

Figure 4.13. Relation entre la discrimination isotopique du carbone 13($\Delta^{13}C$) et l'efficience d'utilisation de l'eau instantanée WUE_i chez les deux écotypes de *Laurus nobilis* ('Annaba' et 'Bardo'). Les résultats sont exprimés en pourcentage (%) et en µmol CO_2/mmol H_2O, respectivement. Les valeurs représentent les moyennes de 10 mesures individuelles. Les valeurs suivies d'une même lettre au moins ne sont pas significativement différentes au seuil de 5%.

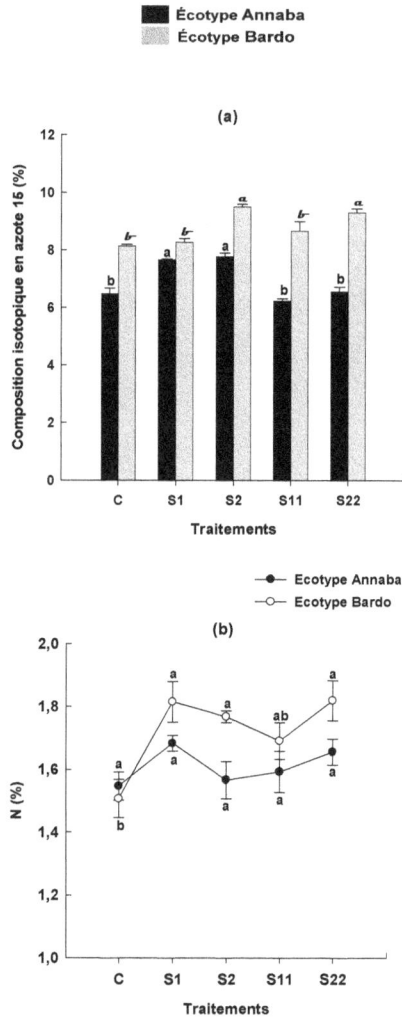

Figure 4.14. La composition isotopique en azote 15 ($\delta^{15}N$) (a) et le contenu en azote foliaire (N) (b) chez les deux écotypes 'Annaba' et 'Bardo' en fonction de différents traitements hydriques. Les résultats sont exprimés pourcentage (%). Les valeurs suivies d'une même lettre au moins ne sont pas significativement différentes au seuil de 5%, n=5 (Moyenne ± SD). **C** : capacité au champ (100% CC) ; S1 : 60% CC ; S2 : 20% CC ; S11 : le sol est re-irrigué à 60% CC et S 22 : le sol est re-irrigué à 20%.

4.4. DISCUSSION

Les résultats présentés dans ce chapitre suggèrent que l'impact du stress hydrique sur les relations hydriques, la conductance stomatique (gs), la capacité photosynthétique (A) et l'efficience d'utilisation de l'eau instantanée (WUEi) des deux écotypes est tributaire de l'écotype étudié, de la nature (permanent ou cyclique) et de l'intensité du stress imposé. Dans les conditions témoins (sur sol bien drainé : 100% de la capacité au champ), les plants des deux écotypes 'Annaba' et 'Bardo' maintiennent durant toute la période de l'expérimentation, des niveaux relativement stables du potentiel hydrique de base et de midi (Fig.4.1 (a) et (b)), du contenu relatif en eau (Fig.4.2 (a)), du potentiel osmotique (Fig.4.4 (a)), de la photosynthèse nette (Fig.4.7 (b)), de la conductance stomatique (Fig.4.7 (a)) et de l'efficience d'utilisation de l'eau instantanée (Fig.4.11 (a)). Rappelons que la période expérimentale coïncide avec la période de croissance active. L'application du stress provoque, chez les deux écotypes, d'importantes perturbations sur les différents paramètres étudiés. Le potentiel hydrique foliaire, Ψwf, est reconnu comme un indice du statut hydrique chez la plante entière (Turner, 1981) et son maintien est associé à des mécanismes d'évitement de la déshydratation (Levitt, 1980).

Chez les deux écotypes de L. *nobilis* étudiés, le potentiel hydrique de base (Ψb) subit une forte baisse sous stress sévères (S2 et S22). Néanmoins cette réduction est plus importante chez l'écotype 'Annaba' (Fig.4.1 (a)). Le potentiel hydrique diminue rapidement de la préaube jusqu'à midi. Ce comportement est observé chez plusieurs arbres tels que l'épinette noire (Vowinckel et *al.*, 1975, Zine El Abidine et *al.*, 1994), ainsi que chez d'autres espèces (Hinckley et *al.* 1978, Schulze et Hall 1982). Cette diminution du potentiel hydrique de midi (Ψmin) n'est pas reliée au potentiel hydrique du sol, mais à l'augmentation de la température et au déficit d'humidité absolue (Vowinckel et *al.*, 1975; Wolff et *al.*, 1977 ; Hinckley et *al.*, 1978; Schulze et Hall, 1982) et simultanément, à une faible conductivité hydraulique racinaire (Hinckley et *al.*, 1978 ; Schulze et Hall, 1982 ; Robichaux, 1984).

A l'inverse du potentiel de base, le potentiel hydrique de midi, Ψmin, enregistre les valeurs les plus basses sous stress permanents S1 et S2, surtout sous S2 (Fig.4.1 (b)). Le fait que l'écotype 'Annaba' avait des valeurs plus négatives du potentiel hydrique foliaire, Ψwf (Ψb et Ψmin), pendant la période expérimentale même dans les conditions témoins, ceci pourrait être due à des différences au niveau du système racinaire liées à la résistance de la plante à la circulation de l'eau. Bittman et Simpson (1989) ont signalé qu'un potentiel hydrique foliaire Ψwf faible peut être la conséquence d'une faible absorption ou d'une perte importante d'eau.

Le potentiel hydrique Ψb et le contenu relatif en eau des feuilles (RWC) sont deux indices assez précis qui indiquent l'état hydrique dans les plants (Siddique et *al.*, 2000). Notre étude montre que le potentiel hydrique de base Ψb et le contenu relatif RWC des feuilles de deux écotypes sont significativement réduits (Figs.4.1(a) et 4.2 (a)). Ces diminutions de RWC sont plus marquées sous stress hydrique sévère S2 (20% de la capacité au champ). C'est le même comportement observé chez la variété d'olive «Meski» dont RWC ne diminue fortement que sous stress sévère (Boussadia et *al.*, 2007). Ces réponses montrent principalement une déshydratation des feuilles sous les conditions du stress sévère.

La relation entre RWC et Ψw a souvent été utilisée pour quantifier la tolérance à la déshydratation des tissus. En effet, les tissus qui maintiennent un RWC élevé et un Ψw faible sont plus tolérants à la déshydratation (Iannucci et *al.*, 2002). C'est le cas de l'écotype 'Annaba' comparé à 'Bardo' (sauf sous stress sévère S2) (Fig.4.3).

Les valeurs du contenu relatif en eau à la turgescence nulle RWC_0 sont plus élevées chez l'écotype 'Annaba' que chez l'écotype 'Bardo' sauf sous le traitement S2. L'augmentation de RWC_0 sous l'effet du stress hydrique est observée aussi chez les noix de pécan (Rieger et Daniell, 1988), le caroubier (Nunes et *al.*, 1989), et l'amandier (Ruiz-Sanchez et *al.*, 1993).

Les plantes témoins de l'écotype 'Annaba' présentent des valeurs légèrement plus élevées de RWC_0, que celles mesurées chez 'Bardo' (Fig.4.2 (b)). Cela pourrait indiquer que la distribution de l'eau entre le symplasme et l'apoplasme pourrait être différente chez les deux écotypes. Ceci est dû probablement, à des différences dans la structure des feuilles. Les valeurs de RWC_0 augmentent significativement sous stress permanents (S1 et S2) chez 'Bardo' tandis que celles d'Annaba' augmentent surtout sous stress cycliques (S11 et S22). Ce comportement observé chez les deux écotypes pourrait être associé à plus de rigidité dans les parois cellulaires (Ruiz-Sanchez et *al.*, 1993).

L'élasticité de la paroi cellulaire (ε_{max}) est également considéré comme l'un des plus importants mécanismes physiologiques d'adaptation au stress hydrique (Patakas et Noitsakis, 1997; Martínez et *al.*, 2007). En fait, le module d'élasticité volumique ε_{max} suit la même évolution que RWC_0. Il augmente significativement sous stress permanant chez l'écotype 'Bardo' et sous l'effet du stress cyclique chez l'écotype 'Annaba' (Fig.4.6 (a)). Cette augmentation considérable de ε_{max}, qui traduit une diminution de l'élasticité de la paroi cellulaire, pourrait être interprétée comme un mécanisme physiologique qui permet aux feuilles de deux écotypes de réduire leur potentiel hydrique Ψw en préservant l'eau du symplasme. L'accroissement de ε_{max} des plants stressés par comparaison à ceux bien hydratés résulterait d'une lignification des parois des tissus soumis au manque d'eau qui les rend de moins en moins élastiques selon l'intensité du stress appliqué (Roy, 1980). Les changements d'élasticité de la paroi cellulaire pourraient permettre plus d'accumulation d'eau dans l'apoplasme, entraînant un fort gradient entre les feuilles et le sol, favorisant ainsi l'absorption d'eau sans subir une déshydratation importante dans les tissus (Fereres et *al.*, 1979 ; Patakas et Noitsakis, 1997). Ce résultat est en accord avec des résultats antérieurs sur l'olivier (Dichio et *al*., 2003), l'haricot (Stoyanov, 2005) et *Spartina alterniflora* Loisel. (Hessini et *al*., 2009).

Cette rigidité de la paroi cellulaire est nécessaire pour maintenir l'intégrité des tissus cellulaires (Moutarde et Renault, 2004). Cependant, chez d'autres espèces telles que les vignes (*Vitis vinifera* L.) et les citronniers, l'augmentation de l'élasticité membranaire (une diminution ε_{max}) contribuerait à maintenir la turgescence des cellules (Bowman et Roberts, 1985; Ruiz-Sanchez et *al*., 1987). Des études récentes ont indiqué que les parois cellulaires rigides ont plusieurs avantages par rapport à celles élastiques et peuvent constituer avec l'ajustement osmotique un mécanisme d'adaptation efficace qui permet aux plantes de résister sous stress hydrique (Meier et *al*., 1992; Grossnickle et Russel, 1996).

Le maintien de l'intégrité cellulaire et de la croissance sous déficit hydrique exige un épaississement des parois cellulaires et un accroissement du contenu en eau de l'apoplasme AWC (Ngugi et *al*., 2003) afin de préserver l'eau du symplasme (Lemcoff et *al*., 2002) en jouant un rôle tampon. Serrano et *al*. (2005) pensent que l'eau se déplace hors du symplasme vers l'apoplasme sous les conditions hydriques. Ceci est observé chez les plants stressés des deux écotypes, sous traitements modérés (S1 et S11) pour l'écotype 'Annaba' et sous l'effet du stress sévères (S2 et S22) concernant l'écotype 'Bardo' (Fig.4.5 (a)). Le contenu en eau apoplastique est influencé par l'intensité du stress comme chez *Amygdalus communis* L. (Torrecillas et *al*., 1996) et *Casuarina glauca* Sieb. (Béjaoui et *al*., 2008).

Le développement de l'un et (ou) de l'autre des mécanismes suivants: une rigidité des membranes cellulaires (Grossnickle et Russel, 1996), un accroissement du contenu en eau de l'apoplasme (Ngugi et *al*., 2003) et un ajustement osmotique par accumulation active de solutés (Chimenti et *al*., 2002) permet le maintien de la turgescence tissulaire. Il a souvent été suggéré que le résultat principal de l'ajustement osmotique (AO) est le maintien de la capacité de croissance grâce au maintien de la turgescence à un faible potentiel hydrique Ψ_{wf}. Le potentiel osmotique Ψ_Π, les potentiels osmotiques à la pleine turgescence (Ψ_Π^{100}) et à turgescence nulle (Ψ_Π^0) foliaires diminuent en réponse aux différents traitements hydriques.

Toutefois, la réduction est plus importante chez l'écotype 'Annaba' (Fig.4.4). Cette diminution du Ψ_Π observée chez les plants 'Annaba' soumis au stress hydrique, peut être considérée comme le résultat de l'accumulation active de solutés. La constance de Ψ_Π chez 'Bardo' sous stress hydrique suggère l'existence de limites à l'accumulation de solutés osmotiques dans les tissus foliaires de cet écotype. Chez 'Annaba', la tendance parallèle observée entre Ψ_Π et Ψ_Π^0 (Figs. 4.4 (a) et (c)), pourrait indiquer que Ψ_Π contrôle la variation de Ψ_Π^0 (Alarcon et *al.*, 1993). Chez l'écotype 'Bardo', l'ajustement osmotique induit une diminution de Ψ_Π^0, ce qui permet le maintien de la turgescence au cours de la période de stress hydrique. Les plants témoins 'Annaba' enregistrent des valeurs significativement plus faibles de Ψ_Π^0 que celles de l'écotype 'Bardo'. Les valeurs de Ψb et Ψmin chez ces deux écotypes sont toujours maintenues plus élevées que les valeurs de Ψ_Π^0. Par conséquent, il n'y a guerre de perte de pression de turgescence. Ce comportement peut être une caractéristique qui leurs permettent d'affronter les conditions de stress hydrique (Jane et Green, 1983).

Chez L. *nobilis*, l'ajustement osmotique se produit sous les différents traitements hydriques et quelque soit l'écotype. Ce paramètre très important pour les plantes est plus faible sous stress cycliques (environ 0,2 MPa) par comparaison au stress permanents (S1 et S2) (aux alentours de 0,45 MPa). Chez d'autres espèces, telles que *Spartina alterniflora* Loisel. et *Casuarina glauca* Sieb., AO est de l'ordre de 0,55 et de 0,39 MPa, respectivement (Hessini et *al.*, 2009 ; Béjaoui et *al.*, 2008). Chez cette espèce, le degré de l'ajustement osmotique dépend de la modalité du stress imposé. Les deux écotypes de L. *nobilis* présentent un comportement globalement similaire, néanmoins chez l'écotype 'Annaba', l'ajustement osmotique s'est accru avec l'intensité du stress hydrique traduisant un endurcissement aux conditions de sécheresse (Lemcoff et *al.*, 2002 ; Graciano et *al.*, 2005). Une réponse similaire est notée par Bajji et *al.* (2001) chez le blé. Des expériences faites sur le pois chiche par Basu et *al.* (2007) suggérent que l'OA montre une faible stabilité en fonction du niveau de stress. L'ajustement osmotique est une caractéristique importante pour retarder les dommages de la déshydratation dans des environnements d'eau limitée, par le maintien continu de la turgescence cellulaire et les processus physiologiques (Taiz et Zeiger, 2006). Dans nos conditions, les plants stressés des deux écotypes étudiés de L. *nobilis* montrent un ajustement osmotique et une diminution significative de l'élasticité en réponse à la sécheresse, comme chez le café (Meinzer et *al.*, 1990) et le géranium (Sánchez-Blanco et *al.*, 2009). En effet, chez les espèces qui montrent un ajustement osmotique, les parois cellulaires rigides peuvent être nécessaire pour maintenir l'intégrité des tissus cellulaires pour la réhydratation après une période de stress (Clifford et *al.*, 1998).

Les deux écotypes de L. *nobilis* présentent des mécanismes de tolérance comme l'ajustement osmotique, la diminution du potentiel hydrique foliaire et la diminution du potentiel osmotique foliaire pour maintenir leur statut hydrique au cours du déficit hydrique, le même comportement est observé chez plusieurs espèces comme les agrumes (Monneveux et Belhassen, 1996).

La réduction des valeurs gs induite par le déficit hydrique foliaire est associée à la capacité de résister aux conditions de sécheresse (Gimenez et Fereres, 1987). Une bonne corrélation est souvent observée entre la conductance stomatique et le potentiel hydrique foliaire (Giorio et *al.*, 1999). Schultz (2003) signale une décroissance exponentielle de la conductance en fonction du potentiel hydrique foliaire. Dans nos conditions expérimentales, nous avons observé le même phénomène où les différences entre les deux écotypes sont assez marquées (Fig. 4.8).

La fonction stomatale agit comme un mécanisme de «feed back» (Maier-Maercker, 1981 et 1983). L'écotype 'Annaba' montre une relation (gs= $f(\Psi b)$)

étroite, significative et plus marquée que chez l'écotype 'Bardo'. Ces résultats soulignent une diminution importante de la conductance stomatique gs en fonction du potentiel hydrique de base Ψb chez les deux écotypes de L. *nobilis*. Des réponses similaires ont été observées chez d'autres espèces telles que le pin maritime (Jarvis et *al*., 1976). Cependant, d'autres auteurs ont rapporté une grande dispersion lors du traçage de gs vs Ψw (Fereres, 1982; Fernandez et *al*., 1997).

La réponse des stomates à d'autres facteurs environnementaux peut être responsable de cette dislocation (Jarvis et *al*., 1999). La conductance stomatique diminue nettement sous stress permanents (S1 et S2) quand le potentiel hydrique foliaire atteint une plage relativement étroite de valeurs négatives. Cette plage de valeurs critiques varie entre -1,2 et -2 MPa ce qui provoque la fermeture stomatique. Cette forme de réponse, où la conductance stomatique chute énormément pour une variation faible du potentiel (-0,5 MPa) est observée chez plusieurs espèces tels que le Pin maritime (Ψw entre -1.4 et -1.8 MPa) (Loustau et *al*., 1990) et *Quercus oleoides* (Brodribb et Holbrook, 2003). La fermeture stomatique constitue un moyen de régulation dynamique, réversible et rapide pour éviter la déshydratation à court terme. Les arbres peuvent s'acclimater à la sécheresse par différentes réponses plastiques à plus long terme. La défaillance hydraulique en cas de stress sévère peut être évitée par une diminution de la surface foliaire transpirante (Sperry et *al*., 2002). Les feuilles ont besoin, en permanence, de trouver un compromis entre minimiser la perte d'eau par transpiration et maximiser l'absorption de CO_2. Les stomates sont les contrôleurs ultimes de cet équilibre délicat. Les stress permanents (S1 et S2) ont touchés fortement la transpiration chez les deux écotypes. Néanmoins, l'effet est plus dépressif sur l'écotype 'Annaba' dont la transpiration a accusé une diminution de plus que 90% sous stress sévère S2.

La diminution du Ψw et de gs sous l'influence du stress hydrique a pour conséquence une réduction de l'assimilation photosynthétique. Il existe une forte corrélation entre A et gs (R^2 =0,66 et 0,61 pour 'Annaba' et 'Bardo', respectivement) (Fig. 4.9). C'est surtout le traitement S2 qui induit une forte baisse en faveur de l'écotype 'Annaba' par rapport à l'écotype 'Bardo'. Cette relation significative déterminée entre A et gs montre une réponse classique de A suite à la diminution du potentiel hydrique (et de RWC).

La diminution de RWC provoque une baisse de A et de gs. Cependant, à une faible valeur de RWC, gs atteint un minimum, alors que A continue à diminuer. Ce comportement est signalé aussi chez l'olivier (Fornes et *al.*, 2007). Ces résultats nous permettent de penser que l'appareil photosynthétique de ces jeunes plants *L. nobilis* est résistant au déficit hydrique modéré et sévère et que les stomates sont le principal facteur limitant l'absorption du carbone (Cornic et *al.*, 1992).

Sous stress hydrique, une baisse du taux de photosynthèse pourrait être attribuée soit à une diminution de la conductance stomatique et/ou à des limitations non-stomatique (Jones, 1992; Cornic et Massacci, 1996). Au cours de la dernière décennie, la fermeture des stomates a été généralement accepté comme étant le principal déterminant de la réduction de la photosynthèse sous stress hydrique léger ou modéré (Cornic et Massacci, 1996; Yokota et *al.*, 2002).

D'autres auteurs attribuent la baisse du taux de photosynthèse à la limitation non-stomatique (Tezara et Lawlor, 1995). L'évolution en parallèle des taux de la photosynthèse et la conductance stomatique (Fig.4.9) apporte la preuve que le maintien du taux de photosynthèse peut être principalement attribué à la conservation de la conductance stomatique. Toutefois, la corrélation significative entre l'assimilation nette de CO_2 (A) et la concentration intercellulaire en CO_2 (CO_2 substomatale) Ci [R^2 = 0,63 et 0,6 pour l'écotype 'Annaba' et l'écotype 'Bardo', respectivement (Fig. 4.10)], peut indiquer la présence de limitations stomatiques. Le même comportement est observé aussi chez les arbres d'orange douce cultivés sous contrainte hydrique (Pérez-Pérez et *al.*, 2008). L'observation d'une diminution de Ci concomitante à une baisse de A durant une contrainte suggère que la fermeture stomatique intervient dans

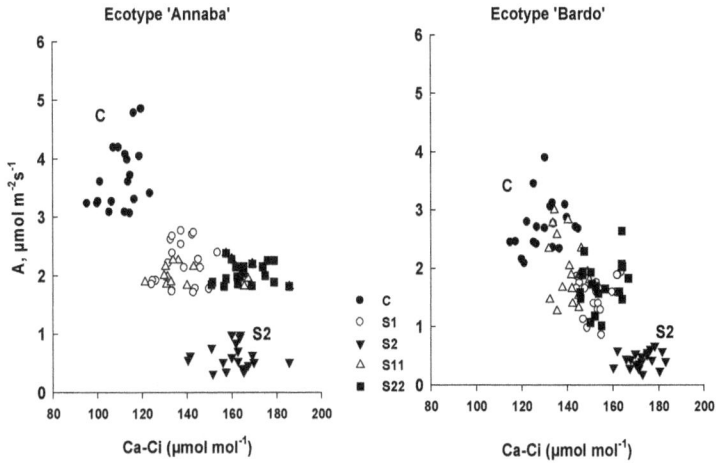

Figure 4.15. Relation entre l'assimilation nette de CO_2 et la différence entre la concentration ambiante et intercellulaire de CO_2 (Ca-Ci) chez les écotypes de *laurus nobilis* ('Annaba' et 'Bardo') en réponses aux différents traitements hydriques (C, S1, S2, S11 et S22). Les conditions sont CO_2=350 ± 10 mbar; 21% par volume O_2; PPFD= 750 ± 100 µmol m^{-2} s^{-1}; température 28 ± 2°C. Les points des données sont les moyennes de 8 mesures.

l'inhibition de la photosynthèse foliaire (Cornic, 2008).

L'assimilation nette de CO_2 diminue exclusivement parce que les stomates se ferment suffisamment: l'alimentation des chloroplastes en CO_2 est progressivement réduite. En effet, le mésophylle est enfermé dans un système clos et n'est plus alimenté par le CO_2 de l'air ambiant. Il épuise alors tout le CO_2 qui se trouve à sa disposition dans la feuille. En théorie, Ci diminue jusqu'à ce que l'assimilation de CO_2 et les pertes respiratoires du mésophylle s'équilibrent exactement.

Par contre, chez d'autres espèces, la réduction de l'assimilation nette de CO_2 (A) est attribuée à la détérioration des mécanismes photosynthétiques. Chez ces dernières, le mésophylle, comme précédemment, se trouve enfermé dans un système clos lorsque la contrainte est bien établie. Cependant il ne peut plus utiliser le CO_2 qui se trouve dans la feuille. Ci reste donc élevée, ou même augmente si la respiration du mésophylle n'est pas affectée.

Chez l'écotype 'Annaba' et l'écotype 'Bardo', la forte corrélation négative (R^2=0,61) entre l'assimilation nette de CO_2 (A) et la diminution du CO_2 causé par la résistance stomatique (la différence entre la concentration ambiante et intercellulaire de CO_2, Ca-Ci ; Ca : concentration en CO_2 dans l'atmosphère ; Ci: concentration en CO_2 dans la chambre sous-stomatique) est une indication claire qui confirme que la faible concentration de CO_2 est la principale limitation de la photosynthèse chez *L. nobilis* (Fig. 4.15). Ceci est mis en évidence chez d'autres espèces comme l'avocatier (Chartzoulakis et *al.*, 2002).

Récemment, la mesure de WUE a été simplifiée par la découverte d'une forte corrélation entre WUE et la discrimination isotopique du carbone ($\Delta^{13}C$) (Amdt et *al.*, 2001).Cette corrélation négative significative est observée seulement chez l'écotype 'Annaba' (Fig 4.13). Une baisse de gs ou de A conduit souvent à une importante discrimination ($\Delta^{13}C$) contre l'isotope lourd (^{13}C). L'écotype 'Annaba' montre une importante efficience d'utilisation de l'eau (Fig 4.11) à l'inverse de l'écotype 'Bardo'. L'analyse de Δ est considérée comme un caractère précieux de sélection (Condon et *al.*, 1987; Farquhar et *al.*, 1982). Un comportement similaire est observé chez la vigne. (El-Sharkawy et Tafur, 2007) et le peuplier (Cabuslay et *al.*, 2002). D'autres auteurs, ne confirment pas cette théorie (Austin et *al.*, 1990; Ngugi et *al.*, 1996).

La quantité d'azote (N) allouée vers les feuilles et investie dans la machinerie photosynthétique a un impact sur la quantité de carbone fixée par la photosynthèse comme en témoigne la forte relation observée entre la photosynthèse et N foliaire totale (Field and Mooney, 1986 ; Wright et *al.*, 2004). Cette corrélation peut s'expliquer par le fait que de nombreuses structures et molécules interviennent dans la photosynthèse. Le déficit hydrique induit une augmentation des valeurs de $\delta^{15}N$ ce qui pourrait indiquer une grande accumulation de l'azote (N) (Schulze et *al.*, 1994). Chez l'écotype 'Bardo', la hausse des valeurs de $\delta^{15}N$ (Fig 4.14 (a)) foliaires est accompagnée par une augmentation du contenu foliaire en N. En outre, il y a des effets indirects du déficit hydrique sur la physiologie des plantes, telles qu'une diminution de l'activité enzymatique dans le sol et de la teneur en éléments nutritifs (Chapin, 1980).

4.5. Conclusion

L'ensemble des résultats présentés au cours de ce chapitre semble indiquer, d'une part, que malgré que l'écotype 'Annaba' soit originaire d'un climat subhumide, il a montré une moindre sensibilité au stress hydrique que l'écotype 'Bardo'. Chez ce dernier nous notons une diminution plus importante du potentiel hydrique et du potentiel osmotique foliaire pour maintenir un statut hydrique au cours du déficit hydrique, ainsi qu'une bonne aptitude à maintenir la turgescence par un ajustement osmotique adéquate en plus d'une efficience assez élevée d'utilisation de l'eau. D'autre part, la nature (permanent ou cyclique) du stress a une influence plus importante sur les divers paramètres que l'intensité du stress ce qui nous permet de suggérer que le stress permanant d'un côté et le stress cyclique de l'autre induisent sur le comportement physiologique de L. *nobilis* deux types distincts de contrainte.

CHAPITRE 5
IMPACT DU STRESS HYDRIQUE SUR L'AJUSTEMENT OSMOTIQUE ET LA REGULATION DE L'ELASTICITE DE LA PAROI CELLULAIRE CHEZ *LAURUS NOBILIS*.

CHAPITRE 5: Impact du stress hydrique sur l'ajustement osmotique et la régulation de l'élasticité de la paroi cellulaire chez *Laurus nobilis*.

5.1. Introduction

Nous venons de voir dans le chapitre précédent que les deux écotypes de L. *nobilis* ('Annaba' et 'Bardo'), ont utilisé l'ajustement osmotique et la rigidité des parois cellulaires comme mécanismes de tolérance au stress hydrique. A ce propos, plusieurs auteurs ont montré que l'ajustement osmotique (AO) est souvent associé à la tolérance à la sécheresse (Ober et *al.*, 2005 ; Chimenti et *al.*, 2002). L'ajustement osmotique (AO), c'est à dire l'accumulation 'active' de solutés au niveau cellulaire, est probablement le mécanisme le plus important pour maintenir la turgescence ainsi que l'activité physiologique foliaire lorsque le potentiel hydrique (Ψw) diminue (Ober et *al.*, 2005). Les osmolytes incluent les sucres, les ions inorganiques (K^+, Ca^{2+}, Mg^{2+},....), la proline et les composés à ammonium quaternaire. A côté de l'ajustement osmotique, le déficit hydrique, provoque une réduction de la quantité d'eau dans les tissus de la plante, ce qui affecte les propriétés cellulaires des membranes et induit rapidement des modifications au niveau de la paroi cellulaire (Shangguan et *al.*, 2000). Le stress hydrique réduit sensiblement les polysaccharides cellulosiques et hémicellulosiques mais, il affecte légèrement la fraction pectique de la paroi cellulaire (Sakurai et *al.*, 1987 i et 1987 ii). Plusieurs activités enzymatiques telles que les xyloglucanes endotransglycosylases (Spollen et *al.*, 1993) et les expansines (Cosgrove, 1998) semblent avoir un rôle important dans les processus de relaxation pariétale.

Le présent chapitre est consacré à la détermination des solutés responsables du maintien de la turgescence chez les deux écotypes de L. *nobilis* ('Annaba' et 'Bardo') et au calcul de leurs contributions dans l'ajustement osmotique. Outre les sucres solubles et les ions minéraux, le contenu des tissus en proline et en glycine betaine est recherché. Par ailleurs, les composants des parois cellulaires chez les deux écotypes sont isolés et analysés ainsi que les teneurs en sucres neutres, le pourcentage en acide uronique et l'activité β glucanase afin de mettre au point les différents mécanismes responsables des modifications bio-rhéologiques des parois.

5.2. Accumulations de solutés

5.2.1. Les sucres solubles totaux

Tableau 5-1. Résultats des analyses de la variance (L'ANOVA; SAS). Les différences significatives sont mentionnées par les étoiles: *: effet significatif; **: effet hautement significatif; *** et ****: effets très hautement significatifs; NS: indique une différence non significative.

Variables expérimentales	DL	F	P
sucres solubles (R^2= 78,2%; $F_{(9,40)}$= 31,12; P= 0,0001)			
Traitement (Tr)	4	32,56	0,01*
Ecotype (Ect)	1	206,38	0,001**
Interaction (Ect*Tr)	4	45,27	0,01*

F: statistique de Fisher-Snedecor; DL : le nombre de degrés de liberté (d.d.l.) ; R^2 : coefficient de détermination ; P : probabilité.

Le suivi de l'évolution des teneurs foliaires en sucres solubles chez les deux écotypes de laurier noble met en évidence une variabilité selon l'écotype, la nature (permanant ou cyclique) et l'intensité du stress appliqué. Les résultats de l'analyse de variance (Tab.5-1) montrent un effet écotype et un effet traitement très hautement et hautement significatif, respectivement. L'écotype 'Bardo' manifeste un meilleur comportement qui se traduit par des teneurs plus élevées en sucres solubles dans les feuilles. La figure 5.1 illustre la variation des teneurs en sucres solubles totaux chez les deux écotypes de L. *nobilis* ('Annaba' et 'Bardo'). Le stress hydrique induit une diminution significative (P<0,05) des teneurs en sucres totaux solubles chez 'Annaba'. C'est le traitement S2 qui génère la plus forte réduction (d'environ 50% par rapport aux témoins). Les plants soumis aux trois autres traitements présentent des réductions comparables avoisinant 27% par comparaison au témoin. Par contre, chez l'écotype 'Bardo', les teneurs en sucres solubles augmentent hautement et significativement

(P<0,05) sous stress cycliques S11 et S22 pour atteindre 130% par rapport au témoin (120,03 et 129,13 µmol équivalent glucose $g^{-1}MF$, respectivement) (Fig.5.1). Ces teneurs demeurent invariables sous stress permanents S1 et S2.

5.2.2. Rôle des ions inorganiques

Tableau 5-2. Résultats des analyses de la variance (L'ANOVA; SAS). Les différences significatives sont mentionnées par les étoiles: *: effet significatif; **: effet hautement significatif; *** et ****: effets très hautement significatifs; NS : indique une différence non significative.

Variables expérimentales	DL	F	P
K^+ (R^2= 18,6% ; $F_{(9,40)}$= 1,14 ; P=0,39)			
Traitement (Tr)	4	1,51	0,2 NS
Ecotype (Ect)	1	1,35	0,13 NS
Interaction (Ect*Tr)	4	0,04	0,88 NS
Ca^{2+} (R^2= 36,1% ; $F_{(9,40)}$=2,1; P=0,1)			
Traitement (Tr)	4	12,8	0,17 NS
Ecotype (Ect)	1	14,3	0,08 NS
Interaction (Ect*Tr)	4	1,01	0,8 NS
Mg^{2+} (R^2= 15,1% ; $F_{(9,40)}$= 2,68; P=0,31)			
Traitement (Tr)	4	0,24	0,23 NS
Ecotype (Ect)	1	0,21	0,17 NS
Interaction (Ect*Tr)	4	0,74	0,9 NS
NO^{3-} (R^2= 9,1% ; $F_{(9,40)}$= 0,68; P=0,43)			
Traitement (Tr)	4	0,54	0,19 NS
Ecotype (Ect)	1	0,19	0,33 NS
Interaction (Ect*Tr)	4	0,85	0,76 NS
NH4+ (R^2= 20,3% ; $F_{(9,40)}$= 1,01; P=0,007)			
Traitement (Tr)	4	1,23	0,19 NS
Ecotype (Ect)	1	2,35	0,1 NS
Interaction (Ect*Tr)	4	0,48	0,83 NS
P (R^2= 25,1% ; $F_{(9,40)}$= 7,8 ; P=0,01)			
Traitement (Tr)	4	5,15	0,11 NS
Ecotype (Ect)	1	8,2	0,09 NS
Interaction (Ect*Tr)	4	2,1	0,3 NS

F: statistique de Fisher-Snedecor; DL : le nombre de degrés de liberté (d.d.l.) ; R^2 : coefficient de détermination ; P: probabilité.

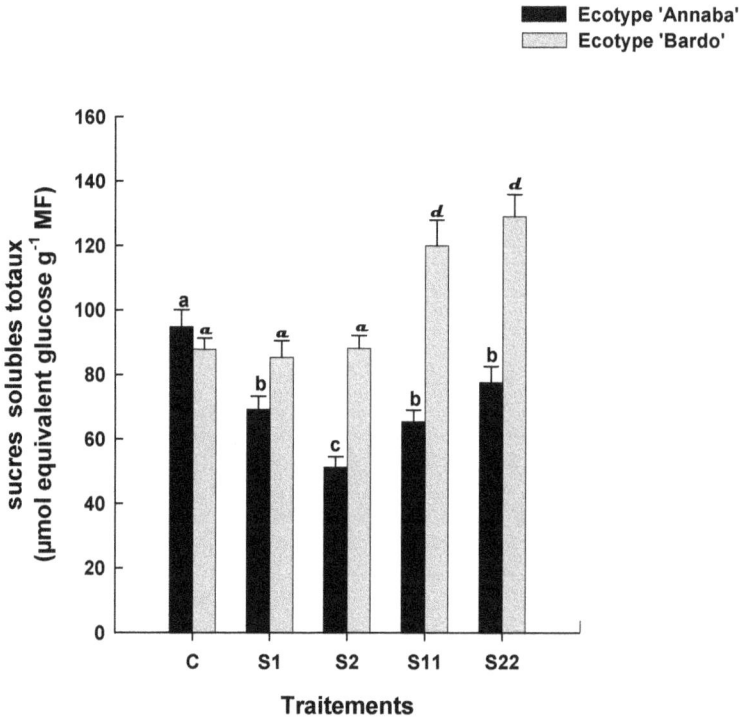

Figure 5.1. Variation des teneurs en sucres solubles totaux dans les feuilles fraîches des deux écotypes ('Annaba' et 'Bardo') de *Laurus nobilis* L. exposés pendant 90 jours au stress permanents (S1 et S2) et au stress cycliques (S11 et S22). Les moyennes suivies de lettres différentes sont significativement différentes à *P* < 0.05, n=5 (moyenne ± SD). **C** : capacité au champ (100% CC) ; **S1 :** 60% CC ; **S2 :** 20% CC ; **S11** : le sol est re-irrigué à 60% CC et **S22** : le sol est re-irrigué à 20%.

Tableau 5.3. Concentrations des ions (K^+, Ca^{2+}, Mg^{2+}, NO_3^-, NH_4^+ et P_i) dans les feuilles des deux écotypes *Laurus nobilis* L. 'Annaba' (A) et 'Bardo' (B) exposés pendant 90 jours au stress permanent (S1 et S2) et au stress cycliques (S11 et S22). Les valeurs suivies des lettres différentes sont significativement différentes à $P < 0.05$ (a>b>c). Les concentrations sont exprimées en mM dans l'extrait de la sève tissulaire foliaire, n=5 (moyenne ± SD).

Traitements	Ecotypes	K^+	Ca^{2+}	Mg^{2+}	NO_3^-	NH_4^+	P_i
Témoins	A	75,3 ± 6,1a	14,2 ± 1,1a	6,9 ± 0,4a	22,8 ± 3,1a	2,1 ± 0,2a	51,8±0,9a
	B	74,2 ± 2,3 a	12,8 ± 1,0a	5,5 ± 0,2 a	17,3 ± 2,2ab	1,9 ± 0,2a	58,0±1,5a
S1	A	70,4 ± 4,8 a	14,5 ± 0,8a	4,8 ± 1,0 a	20,1 ± 1,8a	2,2 ± 0,3a	51,1±0,5a
	B	71,6 ± 4,9 a	13,6 ± 2,3a	5,6 ± 0,4 a	15,7 ± 0,4b	4,5 ± 0,2b	49,1±0,4b
S2	A	68,9 ± 7,5 a	7,5 ± 0,6b	6,1 ± 0,5 a	16,9 ± 1,8ab	2,4 ± 0,2a	51,7±0,9a
	B	73,4 ± 4,8 a	12,4 ± 2,4a	4,4 ± 0,7 a	8,3 ± 1,1a	6,3 ± 0,8c	39,3±0,3 d
S11	A	69,6 ± 4,0 a	13,5 ± 1,7a	5,2 ± 0,7 a	19,7 ± 2,1a	1,8 ± 0,3a	52,0±0,7 a
	B	73,6 ± 8,1 a	14,4 ± 2,1a	4,9 ± 0,4 a	20,5 ± 1,9a	4,4 ± 0,9b	43,1± 0,1c
S22	A	77,4 ± 8,2 a	8,3 ± 0,7b	5,1 ± 0,4 a	15,2 ± 0,7b	1,9 ± 0,6a	51,8±0,8a
	B	75,1 ± 5,4 a	14,2 ± 1,2a	5,3 ± 0,3 a	16,7 ± 0,5ab	5,8 ± 0,8bc	43,4±0,4c

Les niveaux de stress hydrique appliqués n'ont aucun effet sur les concentrations en K^+, Mg^{2+} et NO_3^- et aucune différence significative n'est enregistrée entre les deux écotypes (Tab.5.3). Toutefois, les régimes hydriques sévères S2 et S22 induisent une diminution significative ($P<0,5$) de la concentration foliaire en calcium (Ca^{2+}) chez les plants stressés 'Annaba'; la concentration de Ca^{2+} passe de 14,2 (témoin) à 7,5 sous S2 et à 8,3 mM sous S22. Par ailleurs, chez l'écotype 'Bardo', le déficit hydrique, surtout le traitement sévère S2 induit une augmentation significative de la concentration de NH_4^+ ($P<0,01$), tandis qu'il réduit le taux du phosphore foliaire (P). La concentration en NH_4^+ est multiplié par 2 fois et 3 fois par rapport au témoin sous stress modérés et sévères, respectivement.

Nous notons que cette concentration est de 6,3 mM sous régime sévère S2 alors qu'elle est seulement de 1,9 mM chez les plants témoins (Tab.5.1). Nous constatons également que la concentration en Phosphore enregistre une baisse de plus que 32% par rapport au témoin sous l'effet du traitement S2.

5.2.3. Rôle de la proline

Tableau 5-4. Résultats des analyses de la variance (L'ANOVA; SAS). Les différences significatives sont mentionnées par les étoiles: *: effet significatif; **: effet hautement significatif; *** et ****: effets très hautement significatifs; NS: indique une différence non significative.

Variables expérimentales	DL	F	P
Proline (R^2= 98,4%; $F_{(9,40)}$= 768,32 ; P= 0,0001)			
Traitement (Tr)	4	754,1	0,0001****
Ecotype (Ect)	1	324,78	0,0001****
Interaction (Ect*Tr)	4	38,06	0,0001****

F: statistique de Fisher-Snedecor; DL : le nombre de degrés de liberté (d.d.l.) ; R^2 : coefficient de détermination ; P : probabilité.

L'analyse de variance des teneurs foliaires en proline (tab.5.4) montre un effet écotype et un effet traitement très hautement significatifs. Un meilleur comportement est enregistré chez l'écotype 'Annaba', caractérisé par des teneurs élevées en proline. En effet, les feuilles des plants stressés 'Annaba' présentent des teneurs d'accumulation en proline nettement plus élevées que celles observées chez 'Bardo' (Fig.5.2(a)). Cette accumulation accrue est plus importante sous stress permanents (S1 et S2) que sous stress cycliques (S11 et S22). Elle atteint 1200% des témoins sous stress sévère (S2), environ 700% sous S1 et aux alentours de 480% sous S11 et S22, respectivement. En revanche, les plants témoins des deux écotypes ont des taux relativement similaires en proline (2,5 μmol g^{-1}MF en moyenne). Nous constatons que les plants de l'écotype 'Bardo' n'ont pas accumulé de proline en réponse au déficit hydrique.

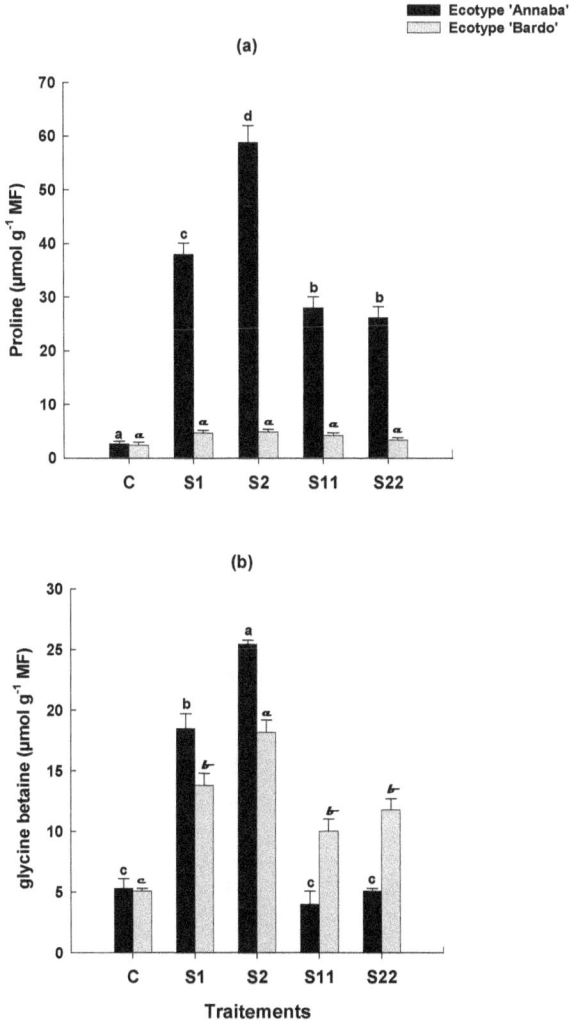

Figure 5.2. Variations des teneurs en proline (a) et en glycine-bétaine (b) dans les feuilles fraîches des deux écotypes ('Annaba' et 'Bardo') de *Laurus nobilis* L. exposés pendant 90 jours au stress permanents (S1 et S2) et au stress cycliques (S11 et S22). Les valeurs suivies des lettres différentes sont significativement différentes à $P<0,05$, n=5 (moyenne ± SD). **C**: capacité au champ (100% CC) ; **S1**: 60% CC ; **S2** : 20% CC ; **S11**: le sol est re-irrigué à 60% CC et **S22**: le sol est re-irrigué à 20%.

5.2.4. La glycine betaine

Tableau 5-5. Résultats des analyses de la variance (L'ANOVA; SAS). Les différences significatives sont mentionnées par les étoiles: *: effet significatif ;**: effet hautement significatif;*** et ****: effets très hautement significatifs; NS: indique une différence non significative.

Variables expérimentales	DL	F	P
Glycine betaine (R^2= 78,4%; $F_{(9,40)}$= 17,01; P= 0,0001)			
Traitement (Tr)	4	27,01	0,0001****
Ecotype (Ect)	1	13,22	0,001***
Interaction (Ect*Tr)	4	14,59	0,01*

F: statistique de Fisher-Snedecor; DL : le nombre de degrés de liberté (d.d.l.) ; R^2 : coefficient de détermination ; P : probabilité.

L'analyse de variance des teneurs en glycine bétaine dans les feuilles des plants des deux écotypes étudiés (Tab.5.5) montre un effet traitement et un effet écotype très hautement et hautement significatifs, respectivement. Les teneurs en glycine bétaine varient nettement chez les deux écotypes, 'Annaba' et 'Bardo', sous l'effet des différents traitements appliqués (Fig.5.2(b).). Comme dans le cas de la proline, les plants témoins (C) de deux écotypes ont des valeurs moyennes comparables en glycine bétaine (environ 5µmol g^{-1}MF). Chez les deux écotypes, la glycine bétaine s'est accumulée beaucoup plus sous stress permanents que sous stress cycliques. Sous stress permanents, c'est l'écotype 'Annaba' qui présente une augmentation assez importante des teneurs foliaires en glycine bétaine. En effet, ces dernières sont multipliées par 3 et 5 fois sous S1 et S2, respectivement. Par contre, sous stress cycliques (S11 et S22), l'écotype 'Bardo' est capable d'accumuler beaucoup plus ce composé alors que 'Annaba' présente des teneurs comparables à celles des témoins.

5.2.5. La cellulose

Les résultats du tableau 5-6 révèlent un effet écotype et un effet traitement très hautement significatifs pour les teneurs foliaires en cellulose. Sous l'effet du stress hydrique, les contenus foliaires en cellulose varient différemment selon l'écotype et le stress imposé (Fig. 5.3 (a)).

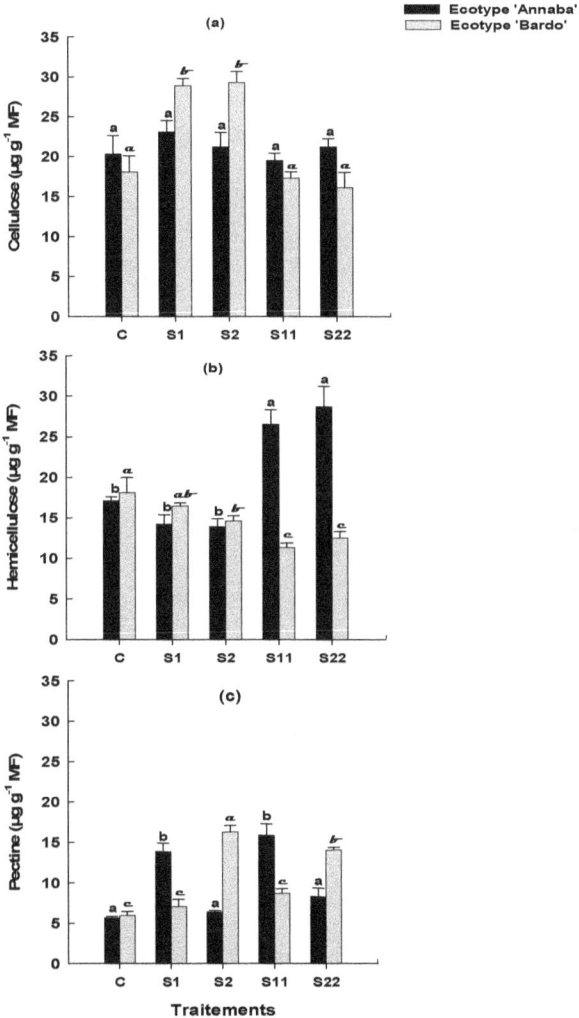

Figure 5.3. Les teneurs foliaires en cellulose (a), hémicellulose (b) et en pectine (c) chez les deux écotypes de *Laurus nobilis* L. ('Annaba' et 'Bardo') exposés pendant 90 jours au stress permanents (S1 et S2) et au stress cycliques (S11 et S22). Les valeurs suivies des lettres différentes sont significativement différentes à $P < 0,05$, n=5 (moyenne ± SD). **C**: capacité au champ (100% CC) ; **S1**: 60% CC ; **S2**: 20% CC ; **S11**: le sol est re-irrigué à 60% CC et **S22**: le sol est re-irrigué à 20%.

Chez 'Bardo', la teneur en cellulose augmente significativement sous stress permanents. En outre, elle accuse une élévation d'environ 60% sous S1 et S2 également, mais ne subit pas de variations significatives chez l'écotype 'Annaba' quelque soit l'intensité du stress hydrique. Les stress cycliques n'ont aucun impact sur les teneurs en cellulose chez les deux écotypes.

Tableau 5-6. Résultats des analyses de la variance (L'ANOVA; SAS). Les différences significatives sont mentionnées par les étoiles: *: effet significatif; **: effet hautement significatif; *** et ****: effets très hautement significatifs; NS: indique une différence non significative.

Variables expérimentales	DL	F	P
Cellulose (R^2= 75,3% ; $F_{(9,40)}$= 50,5 ; P=0,0001)			
Traitement (Tr)	4	25,21	0,0001****
Ecotype (Ect)	1	120,65	0,0001****
Interaction (Ect*Tr)	4	48,4	0,0001****
Hémicellulose (R^2= 71,5% ; $F_{(9,40)}$=48,2; P=0,0001)			
Traitement (Tr)	4	23,16	0,0001****
Ecotype (Ect)	1	108,66	0,0001****
Interaction (Ect*Tr)	4	41,3	0,0001****
Pectine (R^2= 69,1% ; $F_{(9,40)}$= 43,8; P=0,0001)			
Traitement (Tr)	4	28,7	0,0001****
Ecotype (Ect)	1	68,32	0,0001****
Interaction (Ect*Tr)	4	39,83	0,0001****

F: statistique de Fisher-Snedecor; DL : le nombre de degrés de liberté (d.d.l.) ; R^2 : coefficient de détermination ; P: probabilité.

5.2.6. L'hémicellulose

L'analyse de la variance des contenus foliaires en hémicellulose des deux écotypes étudiés (Tab.5-6) montre un effet écotype et un effet traitement très hautement significatifs. Contrairement à ce qui précède, la teneur en hémicellulose dans les feuilles des plants stressés de l'écotype 'Bardo' diminue sous l'effet des différents traitements (Fig.5.3 (b)). Cette réduction est plus importante sous stress cycliques où le contenu foliaire en hémicellulose diminue de 37,6 et de 30,9 % par rapport aux témoins sous S11 et S22, respectivement.

D'autre part, chez l'écotype 'Annaba', la teneur en hémicellulose diminue légèrement sous stress permanents et augmente significativement (P<0,5) sous stress cycliques. Elle subit un accroissement de l'ordre de 55 et de 68% par rapport aux témoins sous S11 et S22, respectivement.

5.2.7. La pectine

L'analyse de la variance des teneurs foliaires en pectine montre un effet traitement et un effet écotype très hautement significatifs (Tab.5-6). L'intensité du stress hydrique appliqué a un impact considérable sur le contenu foliaire en pectine (Fig.5.3(c)). En effet, la teneur en pectine augmente hautement et significativement (P 0,01) sous stress modérés S1 et S11 chez l'écotype 'Annaba', où elle est 3 fois plus importante que celle déterminée chez le témoin. Par contre chez l'écotype 'Bardo' nous enregistrons une augmentation de cette teneur de l'ordre de 200% par rapport au témoin sous l'effet des stress sévères S2 et S22.

5.2.8. Composition en sucres neutres des fractions foliaires d'hémicellulose et de pectine

Selon les résultats précédents, l'intensité du stress imposé (permanant ou cyclique) a un effet considérable sur la composition de la paroi cellulaire et particulièrement sur les fractions foliaires d'hémicellulose et de pectine qui présentent des variations importantes. A cet effet, les deux écotypes présentent un comportement analogue (Fig.5.3).

Afin d'évaluer les causes de ces variations au niveau de la composition de la paroi cellulaire, nous avons adopté l'analyse de la composition en sucres neutres des fractions d'hémicellulose et de pectine des plants stressés de deux écotypes 'Annaba' et 'Bardo' (Figs.5.4 et 5.5). Nos résultats suggèrent que dans ces deux fractions pariétales (hémicellulose et pectine), les stress hydrique sévères, S2 et S22, n'ont aucun effet significatif sur la composition en sucres neutres dans les parois cellulaires de L. *nobilis* (Fig.5.4).

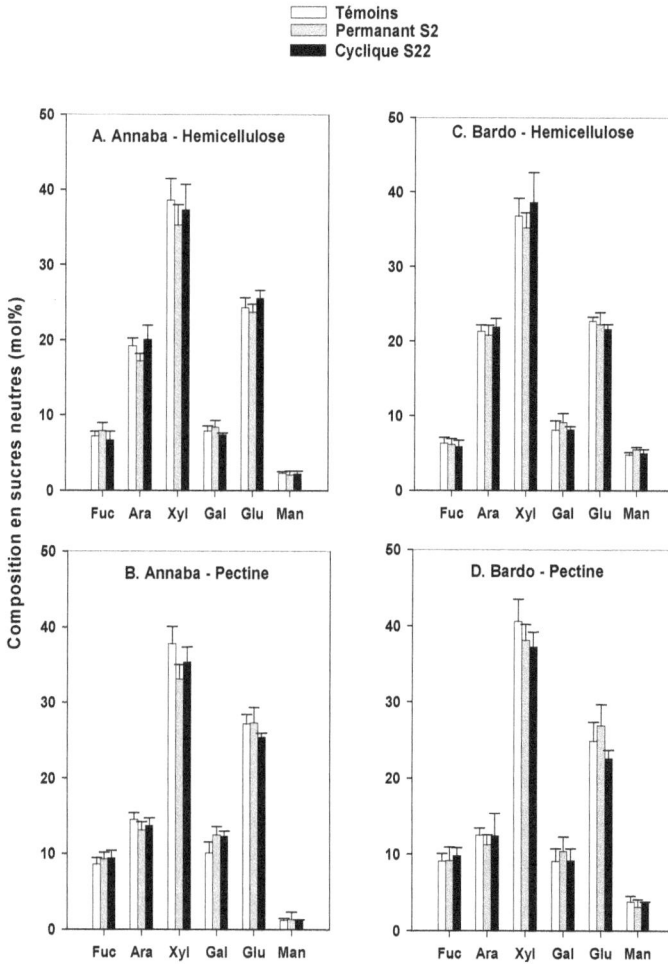

Figure 5.4. Variation de la composition en sucres neutres dans les fractions foliaires d'hémicellulose (A et C) et de pectine (B et D) chez les deux écotypes de *Laurus nobilis* L. ('Annaba' et 'Bardo') exposés pendant 90 jours au traitement témoins (C), au stress sévère permanant (S2) et cyclique (S22). Fuc, fucose; Ara, arabinose; Xyl, xylose; Gal, galactose; Glc, glucose; Man, mannose, n=5 (moyenne ± SD). **C**: capacité au champ (100% CC) ; **S1**: 60% CC ; **S2**: 20% CC ; **S11**: le sol est re-irrigué à 60% CC et **S22**: le sol est re-irrigué à 20%.

159

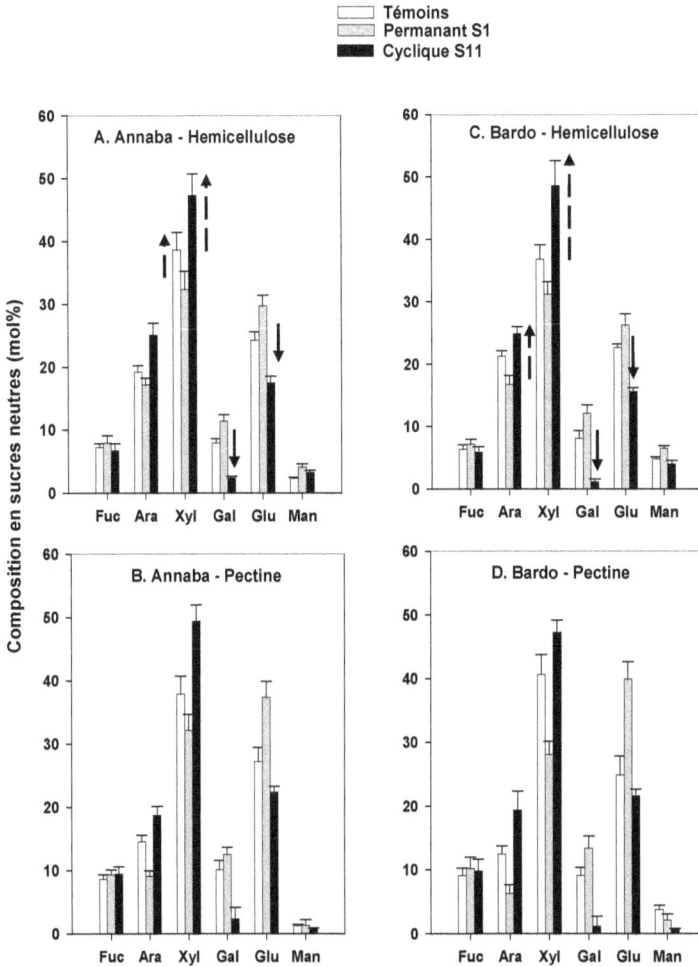

Figure 5.5. Variation de la composition en sucres neutres dans les fractions foliaires d'hémicellulose (A et C) et de pectine (B et D) chez les deux écotypes de *Laurus nobilis* L. ('Annaba' et 'Bardo') exposés pendant 90 jours au traitement témoins (C), au stress modérés permanent (S1) et cyclique (S11). Fuc, fucose; Ara, arabinose; Xyl, xylose; Gal, galactose; Glc, glucose; Man, mannose, n=5 (moyenne ± SD). **C**: capacité au champ (100% CC) ; **S1**: 60% CC ; **S2**: 20% CC ; **S11**: le sol est re-irrigué à 60% CC et **S22**: le sol est re-irrigué à 20%.

160

En revanche, sous stress modéré cyclique S11, l'arabinose et le xylose s'accumulent chez toutes les plantes indépendamment de leur écotype (une augmentation par rapport aux témoins d'environ 22% pour le xylose), tandis que les proportions de galactose et de glucose diminuent quasiment. Cette réduction varie de 70% à 90% par rapport aux témoins (Fig.5.5). L'inverse est observé sous stress modéré permanant S1. En effet, les proportions en arabinose et en xylose diminuent par rapport aux témoins. Par contre, celles en galactose et en glucose sont stimulées. Nous notons que l'accumulation du galactose accuse une augmentation d'environ 45% pour les deux fractions.

> **Variation de l'acide uronique dans les fractions foliaires d'hémicellulose et de pectine**

Tableau 5.7 : Les contenus en acide uronique (Ac U) dans les fractions d'hémicellulose (H) et de pectine (P) chez les plants stressés de deux écotypes de *Laurus nobilis* L ; (A): 'Annaba'; (B): 'Bardo'. exposés pendant 90 jours au traitement témoins (C), aux stress permanant (S1) ou cyclique (S11), n=5 (moyenne ± SD).

Traitements	Fractions	Ac U (%) (A)	Ac U (%) (B)
Témoins	P	45,2 b	45,3 b
	H	16,8 d	17,1 d
S1	P	55,1 a	55,3 a
	H	17,3 d	17,8 d
S11	P	53,9 a	54,2 a
	H	25,1 c	25,2 c

Le contenu en acide uronique varie en fonction du traitement et de la fraction pariétale (d'hémicellulose ou pectine) (Tab.5.7). Indépendamment de l'écotype étudié, l'accumulation de l'acide uronique dans la fraction pectique est stimulée sous les régimes hydriques S1 et S11. En effet, elle passe de 45% chez les témoins à 55,1 et à 53,9% sous S1 et S11, respectivement. Toutefois, dans la fraction d'hémicellulose, le contenu en acide uronique demeure constant sous stress permanant S1 et augmente sous S11 (25,1% par rapport à 16,8% chez les plants témoins).

5.3. Impact du stress hydrique sur l'activité β-glucanase

La figure 5.6 illustre l'activité β-glucanase chez les deux écotypes étudiés. Les plants témoins ont des activités enzymatiques semblables, aux alentours de 1,3µg glucose/mg MF. Cette activité β-glucanase diminue significativement (P<0,05) sous stress permanent (S1 et S2) chez l'écotype 'Bardo'. Elle est de l'ordre de 60% par rapport aux témoins. En revanche, nous constatons que chez l'écotype 'Annaba', l'activité β-glucanase ne diminue que sous stress cycliques (S11 et S22). Cette diminution est d'environ 43% par rapport aux témoins.

5.4. DISCUSSION

Nous avons vu dans le chapitre 4 que le potentiel osmotique, Ψ_{Π}, (potentiel mesuré sur la sève tissulaire foliaire) et le potentiel osmotique à la pleine turgescence, Ψ_{Π}^{100}, (obtenu à partir des courbes P-V) diminuent beaucoup plus chez l'écotype 'Annaba' que chez l'écotype 'Bardo'. Ces données nous permettent de déduire que l'écotype 'Annaba' a la capacité la plus élevée de réduire le potentiel osmotique interne.

Les résultats présentés dans ce chapitre décrivent la régulation de l'élasticité de la paroi cellulaire et l'ajustement osmotique, ainsi que les différents osmolytes impliqués dans cette dernière fonction importante pour la plante exposée au stress hydrique. L'analyse d'un certains nombres de paramètres nous a permis de dégager une variabilité dans la réponse selon l'écotype, la nature (permanant ou cyclique) du stress et le traitement appliqué.

Nos résultats montrent que sous stress hydrique, l'écotype 'Bardo' est incapable d'accumuler la proline dans ses feuilles alors que l'écotype 'Annaba' l'accumule en grande quantité, atteignant 1200% par rapport à celle des témoins, sous stress sévère S2. Adjab (2002) a montré que les teneurs les plus élevées en proline sont enregistrées sous des conditions hydriques prononcées.

162

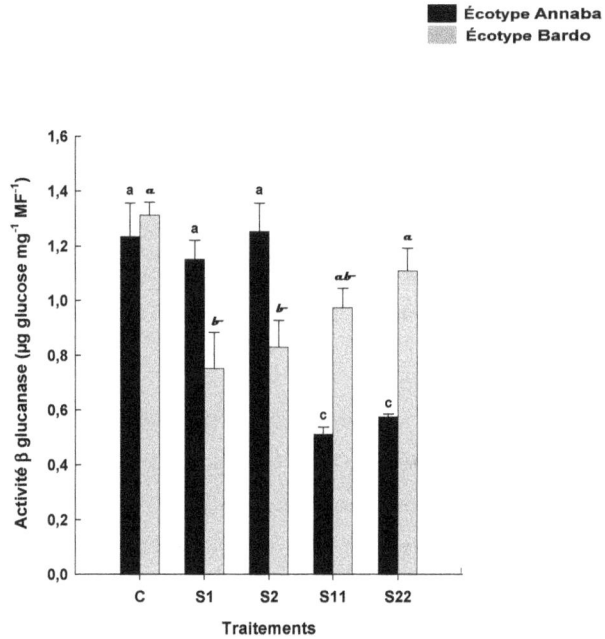

Figure 5.6. Variation de l'activité β-glucanase dans les feuilles de deux écotypes de *Laurus nobilis* L. exposés durant 90 jours au traitement témoins (C), au stress permanents (S1 et S2) et au stress cycliques (S11 et S22). Les valeurs suivies des lettres différentes sont significativement différentes à $P < 0,05$, n=5 (moyenne ± SD). **C**: capacité au champ (100% CC) ; **S1**: 60% CC ; **S2**: 20% CC ; **S11**: le sol est re-irrigué à 60% CC et **S22**: le sol est re-irrigué à 20%.

Cette accumulation importante et rapide est mise en évidence chez plusieurs espèces, particulièrement chez l'eucalyptus microtheca F. Muell (Chunyang et Kaiyun, 2003), *Myrtus communis L., Pinus halepensis* Mill. (Diamantoglou et Rhizopoulou., 1992) et dans les nodules de *Vigna radiata* (Hooda et al., 1999).

Il faut signaler que cet acide aminé joue des fonctions physiologiques multiples, telle que l'osmorégulation, une source d'énergie et d'azote, et un signal de sénescence (Aspinall et Paleg, 1981). Il aide à maintenir un équilibre osmotique au niveau cellulaire dans des conditions de déshydratation (Bray et al., 2000), de sorte que la turgescence et les processus dépendant de la turgescence permettent l'accroissement cellulaire, la croissance de la plante au cours de stress hydrique sévère, l'ouverture partielle des stomates et l'assimilation de CO_2 même à des valeurs très faibles de potentiel hydrique (Pugnaire et al., 1994).

A côté de la proline, la glycine bétaine joue un rôle assez important dans l'ajustement osmotique chez les deux écotypes de L. *nobilis*. Elle accuse des variations importantes en fonction de la nature du déficit hydrique. Ce composé d'ammonium quaternaire s'accumule beaucoup plus sous stress permanents que sous stress cycliques (Fig.5.2 (b)). Il est multiplié par 5 chez l'écotype 'Annaba' sous régime sévère S2. Chez l'épinard, l'orge, et *Festuca arundinacea,* la glycine betaine est capable de s'accumuler à des niveaux relativement élevés (24 µmol g^{-1}MF) dans les chloroplastes tandis que chez d'autres espèces, tels que l'*Arabidopsis thaliana* et le tabac, ce composé ne se produit pas (Sakamoto et Murata, 2002). En plus, de son rôle direct dans l'ajustement osmotique, la glycine bétaine intervient dans la protection des molécules, renforce l'intégrité membranaire et la conformation des protéines. Elle joue aussi le rôle de capteur des radicaux libres, protégeant les tissus du stress oxydatif.

Le métabolisme des hydrates de carbone est également affecté sous contrainte hydrique (Ildiko et Galiba, 1995), avec une variation dans l'accumulation des sucres solubles totaux. En effet, nos résultats révèlent que les deux écotypes accumulent différemment les sucres totaux solubles. L'écotype 'Bardo' réagit par une augmentation de 30% des sucres en présence d'un déficit hydrique cyclique modéré et sévère. Cette accumulation n'est autre qu'un phénomène d'adaptation à la sécheresse (Kameli et Losel, 1995), permettant à la plante de maintenir une intégrité cellulaire élevée (Bensalem, 1993). Ce comportement est également remarqué chez des arbres adultes *d'eucalyptus microtheca* F. Muell (Chunyang et *al.*, 2003) et de *Quercus ilex* L. (Pesoli et *al.*, 2003). A l'inverse, chez 'Annaba', une baisse assez importante des contenus en sucres totaux solubles est observée sous les différents traitements hydriques. C'est surtout le régime sévère S2 qui a engendré la forte réduction (50%). Ceci pourrait être expliqué par une orientation des sucres vers les racines (organes puits) contribuant au maintien, voire à l'augmentation de la croissance de celles-ci (INRA, 2000). Dans ce sens, nous observons que sous stress hydrique, les réserves amylacées sont progressivement utilisées et pourraient être un facteur de tolérance au manque d'eau. Par ailleurs, le stress hydrique altère la compartimentation en faveur de la synthèse du saccharose, qui est attribuée d'une manière exclusive à l'activation de la Saccharose Phosphate Synthase (SPS), par une phosphorylation réversible des protéines (Kim et *al.*, 2000; Mastrangelo et *al.*, 2000). Les sucres solubles sont aussi des osmoprotecteurs, ils stabilisent les protéines et les membranes notamment chloroplastiques et mitochondriales (Bewley, 1979 ; Carpenter et *al.*, 1990).

L'accumulation des solutés organiques (sucres, proline, glycine bétaine…) semblent jouer un rôle très important dans le maintien d'une pression de turgescence par une diminution du potentiel hydrique, c'est une forme d'ajustement du potentiel osmotique (Monneveux, 1989). Ce type de tolérance permet à la plante d'assurer normalement ses fonctions physiologiques malgré une dégradation de son état hydrique interne sous l'effet de la sécheresse (De Raissac, 1992).

Généralement, le stress hydrique n'a pas un impact sur la nutrition minérale. En réalité, chez 'Bardo', seulement la concentration d'ammonium (NH_4^+) endogène augmente fortement sous stress hydrique (3 fois plus sous régime S2). Cette augmentation devrait refléter des troubles métaboliques au niveau de l'assimilation de l'azote. Cependant, plusieurs chercheurs montrent que la photosynthèse est fortement influencée par la teneur d'azote foliaire. Les feuilles dont les concentrations en azote sont élevées présentent un taux de photosynthèse nette maximum, ainsi qu'une grande efficience de carboxylation (Lawlor et *al.*, 1987; Sinclair et Horie, 1989). Contrairement à l'écotype 'Bardo', les concentrations de NH_4^+ et du Phosphore sont maintenues chez l'écotype 'Annaba'. Le Phosphore, à son tour a des effets positifs sur la croissance des plantes en conditions de sécheresse. Ces effets sont attribués à une augmentation de l'efficience d'utilisation de l'eau, de la conductance stomatique (Brück et *al.*, 2000), et de la photosynthèse (Ackerson, 1985). Chez l'écotype 'Annaba', le contenu en calcium (Ca^{2+}) est nettement réduit, essentiellement sous stress sévère S2 et S22. Ceci est remarqué chez plusieurs espèces comme le maïs (Kaya et *al.*, 2006). Par contre, Ca^{2+} ne subit pas de variations significatives en fonction des traitements hydriques chez 'Bardo' (Tab.5-3). Nous suggérons ainsi qu'il ne joue aucun rôle osmotique au cours du stress.

De nombreux travaux ont signalé que, le déficit hydrique entraîne des modifications dans la composition de la paroi cellulaire (Iraki et *al.*, 1989; Wakabayashi et *al.*, 1997). La cellulose a une structure relativement rigide qui contribue au maintien de la structure de cette paroi (Darvill et *al.*, 1980). Cette fraction ne subit pas de variations significatives chez 'Annaba', mais sa teneur augmente sous l'effet des stress permanents chez l'écotype 'Bardo' (Fig.5.3 (a)). Le contenu en cellulose est en étroite corrélation avec la résistance des parois cellulaires (Kokubo et *al.*, 1989). Une diminution de la synthèse de cellulose sous déficit hydrique a été rapportée chez le coton (Zhong et Laüchli, 1988 et 1993), le vigne (Sweet et *al.*, 1990) et l'épinette blanche (Zwiazek, 1991).

Les stress hydriques cycliques (S11 et S22) réduisent sensiblement la synthèse des polysaccharides hémicellulosiques chez 'Bardo' mais, ils la stimulent chez l'écotype 'Annaba'. Cependant, les stress permanents (S1 et S2) présentent un effet dépressif sur cette fraction chez les deux écotypes. Selon Munõz et *al.* (1993) l'accumulation d'hémicellulose conduit à une rigidité cellulaire accrue chez *Triticum aestivum*. Cet effet est confirmé par les travaux de Wakabayashi et *al* (1997) sur la même espèce.

La masse moléculaire des polysaccharides hémicellulosiques est liée à l'état visqueux de la paroi cellulaire. Elle est donc impliquée dans la régulation de l'extensibilité mécanique de cette dernière surtout chez les graminées (Hoson, 1998). Les hémicelluloses ont été toujours considérées comme déterminants majeurs des propriétés mécaniques de la paroi cellulaire. Elles constituent les composés les plus importants de la fraction matrice qui établissent des liens au sein de l'architecture de la paroi cellulaire (Sakurai, 1991; Carpita et Gibeaut , 1993).

La teneur en pectine varie avec l'intensité du stress. Elle augmente sous stress sévères (S2 et S22) chez 'Bardo' et sous stress modérés (S1 et S11) chez 'Annaba' (Fig.5.3 (c)). L'augmentation des teneurs en pectine sous stress hydrique pourrait être le résultat soit de la stimulation de la synthèse ou de l'inhibition de la dégradation des polysaccharides de la paroi cellulaire (Hossain et *al.*, 2006). L'une des possibilités d'améliorer la tolérance à la sécheresse, peut être liée à une augmentation de la synthèse des chaînes latérales de la pectine, qui peuvent agir comme agents gélifiants ainsi que comme antidesséchants (Leucci et *al.*, 2008). La composante pectique est, en général, moins rigide que le réseau d'hémicellulose et de cellulose. Elle transporte des groupements fonctionnels sur sa chaîne principale et possède plus de chaînes latérales souples que ce réseau. Les pectines interagissent plus fortement avec l'eau. La modification de la porosité des parois, par augmentation des substances pectiques (Baron-Epel et *al.*, 1988), peut également faciliter la prévention contre la déshydratation des cellules en protégeant le contenu en eau symplastique (Leucci et *al.*, 2008). Il en résulte que, sous l'effet de la pression de turgescence, les parois des cellules primaires gonflent ou rétrécissent. Cet effet, est dû, en grande partie, à la fraction pectique qui possède des groupements méthyle réduits estérifiés (Knox, 2008).

D'autres contraintes environnementales, comme le froid, ont conduit à une augmentation accrue des pectines dans les parois cellulaires (Kubacka-Zębalska et Kacperska, 1999).

La composition en sucres neutres dans les fractions d'hémicellulose et de pectine indique que l'xylose, l'arabinose, le glucose et le galactose sont les principaux sucres dans les feuilles des plants stressés de *laurus nobilis*. Ces sucres sont libérés des chaînes de β-glucan et d'arabinoxylane qui sont les principaux polysaccharides hémicellulosiques (Darvill et *al.*, 1980; Shibuya, 1984).

La contrainte hydrique (S11) induit l'augmentation des contenus en acide uronique, en arabinose et en xylose dans la fraction pectique des deux écotypes 'Annaba' et 'Bardo'. Ceci pourrait être directement lié aux capacités de rétention de l'eau par la paroi cellulaire comme l'a suggéré, précédemment, par Femenia et *al.* (2000). En outre, le contenus en arabinoxylane est étroitement corrélé avec la rigidité des parois cellulaires (Kawamura et *al.*, 2000). Kubacka-Zębalska et Kacperska (1999) ont suggéré que les chaînes latérales de rhamnogalacturonanes, composés d'arabinanes, de galactanes et d'arabinogalactanes interagissent avec d'autres composants de la paroi cellulaire, ce qui renforce le cadre cellulose-hémicellulose dans les parois cellulaires des dicotylédones (Carpita et Gibeaut, 1993). L'augmentation marquée du rapport arabinose/galactose dans la fraction pectique peut indiquer un raccourcissement dans la chaîne latérale galactane des pectines (Kubacka-Zębalska et Kacperska, 1999). Par contre, le stress permanant S1 induit l'accroissement des proportions en galactose et en glucose dans les fractions d'hémicellulose et de pectine chez les écotypes 'Annaba' et 'Bardo'. Les teneurs élevées du glucose dans les pectines ont, également, été trouvées chez les épicotyles de *Cicer arietinum* (Munõz et *al.*, 1993), *Picea glauca* (Zwiazek, 1991; Renault et Zwiazek, 1997) et le melon (Rose et *al.*, 1998).

L'activité β-glucanase (enzyme qui hydrolyse les polysaccharides totaux au niveau de la paroi cellulaire) est inhibée significativement sous stress permanents chez l'écotype 'Bardo' et en réponse aux stress cycliques chez l'écotype

'Annaba' (Fig.5.5). L'inhibition de cette enzyme peut augmenter la masse moléculaire des polysaccharides pariétaux à travers le blocage de la biosynthèse du β-glucan ce qui augmente la rigidité de la paroi cellulaire (Hossain et *al.*, 2006).

5.5. Conclusion

A la lumière de résultats obtenus, nous pouvons conclure que le maintien de la turgescence est une condition principale qui garantie une activité et une croissance normale des cellules sous faible disponibilité d'eau. Le maintien de cette turgescence chez les deux écotypes de L. *nobilis* ('Annaba' et 'Bardo') est rendu possible grâce au phénomène d'ajustement osmotique qui est liée à la capacité, de cette espèce, à accumuler, au niveau symplastique et de manière active: la proline, la glycine bétaine, les sucres totaux solubles et les ions inorganiques. Ce fait permet à ces deux écotypes de garder une turgescence et un volume cytosolique aussi élevés que possible. Néanmoins, il faut signaler que les modalités d'ajustement osmotique varient en fonction de l'écotype et même avec l'intensité du stress appliqué. Les variations, dans la quantité et la composition des pectines ainsi que dans la composition des hémicelluloses, indiquent que les parois cellulaires des feuilles de L. *nobilis* sont l'objet d'une réorganisation structurelle importante durant le déficit hydrique. Cette réorganisation structurelle est, elle-même, modifiée selon l'écotype et l'intensité du stress imposé.

CHAPITRE 6

VARIATION DE LA COMPOSITION DES HUILES ESSENTIELLES DE *LAURUS NOBILIS* CULTIVE SOUS CONTRAINTE HYDRIQUE.

CHAPITRE 6: Variation de la composition des huiles essentielles de *Laurus nobilis* cultivé sous contrainte hydrique.

6.1. Introduction

La production et la composition des substances et des métabolites secondaires peuvent être altérées par les facteurs environnementaux (Petropoulos et *al.*, 2008). Ainsi, chez les plantes aromatiques, le déficit hydrique est considéré comme un facteur majeur affectant de nombreux aspects physiologique et biochimique (Charles et *al.*, 1994). Sous l'effet d'un stress modéré, la biosynthèse des métabolites, qui empêchent l'oxydation, augmente dans les cellules. Un stress hydrique sévère diminue nettement le rendement en huiles essentielles (Farahani et *al.*, 2009).

Nous avons suivi les modifications chimiques induites par les divers traitements appliqués aux deux écotypes 'Annaba' et 'Bardo' durant la période 2005-2006. Ainsi, nous avons déterminé les variations de la composition chimiques des huiles essentielles, sous l'effet du déficit hydrique, extraites à partir des feuilles de ces deux écotypes.

L'étude a porté sur l'analyse qualitative et quantitative de l'huile essentielle des deux écotypes sous l'effet des divers traitements hydriques (**C, S1, S2, S11 et S22**) et a visé de mettre en évidence une éventuelle variabilité dans ces deux paramètres.

6.2. Variations de la composition chimique des huiles essentielles

Les variations de la composition chimique des huiles essentielles des feuilles des deux écotypes étudiés en fonction des différents traitements appliqués, sont rapportées dans le tableau 6.1.

En réalisant cette étude quantitative et qualitative de ces huiles essentielles, nous avons pu identifier les différents chémotypes et leurs pourcentages correspondants dans les feuilles des deux écotypes cultivés sous ces différents traitements (C, S1, S2, S11 et S22).

Il est à signaler qu'il n'est tenu compte que des principaux composés identifiés dans tous les échantillons et dépassant quantitativement 1%.

6.2.1. Caractéristiques de la composition chimique des huiles essentielles des feuilles de laurier

En considérant la totalité des constituants des huiles essentielles du laurier, nous constatons que les chromatogrammes sont qualitativement similaires pour les traitements appliqués et présentent 105 pics. Nous avons ainsi identifié, Quatre vingt six (86) composés appartenant à sept classes chimiques (Tab.6.1). Ces derniers représentent 94,8 à 87,5% de la totalité des constituants des deux écotypes 'Annaba' et 'Bardo', respectivement.

Nous constatons que les huiles essentielles analysées sont caractérisées par une nette prédominance des composés oxygénés essentiellement les monoterpènes puis les sesquiterpènes et les phénylpropanoïdes.

L'analyse de ces huiles réalisée par GC et GC/MS (Figs.6.2 et 6.3) révèle qu'elles sont caractérisées par un pourcentage élevé en monoterpènes (1,8-cinéole, le linalool et le α-terpinyl acetate) de 74 et 49,2% respectivement chez les écotypes 'Annaba' et 'Bardo'. Nous notons que ces monoterpènes sont principalement composées du 1,8-cinéole, avec des proportions plus ou moins différentes. En effet, nous remarquons que l'écotype 'Annaba' présente un pourcentage en 1,8-cinéole (40,9%) plus important que celui déterminé chez l'écotype 'Bardo' (12,8%). La composition en huiles essentielles du laurier est, majoritairement, à base de monoterpènes oxygénés dont le pourcentage est généralement supérieur à 50%. Les huiles essentielles (HE) des feuilles de l'écotype 'Annaba' présente un pourcentage plus élevé en monoterpènes oxygénés (57%) que celles des feuilles de l'écotype 'Bardo' (31,3%).

Tableau 6.1: Composition chimique (%) de l'huile essentielle des feuilles des deux écotypes de *Laurus. Nobilis,* 'Annaba' (A) et 'Bardo' (B), en fonction des différents traitements hydriques. **C** : capacité au champ (100% CC) ; **S1** : 60% CC ; **S2** : 20% CC ; **S11** : le sol est re-irrigué à 60% CC et **S22** : le sol est re-irrigué à 20%.

Tps (min)	IK	Composés	Classes	CA	S1A	S2A	S11A	S22A	CB	S1B	S2B	S11B	S22 B
8,43	924	α-thujene	MH	0,51	0,61	0,31	0,33	0,43	0,43	0,43	0,43	0,43	0,43
8,72	933	α-pinene	MH	0,35	0,45	0,30	0,33	0,45	0,24	0,56	0,58	0,35	0,32
8,92	941	**Camphene**	**MH**	**2,35**	**2,89**	**1,74**	**2,61**	**1,18**	**2,59**	**6,94**	**0,68**	**0,79**	**0,53**
9,38	955	n.i	MH	0,14	0,30	0,29	0,45	0,60	0,56	0,48	2,53	19,76	0,41
10,19	977	**Sabinene**	**MH**	**5,55**	**4,84**	**3,74**	**4,53**	**3,79**	**2,94**	**4,39**	**4,42**	**2,28**	**4,42**
10,25	981	**β-pinene**	**MH**	**3,56**	**4,86**	**2,82**	**4,10**	**4,42**	**3,81**	**7,15**	**7,72**	**0,23**	**4,56**
10,72	992	Myrcene	MH	0,44	0,24	0,19	0,48	0,19	0,32	0,27	tr	14,89	0,39
11,14	1002	α-Phellandrene	MH	0,52	0,54	0,29	0,36	0,25	0,25	tr	0,24	tr	0,31
11,34	1008	Δ-3-Carene	MH	0,36	0,41	0,32	0,22	0,18	-	0,42	0,30	0,35	0,44
11,55	1015	α-terpinene	MH	0,48	0,51	0,32	0,40	0,29	0,24	0,22	0,13	0,30	0,34
11,78	1022	O-Cymene	MH	0,19	tr	tr	tr	tr	tr	tr	0,10	0,23	tr
11,85	1023	P-Cymene	MH	tr	0,28	tr	tr	0,14	tr	0,14	tr	tr	0,25
11,91	1027	Limonene	MH	tr	tr	1,42	tr	1,92	1,06	1,97	tr	1,59	tr
12,17	1030	**1,8-Cineole**	**MO**	**40,97**	**41,47**	**41,67**	**35,48**	**22,12**	**12,88**	**14,93**	**20,8**	**38,78**	**34,03**
12,55	1047	E-β-Ocimene	MH	0,12	tr	tr	tr	tr	tr	tr	tr	tr	tr
12,93	1058	Y-terpinene	MH	0,69	0,76	0,47	0,61	0,39	0,39	0,52	0,31	0,49	0,52
13,20	1067	cis-Sabinene hydrate	MO	0,15	0,14	-	0,15		0,08	-	0,08	-	0,16
13,86	1087	**Iso-terpinolene**	**MH**	**1,23**	**0,91**	**0,60**	**0,97**	**1,20**	**1,08**	**0,38**	**0,91**	**0,27**	**0,93**
14,26	1098	**Linalool**	**MO**	**4,76**	**3,37**	**3,13**	**1,59**	**0,55**	**3,12**	**0,78**	**4,89**	**0,48**	**5,90**
14,34	1102	E-Sabinene hydrate	MO	tr	tr	tr	tr	tr	tr	tr	tr	tr	tr
14,94	1122	cis-p-menth-2-en-1-ol	MO	tr	tr	tr	tr	tr	tr	tr	tr	tr⁻	tr
15,12	1127	n.i	MO	0,16	tr	tr	tr	tr	tr	0,17	tr	tr	tr
15,14	1128	n.i	MO	tr	0,16	tr	0,18	0,19	tr	0,34	tr	0,64	0,20
15,52	1140	Trans-pinocaveol	MO	0,2	tr	tr	tr	tr	tr	tr	tr	tr	tr
16,01	1156	n.i	MO	tr	tr	tr	tr	tr	tr	tr	tr	tr	tr
16,35	1167	p-mentha-1,5-dien-8-ol	MO	0,33	0,38	0,23	0,32	0,49	0,49	tr	0,33	tr	0,52
16,70	1178	**Terpinen-4-ol**	**MO**	**1,14**	**1,47**	**1,20**	**1,00**	**0,45**	**0,70**	**0,33**	**0,61**	**tr**	**1,51**
17,10	1191	**α-terpineol**	**MO**	**1,00**	**2,81**	**0,91**	**1,63**	**3,48**	**2,87**	**0,31**	**1,00**	**tr**	**2,20**
17,31	1198	Methyl chavicol	OPrB	0,18	tr	tr	tr	tr	tr	tr	tr	tr	0,04
17,33	1208	n.i	MO	tr	tr	tr	tr	tr	tr	tr	tr	tr	tr
17,63	1211	n.i	MO	tr	tr	tr	tr	tr	tr	tr	tr	tr	tr
18,20	1229	Nerol	MO	0,17	0,18	tr	tr	tr	tr	0,16	tr	0,16	0,21
18,30	1231	n.i	MO	0,10	tr	tr	tr	tr	tr	tr	tr	tr	tr
18,98	1255	Linalyl acetate	MO	0,17	0,10	tr	tr	tr	0,1	tr	tr	tr	tr
19,50	1275	4-Thyjen-2 α-yl acetate	MO	0,40	0,10	tr	tr	tr	0,14	tr	0,05	tr	0,15
19,96	1287	bornyl acetate	MO	0,11	0,19	0,45	0,2	0,21	0,85	tr	0,80	tr	0,55
20,13	1293	2-Undecanone	MO	tr	tr	tr	tr	tr	0,05	tr	tr	tr	0,04
20,63	1310	δ-terpinyl acetate	MO	tr	tr	tr	tr	tr	tr	tr	tr	tr	tr
20,85	1318	Neo-verbenol acetate	MO	0,14	tr	0,17	0,10	tr	0,19	tr	0,13	tr	0,13
21,12	1327	Cis-Isosafrole	MO	tr	tr	tr	tr	tr	tr	tr	tr	tr	tr
21,21	1330	n.i	MO	tr	tr	tr	tr	tr	0,23	0,10	0,17	tr	tr
21,49	1339	Bicycloelemene	SH	0,12	0,28	0,26	0,30	0,30	1,21	0,56	1,11	tr	0,46
21,58	1343	Terpene-4-ol acetate	MO	tr	tr	tr	tr	tr	tr	tr	tr	tr	tr
21,80	1352	**α-terpinyl acetate**	**MO**	**7,36**	**6,59**	**8,18**	**6,85**	**7,23**	**9,45**	**9,32**	**11,1**	**9,03**	**10,54**
22,08	1360	**Eugenol**	**OPrB**	**2,39**	**3,51**	**1,66**	**3,16**	**1,99**	**5,83**	**7,23**	**2,68**	**7,05**	**3,32**
22,47	1375	α-ylangene	SH	0,17	0,37	tr	tr	0,15	tr	0,10	tr	tr	tr
22,49	1376	α-Copaene	SH	0,33	tr	tr	tr	tr	0,53	tr	0,25	tr	0,10
22,83	1388	β-cubebene	SH	0,16	0,15	0,16	0,26	0,32	0,62	0,54	0,46	0,44	0,35
23,04	1395	**β-Elemene**	**SH**	**1,37**	**1,44**	**1,68**	**2,51**	**2,84**	**6,84**	**5,57**	**4,84**	**0,30**	**3,43**
23,15	1399	β-longipinene	SH	tr	tr	tr	tr	tr	tr	tr	tr	tr	tr
23,41	1406	**Methyl Eugenol**	**OPrB**	**6,00**	**6,06**	**tr**	**5,83**	**tr**	**1**	**tr**	**2,66**	**tr**	**3,35**
23,58	1411	caryophyllene	SH	0,13	0,2	0,13	0,28	0,12	0,73	0,37	0,39	0,3	0,26
23,90	1419	**β-Caryophyllene**	**SH**	**1,91**	**0,79**	**0,33**	**0,63**	**1,66**	**2,22**	**0,74**	**0,72**	**0,15**	**1,27**
24,12	1426	Epi-bicylosesquiphellandrene	SH	0,36	0,18	tr	tr	0,18	0,24	0,21	0,19	tr	0,14
24,34	1432	n.i	SH	0,8	0,78	0,7	0,40	0,76	0,95	0,89	0,70	0,39	0,39
24,58	1438	α-Guaiene	SH	0,28	0,17	tr	0,33	0,26	0,24	0,25	0,17	0,1	0,11
24,65	1440	n.i	SH	0,50	0,36	tr	tr	0,25	0,24	tr	0,21	tr	0,13
24,76	1443	Aromadendrene	SH	tr	tr	tr	tr	tr	tr	tr	tr	tr	tr
24,79	1444	E-cinnamyl acetate	OPrB	0,48	0,40	0,32	0,37	0,75	1,04	0,88	0,79	0,41	0,46
24,99	1449	E-isoeugenol	OPrB	0,40	0,40	0,14	0,17	0,19	0,44	0,27	0,36	0,17	0,14

25,18	1454	α-Humulene	SH	tr	tr	tr	tr	tr	tr	tr	tr	tr	tr
25,56	1465	Cis-Methyl isoeugenol	OPrB	tr	0,12	0,63	0,12	0,15	0,53	0,15	0,36	0,11	0,13
25,77	1471	n.i	SH	tr	0,23	0,75	0,28	0,61	0,73	0,45	0,52	tr	0,14
25,88	1474	Alloaromadendrene	SH	0,25	0,40	0,91	0,62	0,64	1,82	1,34	1,52	0,69	0,72
25,96	1476	Y-Muurolene	SH	0,17	0,14	tr	0,1	0,27	tr	tr	tr	tr	tr
26,13	1480	Germacrene D	SH	0,45	0,83	0,26	0,37	0,70	0,77	0,59	0,49	0,2	0,26
26,34	1487	β-Selinene	SH	0,50	0,45	0,40	0,34	0,40	0,72	0,46	0,49	0,33	0,30
26,54	1492	Valencene	SH	0,16	0,53	0,46	0,88	0,91	0,30	0,24	0,38	0,19	0,15
26,64	1494	α-Selinene	SH	0,17	tr	tr	tr	tr	0,74	tr	tr	tr	tr
26,65	1495	Bicyclogermacrene	SH	0,1	tr	0,51	0,53	0,29	0,1	tr	tr	0,14	0,28
26,81	1499	E-methyl isogenol	OPrB	tr	tr	tr	tr	tr	0,18	0,15	0,12	tr	tr
26,92	1505	α-Bulnesene	SH	tr	tr	tr	tr	tr	0,13	tr	tr	tr	tr
26,97	1507	*trans-trans-α*-Farnesene	SH	0,17	0,17	tr	0,49	0,45	tr	tr	tr	tr	tr
27,01	1511	n.i	SH	tr	tr	tr	tr	tr	0,18	tr	0,26	tr	0,10
27,03	1513	Y-cadinene	SH	tr	0,17	tr	tr	0,28	tr	tr	tr	tr	tr
27,25	1525	δ-Cadinene	SH	0,60	0,59	0,96	0,52	0,58	0,85	1,20	0,96	tr	0,48
27,37	1535	Z-nerolidol	SO	tr	tr	tr	tr	tr	0,14	tr	tr	tr	tr
27,46	1541	α-calacorene	SH	tr	0,10	tr	tr	0,12	tr	tr	0,44	tr	tr
27,61	1551	Elemicin	OPrB	tr	tr	tr	tr	tr	tr	tr	tr	tr	tr
27,82	1564	Ledol	SO	tr	tr	tr	tr	tr	0,1	tr	tr	tr	tr
28,02	1577	Spathulenol	SO	0,30	0,55	1,33	0,66	0,72	0,75	1,48	1,87	0,52	0,48
28,10	1582	caryophyllene oxide	SO	0,10	tr	tr	tr	0,27	tr	tr	0,11	tr	tr
28,18	1589	Globulol	SO	0,14	0,12	0,26	0,15	0,33	0,23	0,37	0,49	tr	0,15
28,28	1594	Viridiflorol	SO	0,17	0,13	tr	0,20	0,16	0,33	0,19	0,31	0,1	0,12
28,37	1600	n.i	SO	0,05	tr	0,15	0,15	0,26	0,29	0,27	0,33	0,1	0,13
28,48	1605	Humulene epoxide II	SO	tr	tr	tr	tr	tr	tr	tr	tr	tr	tr
28,67	1613	n.i	SO	tr	tr	tr	0,16	0,24	0,28	0,25	0,35	0,1	0,14
28,74	1616	10-epi-Eudesmol	ET	tr	tr	tr	tr	tr	0,18	tr	tr	tr	tr
28,90	1622	n.i	ET	tr	tr	tr	tr	tr	0,10	0,14	0,27	tr	tr
29,06	1629	-Eudesmol	ET	0,17	0,15	tr	tr	tr	tr	tr	0,12	tr	tr
29,29	1640	t-Cadinol	SO	0,12	tr	0,27	tr	0,29	0,20	0,22	0,39	0,2	0,20
29,45	1645	Cubenol	SO	0,15	0,11	0,44	0,15	0,29	0,2	0,51	0,35	tr	0,09
29,55	1649	β-Eudesmol	SO	0,15	tr	tr	0,26	0,30	0,74	0,46	0,47	0,22	0,24
29,60	1652	n.i	SO	0,47	0,13	tr	0,24	tr	0,28	tr	tr	tr	tr
29,68	1655	α-cadinol	SO	tr	0,12	0,55	0,10	0,37	tr	0,86	0,29	0,5	0,14
29,80	1661	sesquiterpène	SO	0,20	tr	0,54	0,65	0,53	0,56	0,86	0,94	tr	tr
29,85	1662	n.i	SO	0,30	0,46	0,90	tr	tr	tr	tr	tr	tr	tr
29,96	1667	n.i	SO	0,31	0,29	0,52	0,31	0,32	0,85	1,32	1,05	tr	0,44
30,51	1689	Junpier camphor	SO	tr	tr	tr	tr	tr	0,11	0,27	tr	tr	tr
30,63	1694	α-Bisabolol	SO	0,06	0,42	tr	tr	tr	tr	0,24	tr	tr	0,16
32,51	1705	α-Terpinyl acetate	ET	tr	tr	tr	tr	tr	tr	tr	tr	tr	tr
31,47	1730	sesquiterpène	SO	tr	tr	0,16	tr	tr	tr	0,50	0,11	tr	tr
32,23	1765	Geranyl acetate	ET	tr	tr	tr	tr	tr	0,30	0,71	tr	tr	0,11
33,81	1818	Dehydro sasurealactone	SL	tr	tr	0,36	tr	tr	tr	0,16	tr	tr	tr
38,87	1943	Cyclohexadecane	SL	tr	tr	tr	tr	tr	tr	0,24	0,13	0,60	tr
Total identifié				**94,8**	**96,9**	**87,2**	**86,6**	**76,3**	**87,5**	**86**	**81,5**	**77,5**	**91**
Somme des monoterpènes oxygénés MO				57	57,2	55,9	47,4	33,1	31,3	26	40,3	49,0	56
somme des phénylpropanoïdes oxygénés OPrB				9	10,6	2,7	15,3	9,6	9,3	9	7,03	7,1	8
Somme des sesquiterpènes oxygénés SO				3	2,6	5,3	5,3	4	6,0	11	8,5	1,7	3
Somme totale des composées oxygénées				**69**	**70,5**	**64,0**	**71,6**	**60,9**	**46,7**	**46**	**55,9**	**57,9**	**67**
Somme des monoterpènes hydrocarburés MH				17	17,7	15,8	15,8	15,5	17,9	22	8,9	16,0	14
Somme des sesquiterpènes hydrocarburés SH				8	7,8	7,1	7,1	9,5	22,1	16	15,9	3,5	8
Somme totale des hydrocarbures				**25**	**25,6**	**22,9**	**24,9**	**25,0**	**40,1**	**38**	**25**	**19,65**	**22**

tr: teneur 0,1%; MH:Monoterpènes Hydrocarbonés; MO:Monoterpènes Oxygénés; OPrB: Phénylpropanoïdes Oxygénés ; SH:Sesquiterpènes Hydrocarburés ; ET: Esters terpéniques; SO: Sesquiterpènes Oxygénés; SL: Sesquiterpènes Lactones.

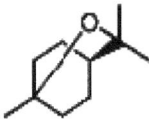

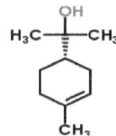

1,8-cinéole (C10H18O)   **Eugénol (C10H12O2)**   **α-pinène**

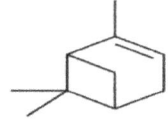

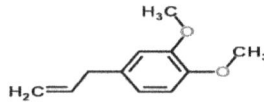

β-pinène (C10H16)   **Méthyl eugénol (C11H14O2)**   **Terpin-4-ol (C10H18O)**

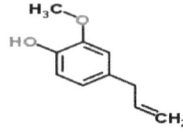

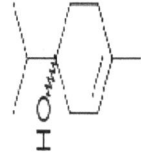

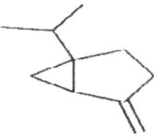

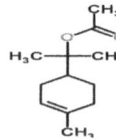

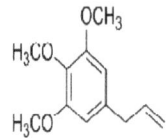

Sabinène (C10H16)   **α-terpinyl acétate (C12H20O2)**   **Linalol (C10H18O)**

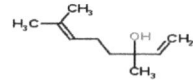

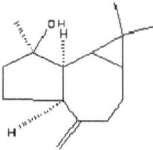

Spathulénol(C15H24O)   **(Z)-β-ocimène(C10H16)**   **(E)-β-ocimène(C10H16)**

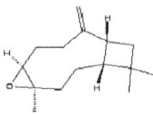

Caryophylène oxyde (C15H24O)   **Terpineol (C10H18O)**   **Elemicin (C12H16O3)**

Figure 6.1 : Squelettes carbonés de quelques composés terpéniques de l'huile essen tielle de laurier (*Laurus nobilis* L.) source : chembase.com/compound.php?cbid=10248&syslang=it; en.wikipedia.org/wiki/; www.chemspider.com/.

175

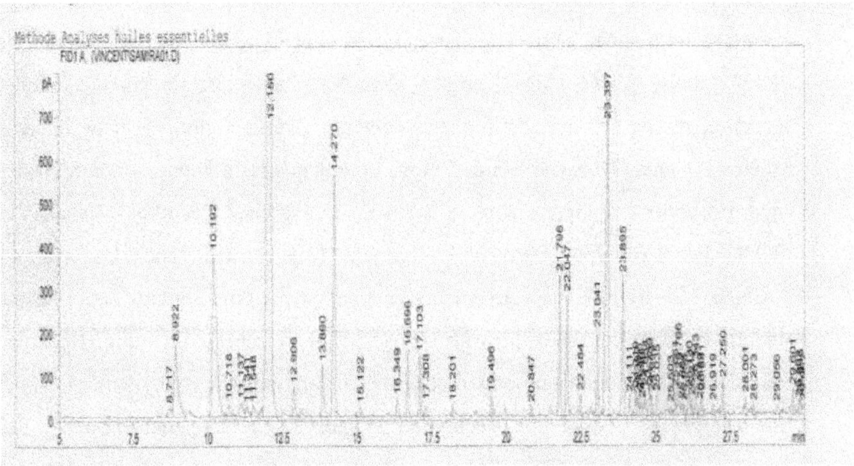

Figure 6.2: Exemple de chromatogramme d'un échantillon d'huile essentielle de la feuille de laurier noble analysée par GC

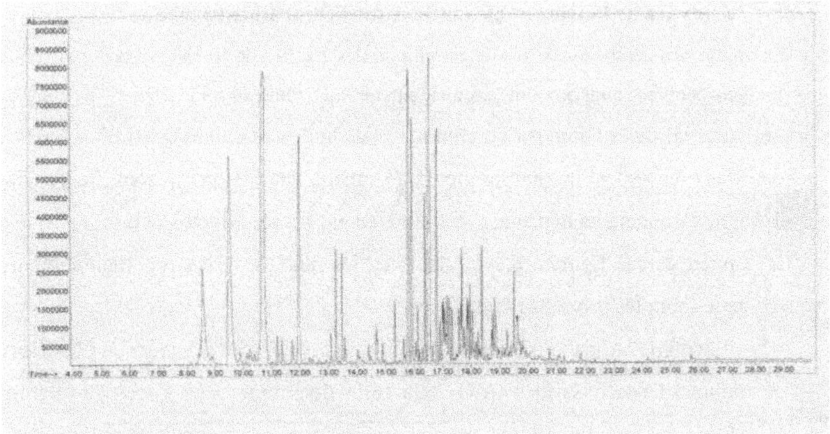

Figure 6.3: Exemple de chromatogramme d'un échantillon d'huile essentielle de la feuille de laurier noble analysée par GC/MS

176

Par ailleurs, les huiles essentielles de l'écotype 'Bardo' sont plus riches en α-terpinyl acétate, comme second composé principal, que celles de l'écotype 'Annaba'. En effet, nous enregistrons chez l'écotype 'Bardo' une valeur de 9,45% contre 7,36% chez l'écotype 'Annaba'. Par contre, le taux du méthyl eugénol, est de 6% enregistré chez l'écotype 'Annaba' alors qu'il ne dépasse guerre 1% chez l'écotype 'Bardo'. Nous notons que les composés monoterpènes hydrocarbonés principaux sont le sabinène (5,5% chez l'écotype 'Annaba' et 2,9% chez l'écotype 'Bardo'), le β-pinène (3,5 et 3,8% chez les écotypes 'Annaba' et 'Bardo', respectivement) et le camphène dont les taux sont presque identiques chez les deux provenances (≈2,5%) (Tab.6.1). En outre, l'écotype 'Bardo' contient beaucoup plus d'eugénol (5,8%), de β-caryophyllene (5,2%) et de α-terpineol (2,8%) que l'écotype 'Annaba'. Les Squelettes carbonés des principaux composés des huiles essentielles de laurier (*Laurus nobilis* L.) sont illustrés par la figure 6.1.

6.2.2. Variation de la composition des huiles essentielles des deux écotypes de laurier noble cultivés sous contrainte hydrique

La nature des composés de l'huile essentielle des feuilles de laurier n'a pas varié entre les deux écotypes quel que soit le traitement appliqué (tableau 6.1).

La variation de la composition chimique des huiles essentielles extraites à partir des deux écotypes du laurier noble ('Annaba' et 'Bardo'), sous l'effet des différents traitements hydriques, est illustrée par les figures (6.4 et 6.5)

L'examen de ces figures relevé que, chez les deux écotypes, les monoterpènes oxygénés sont les produits majoritaires.

Chez l'écotype 'Annaba', les témoins (C) ont un taux (57%) beaucoup plus élevé en monoterpènes oxygénés (MO) que celui déterminé chez l'écotype 'Bardo' (31,3%).

Les stress permanents (S1 et S2) n'ont aucun effet significatif sur les MO chez l'écotype 'Annaba'. Toutefois, ils induisent des réactions différentes chez l'écotype 'Bardo' dont la composition en MO diminue significativement sous le stress modéré S1 et augmente nettement sous le stress sévère S2 (Fig.6.5).

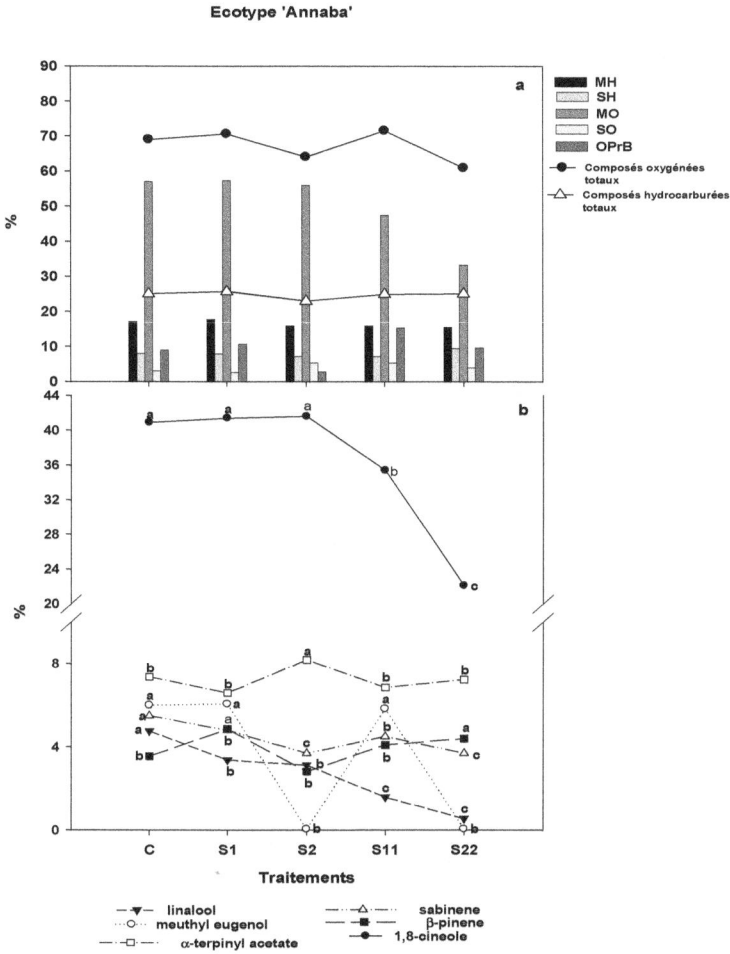

Figure 6.4 : Variations des taux des principales classes (a) et des principaux constituants (b) caractérisant les huiles essentielles contenues dans les feuilles de *laurus nobilis* (l'écotype 'Annaba') en fonction de différents traitements de stress hydrique. Les résultats sont exprimés en %. Les valeurs représentent les moyennes de 4 mesures individuelles. **C**: capacité au champ (100% CC); **S1**: 60% CC; **S2** : 20% CC; **S11**: le sol est re-irrigué à 60% CC; **S22**: le sol est re-irrigué à 20% CC. Avec MH: Monoterpènes Hydrocarbonés; MO: Monoterpènes Oxygénés; OPrB : Phénylpropanoïdes Oxygénés; SH: Sesquiterpènes Hydrocarburés; SO: Sesquiterpènes Oxygénés.

178

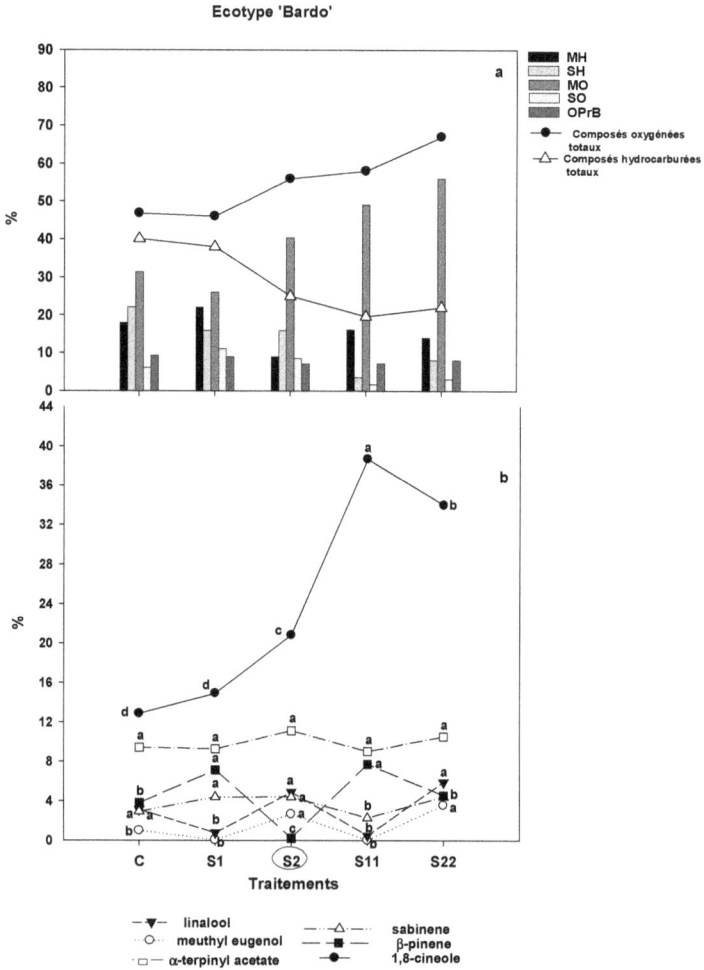

Figure 6.5 : Variations des taux des principales classes (a) et des principaux constituants (b) caractérisant les huiles essentielles contenues dans les feuilles de *laurus nobilis* (l'écotype 'Bardo') en fonction de différents traitements de stress hydrique. Les résultats sont exprimés en %. Les valeurs représentent les moyennes de 4 mesures individuelles. **C** : capacité au champ (100% CC) ; **S1** : 60% CC ; **S2** : 20% CC ; **S11** : le sol est re-irrigué à 60% CC ; **S22** : le sol est re-irrigué à 20% CC. Avec MH :Monoterpènes Hydrocarbonés ;MO :Monoterpènes Oxygénés; OPrB: Phénylpropanoïdes Oxygénés ; SH :Sesquiterpènes Hydrocarburés ; SO : Sesquiterpènes Oxygénés.

Nous signalons, également, des réponses contradictoires chez les deux écotypes sous stress cycliques (S11 et S22). En effet, les MO augmentent nettement chez l'écotype 'Bardo', où le taux de cette classe passe de 31,3% (témoin) à 49 et 56% sous les traitements S11 et S22, respectivement. Tandis que, chez l'écotype 'Annaba', ces traitements induisent une baisse de ce taux (40% sous S22).

En conséquence, chez les deux écotypes, le 1,8 cinéole, composé majoritaire des monoterpènes oxygénés, suit la même évolution que ces derniers (Figs.6.4 et 6.5). De ce fait, il diminue drastiquement sous S11 et S22 (de plus que 50%) chez l'écotype 'Annaba' et augmente considérablement sous S11 et S22 chez l'écotype 'Bardo'. Ainsi le taux de ce composé est trois fois plus important sous S11 que le taux enregistré chez le témoin.

Un comportement analogue est observé pour le linalool (composé appartenant également au groupe des MO) qui diminue largement sous stress cycliques chez l'écotype 'Annaba' (Fig.6.4) mais, en revanche, s'accumule sous stress sévère chez l'écotype 'Bardo' (Fig.6.5).

L'analyse qualitative que nous avons réalisée sur les huiles essentielles chez les deux écotypes étudiés révèle que les monoterpènes hydrocarbonés (MH), chez l'écotype 'Annaba', demeurent constants sous stress modéré S1 mais diminuent légèrement sous les traitements S2, S11 et S22. Chez l'écotype 'Bardo', le stress sévère S2 induit une diminution de plus que 50% des MH. Nous constatons que le β-pinène et à degré moindre le sabinène (composé appartenant à la classe des monoterpènes hydrocarbonés) présentent un comportement similaire à celui des MH (Figs.6.4 et 6.5). Chez les deux écotypes, le stress sévère S2 affecte significativement la biosynthèse de ces deux constituants par les feuilles. En effet, nous enregistrons une diminution de 30% sous les stress sévères (S2 et S22).

Notre analyse qualitative révèle, également, que quelque soit le traitement hydrique appliqué, le taux des sesquiterpènes hydrocarburés (SH) demeure relativement constant chez l'écotype 'Annaba'. Par contre, chez l'écotype 'Bardo', nous constatons une réduction de cette classe sous les différents traitements. Cette baisse est de 84 et 63% sous les stress cycliques S11 et S22, respectivement.

Parmi les différents classes analysées, nous remarquons que chez l'écotype 'Annaba', les Phénylpropanoïdes Oxygénés (OPrB) diminuent nettement sous stress sévère S2. Cette réduction est de 70% par rapport au témoin. Cependant ils augmentent significativement sous S1 (70%). Les OPrB varient légèrement chez l'écotype 'Bardo', où nous notons une diminution de 20% sous S2 et S11 (Fig.6.5). Nous signalons que le méthyleugénol (composé majoritaire des phénylpropanoïdes) suit la même évolution que les OPrB et ceci indépendamment de l'écotype considéré. En effet, il diminue nettement sous les stress sévères (S2 et S22) chez les deux écotypes (Figs.6.4 et 6.5).

Les sesquiterpènes oxygénés (SO) font partie des classes importantes que nous avons identifiées dans les huiles essentielles de *laurus nobilis*. Les stress hydriques permanents favorisent l'accumulation des SO chez l'écotype 'Bardo'. Cette augmentation est de 50% sous S1. Par contre, les stress cycliques (S11 et S22) induisent une diminution considérable de cette catégorie. Chez l'écotype 'Annaba', mis à part le stress modéré S1, tous les autres stress provoquent une augmentation des sesquiterpènes oxygénés (Fig.6.4).

D'une façon générale, chez l'écotype 'Annaba', les composés oxygénés totaux diminuent significativement sous les stress sévères S2 et S22 (Fig.6.4). Tandis que, les composés hydrocarburés totaux demeurent constants sous les divers traitements. Chez l'écotype 'Bardo', tous les traitements induisent une augmentation significative des composés oxygénés totaux. Par contre, ils provoquent une diminution des composés hydrocarburés totaux (Fig.6.5).

6.3. Discussion

Les résultats présentés dans ce chapitre décrivent la variation de la composition chimique des huiles essentielles des deux écotypes de laurier noble 'Annaba' et 'Bardo' en fonction de différents traitements hydriques. L'analyse d'un certains nombre de paramètres, nous permet de dégager une variabilité dans la réponse au déficit hydrique selon l'écotype et la modalité (permanant ou cyclique) du stress appliqué.

L'objectif de cette étude est de déterminer des composés qui nous permettent de distinguer entre les deux écotypes. En effet, dans cette étude, Nous avons essayé d'exploiter la variabilité de la production des terpènes dans la mise en évidence d'une variabilité génétique entre ces deux écotypes. De ce fait, nous constatons que certains composés sont présents en quantités relativement élevés, tels que les monoterpènes oxygénés (particulièrement le 1,8 cinéole) chez l'écotype 'Annaba'. En revanche, les taux des sesquiterpènes hydrocarburés sont fortement élevés chez l'écotype 'Bardo'.

Il est connue que, chez les végétaux, la biosynthèse des métabolites secondaires peut être altérée par plusieurs facteurs biotiques et abiotiques parmi lesquels le déficit hydrique est considéré comme un facteur majeur affectant de nombreux aspects du métabolisme (Charles et *al.*, 1994).

Chez les plantes aromatiques, la sécheresse peut entraîner des modifications significatives au niveau du rendement et de la composition des huiles essentielles (Petropoulos et *al.*, 2008).

Plusieurs travaux montrent que la composition en huile essentielle varie considérablement selon la fertilisation minérale du sol (Piccaglia et Marotti, 1993), l'intensité lumineuse (Li et *al.*, 1996), l'âge (Langer et *al.*, 1993), les conditions climatiques (Mathé et *al.*, 1992), la saison (Grella et Picci, 1988; Marzouki et *al.*, 2009), l'organe et la provenance (Santos-Gomes-Ferreira et Fernandes, 2001; Perry et *al.*, 1999).

Nos résultats montrent qu'un stress hydrique modéré (S1) augmente légèrement le taux (%) en huiles essentielles de l'écotype 'Annaba' (Tab.6.1).

Cette accumulation de la quantité d'huiles essentielles sous stress hydrique modéré chez l'écotype 'Annaba' est mise en évidence chez plusieurs espèces, particulièrement chez la sauge (*salvia officinalis*) (Bettaieb et *al.*, 2009), le persil

(*Petroselinum crispum*) (Petropoulos et *al.*, 2008), l'origan mexicain (*Lippia berlandieri Schauer*) (Dunford et Vazquez, 2005) et *Satureja hortensis* L. (Baher et *al.*, 2002). Selon Simon et *al* (1992), cette accumulation peut être expliquée par l'augmentation considérable de la densité des glandes à huile sous la contrainte hydrique. Cette augmentation de la densité serait probablement due à une réduction de la surface foliaire. Il en résulte, ainsi, une accumulation élevée des huiles essentielles. En outre, la stimulation de la production des huiles essentielles par le stress hydrique pourrait être due au fait que les plantes produisent des taux élevés de terpènes. Cette augmentation serait due à une faible allocation de carbone à la croissance. Ceci suggère un compromis entre la croissance et la biosynthèse des métabolites de défense. De ce fait, on peut dire que les plantes ont pu développer une stratégie de défense contre le stress hydrique par une augmentation de son contenu en huile essentielle. En effet ces dernières sont pourvues d'un pouvoir antioxydant qui lui permettent de se défendre du stress oxydatif géré par la sécheresse (Turtola et *al.*, 2003).

Par contre, nous observons une réduction significative du taux des huiles essentielles extraites des feuilles des deux écotypes du laurier 'Annaba' et 'Bardo' sous stress sévère S2, se qui prouve que le métabolisme de ces plantes est altéré. En effet, elles ne sont plus capables de supporter le stress hydrique et par conséquence leurs synthèse en terpènes chute. Des résultats similaires ont été rapportés par Farahani et *al* (2009), qui ont montré l'effet considérable du stress hydrique sévère sur la quantité des huiles essentielles extraite des feuilles de *melissa officinals*. Ils ont constaté une diminution importante dans le rendement. De même, le déficit hydrique a réduit le rendement d'huile de romarin (*Rosmarinus officinalis* L.) et de l'anis vert (*Pimpinella anisum* L.) (Singh et Ramesh, 2000; Zehtab-Salmasi et *al.*, 2001). Cette réduction importante pourrait être due à la réduction de la surface foliaire, à une baisse de la production de la chlorophylle et à une montée de l'énergie consommée par les plantes afin d'absorber l'eau et d'augmenter la densité du protoplasme (Farahani et *al.*, 2009).

Rappelons que nous avons identifié 86 composés dans les huiles essentielles de feuilles de *Laurus nobilis*, qui représentent 76 à 96% des leurs constituants totaux, et appartiennent à sept classes chimiques. Chez les témoins, des deux écotypes étudiés, les monoterpènes oxygénés représentent la classe chimique majoritaire. En effet, leurs taux sont de 57 et 31,3% chez les écotypes 'Annaba' et 'Bardo', respectivement. Les monoterpènes hydrocarbonés, avec leurs taux de 17 et 17,9% chez les écotypes 'Annaba' et 'Bardo', respectivement, constituent la deuxième classe principale. Nos résultats corroborent ceux obtenus par Marzouki et *al* (2009) chez plusieurs provenances du laurier noble.

Toutes les autres fractions, comme les phénylpropanoïdes oxygénés, les sesquiterpènes oxygénés et hydrocarbonés, les esters terpéniques et les sesquiterpènes lactones, forment des classes secondaires. La sécheresse a un effet significatif sur la teneur de ces constituants. Cette influence dépend des niveaux des traitements, du type de stress et de l'écotype. A cet égard, nous notons que par rapport au témoin, chez l'écotype 'Bardo', les stress cycliques S11 et S22 stimulent les contenus en monoterpènes oxygénés (MO). Cette augmentation peut dépasser 70% sous S22. Par contre, ces mêmes traitements diminuent considérablement la biosynthèse de ces composés chez l'écotype 'Annaba' (de plus que 50%) d'où une variabilité de la réponse au stress. D'autre part, le stress sévère S2 affecte différemment les monoterpènes hydrocarbonés et les phénylpropanoïdes oxygénés chez les deux écotypes. Nous enregistrons chez l'écotype 'Annaba', une réduction de 70% par rapport au témoin des OPrB. Tandis que, chez celui de 'Bardo', cette diminution ne dépasse guère 24%. Seulement chez l'écotype 'Bardo', nous notons une chute de plus que 50% et 20% par rapport au témoin des monoterpènes hydrocarbonés, sous stress sévères S2 et S22, respectivement.

6.4. Conclusion

A la lumière des résultats obtenus, nous pouvons conclure que les variations observées seraient liées aux fluctuations des taux des différents composés et non à l'apparition ou l'absence des autres. Dans ce contexte, Hendawy et Khalid (2005) ont rapporté que les variations du rendement et de la composition en huiles essentielles pourraient être dues à l'effet du stress hydrique sur l'activité enzymatique et l'amélioration du métabolisme.

DISCUSSION ET CONCLUSION GENERALE

Discussion et conclusion générale

La présente étude a porté sur deux écotypes de *laurus nobilis* L appartenant à deux étages bioclimatiques différents. *Laurus nobilis* est un arbre forestier, potentiellement intéressant pour son usage multiple: culinaire, ornemental, cosmétique et pharmaceutique. Les objectifs établis nous permettent de caractériser l'impact du stress hydrique sur la croissance, les caractéristiques morphologiques de jeunes plants de deux écotypes de *laurus nobilis* ('Annaba' et 'Bardo'), et d'analyser le comportement physiologique de ces deux écotypes soumis à des niveaux et des modalités différents de déficit hydrique. Ils nous permettent également de préciser l'effet de ce déficit sur les mécanismes biochimiques impliqués et de déterminer le rôle de l'alimentation hydrique sur la quantité et la qualité des huiles essentielles dans les feuilles du laurier noble.

Des paramètres physiologiques (croissance, répartition de la matière sèche entre les organes, potentiel hydrique et ses composantes, ajustement osmotique, conductance stomatique, assimilation de CO_2.....) et biochimiques (accumulation de la proline, de la glycine betaine, des sucres totaux solubles et des ions inorganiques; composition de la paroi cellulaire en cellulose, hémicellulose et en pectine ; composition en sucres neutres.....) ont été utilisés pour évaluer le comportement de chaque écotype de *laurus nobilis* sous des niveaux et des modalités différents du stress hydrique.

Ce stress affecte d'une manière analogue les différents paramètres de croissance chez les deux écotypes de *laurus nobilis*, 'Annaba' et 'Bardo' malgré qu'ils proviennent de deux étages bioclimatiques différents. En effet, l'écotype 'Annaba' originaire de l'étage subhumide n'est pas plus sensible au déficit hydrique que l'écotype 'Bardo' appartenant à l'étage semi-aride.

187

Toutefois, ce dernier présente un comportement différent vis-à-vis de la répartition de la biomasse au profit du système racinaire. Cette stratégie adoptée par l'écotype 'Bardo' favorise une redistribution de la matière sèche en faveur des racines au détriment des organes aériens (Lei et *al.*, 2006) et permet ainsi l'absorption d'eau à partir des zones les plus profondes. Cependant le gain qui en résulte demeure limité.

Par ailleurs, il n'existe pas de différence significative entre les deux écotypes, 'Annaba' et 'Bardo', dans l'assimilation nette de CO_2 sous les différents traitements. Alors que, chez les témoins, l'écotype 'Annaba' possède une assimilation photosynthétique plus importante que celle de l'écotype 'Bardo'. Les plantes originaires d'Annaba montrent clairement une efficience d'utilisation d'eau instantanée (WUEi) beaucoup plus importante que celle mesurée chez l'écotype 'Bardo'. Nos résultats suggèrent que, contrairement à *Populus davidiana* (Zhang et *al.*, 2004) et *Atriplex halimus* (Ben Hassine et *al.*, 2008), les populations de *L. nobilis* issus des zones côtières (Annaba) ne présentent pas nécessairement une stratégie de prodigue (de gaspillage) dans l'utilisation d'eau disponible. Ce comportement est accompagné par une diminution de la transpiration et une réduction nette de la conductance stomatique chez les deux écotypes sous stress hydrique permanents (S1 et S2).

Cette réduction drastique de la transpiration peut être argumentée par plusieurs explications. En effet, d'après la littérature, le xylème de *laurus nobilis* pourrait être exposé à une embolie en relation avec la vulnérabilité intrinsèque des conduits xylèmiques à la cavitation. De plus, des adaptations spécifiques devraient être mises en place pour développer des mécanismes de réparation faisant face aux dysfonctionnements xylèmiques (Salleo et *al.*, 2004; Gascó et *al.*, 2006). Il serait probable que les deux écotypes diffèrent en terme de prévention à l'embolisme et que chez l'écotype 'Annaba', les processus de cavitation sont mis en place au moment du prélèvement. Ceci peut par conséquent engendrer une diminution du taux de transpiration par rapport à l'écotype 'Bardo' (à une conductance donné).

Les deux écotypes étudiés montrent, également, un comportement contrasté en termes d'ajustement osmotique, du point de vue quantitatif et qualitatif. D'après les résultats obtenus sur le potentiel osmotique (Fig.4.4(a)) et le potentiel osmotique à pleine turgescence (Fig.4.4(b)), nous pouvons déduire que l'écotype 'Annaba' à une capacité beaucoup plus importante de diminuer son potentiel osmotique interne que l'écotype 'Bardo'.

L'accumulation de la proline sous contrainte hydrique est une réponse bien connue qui a été rapportée chez plusieurs espèces végétales (Hare et *al.*, 1998), y compris *Laurus nobilis* (Dimantoglou et Rhizopoulou, 1992). Nous montrons que l'écotype 'Bardo' est inapte de produire et d'accumuler la proline dans ses feuilles (Fig.5.2(a)), en revanche l'écotype 'Annaba' est capable de synthétiser et d'accumuler de grandes quantités de cet acide aminé ((Fig.5.2(a)). Cette augmentation peut atteindre 1200% par rapport aux témoins dans les feuilles stressées d'Annaba sous régime sévère S2.

Contrairement à la proline, l'accumulation de la glycine betaine est rapportée dans un nombre limité d'espèces végétales, en particulier celles qui sont fréquemment exposées à la sécheresse ou à des environnements très salins (Rhodes et Hanson, 1993). A notre connaissance, la présence de ce composé d'ammonium quaternaire n'a jamais été signalée chez *Laurus nobilis*. Toutefois, nos résultats montrent que ce composé est présent chez cette espèce et qu'il s'accumule en réponse au manque d'eau (Fig. 5.2(b)).

Les solutés inorganiques peuvent présenter une haute proportion des solutés totaux chez quelques espèces (Bajji et *al.*, 2001). Néanmoins, chez *Laurus nobilis* (écotypes 'Annaba' et 'Bardo'), la contribution d'ions inorganiques à l'ajustement osmotique n'a jamais dépassé 0,31 MPa. Nous pouvons, ainsi, déduire que, chez ces deux écotypes de *laurus nobilis* au moins, le stress hydrique n'a pas d'impact sur la contribution des ions organiques dans l'ajustement osmotique. Cette contrainte n'a pas modifié la nutrition minérale (Tab.5.3). D'après nos résultats, l'accumulation endogène de NH_4^+ chez l'écotype 'Bardo' reflète des troubles métaboliques au niveau de l'assimilation d'azote plutôt qu'une contribution dans l'ajustement osmotique.

Les deux écotypes 'Annaba' et 'Bardo' sont affectés différemment par le stress hydrique. En effet, des différences significatives sont mises en évidence au niveau des propriétés de la paroi cellulaire, du contenu apoplastique en eau (AWC) et du module d'élasticité volumique (ε_{max}) (Fig.4.6(a)).

La redistribution de l'eau entre symplasme et apoplasme est impliquée dans la résistance au stress hydrique chez différentes espèces (Joly et Zaerr, 1987; White et *al.*, 2001; Wardlaw, 2005) et contribue dans l'abaissement du potentiel osmotique symplastique sans affecter le contenu hydrique foliaire. Chez *laurus nobilis* L., nous avons montré que AWC est une fonction directe de l'intensité plutôt que de la modalité du stress imposé. En effet, sous les deux stress, permanents et cycliques, AWC augmente en réponse à l'intensité des stress modérés (S1 et S11) chez l'écotype 'Annaba'. Cependant, chez l'écotype 'Bardo', AWC augmente sous l'effet des stress sévères (S2 et S22). Ces modifications sont effectuées parallèlement avec l'accumulation de la pectine dans les parois des cellules foliaires des plants stressés. Ceci confirme le rôle clé joué par cette fraction pariétale dans l'augmentation du contenu apoplastique en eau. L'augmentation de la teneur d'arabinose dans la fraction pectique en réponse au déficit hydrique (Fig. 5.5) pourrait être directement liée aux capacités de rétention d'eau par la paroi cellulaire des deux écotypes étudiés comme a été suggéré par Femenia et *al.* (2000).

Une augmentation de la teneur en eau apoplastique pourrait conduire à une surestimation du potentiel osmotique quantifié après la procédure gel/dégel car la sève tissulaire obtenue est en fait un mélange de composants symplastique et apoplastique alors qu'il est communément considéré que le niveau du soluté dans le liquide apoplastique est très faible (Wardlaw , 2005). Toutefois, dans cette étude, nous n'avons trouvé aucune corrélation significative entre le contenu en eau apoplastique AWC d'une part et les différences entre Ψ_Π et Ψ_Π^{100} d'autre part. Cela nous permet de penser que l'eau apoplastique chez *laurus nobilis* pourrait être étroitement liée aux autres composantes de l'eau, une telle forte liaison contribue à la résistance au stress hydrique comme a été démontré par Vertucci et Léopold (1987) et Rascio et al. (1992,1998). La corrélation négative observée entre Ψ_Π^0 et RWC_0 soutient également cette hypothèse (Fig.7).

Bien que, la teneur en eau dans la paroi cellulaire peut avoir une influence directe sur les propriétés rhéologiques de cette dernière chez certaines espèces (Evered et *al.*, 2007), une telle tendance n'est pas observée chez le laurier noble (pas de corrélation entre AWC et ε_{max}). Il a été signalé chez d'autres espèces que le module d'élasticité volumique (ε_{max}) pourrait être affecté par le stress hydrique indépendamment de AWC (Chimenti and Hall, 1994; Torrecillas et *al.*, 1999).

Contrairement à AWC, chez les deux écotypes, 'Annaba' et 'Bardo', ε_{max} subit l'effet direct de la cinétique du stress appliqué plutôt que celui de son intensité. L'élasticité de la paroi cellulaire est réduite chez l'écotype 'Bardo' en réponse à un stress hydrique permanant, alors que, chez l'écotype 'Annaba', elle diminue sous la contrainte cyclique.

Selon Rascio et *al.* (1992) et Neumann (1995), il existe une relation entre l'élasticité et la composition de la paroi cellulaire. Ainsi, nos résultats montrent que cette relation varie chez le laurier noble selon l'écotype puisqu'une augmentation de ε_{max} (Fig.4.6(a)) se produit d'une façon concomitante avec l'accumulation de la cellulose chez l'écotype 'Bardo' et avec un accroissement de la fraction d'hémicellulose chez l'écotype 'Annaba' (Fig.5.3(a) et (b)).

Ces changements pourraient être liés en partie à l'impact du stress hydrique sur les activités de la β-glucanase (Fig.5.6) car l'inhibition de cette enzyme peut augmenter la masse moléculaire des polysaccharides pariétaux à travers une inhibition de la biosynthèse de β-glucan.

Les protéines de la paroi cellulaire, qui n'ont pas été analysés dans cette étude, pourraient aussi influencer directement les propriétés rhéologiques de la paroi cellulaire. Plusieurs protéines riches en hydroxyproline peuvent être en surproduction en réponse au déficit hydrique (Zhu et *al.*, 2007) et, à côté de son implication dans l'ajustement osmotique, l'accumulation de la proline en réponse

191

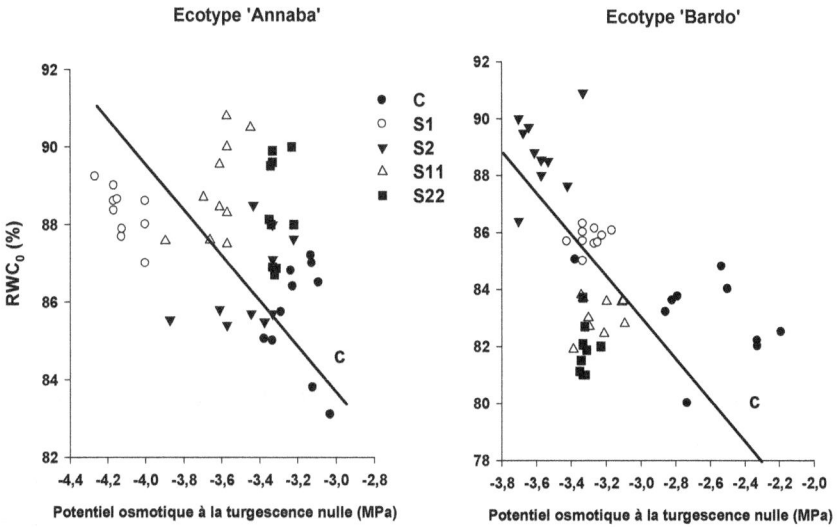

Figure 7. Relation entre le contenu relatif en eau à la turgescence nulle (RWC_0) et le potentiel osmotique à la turgescence nulle Ψ_Π^0 chez les deux écotypes de *Laurus nobilis* ('Annaba' et 'Bardo') en réponses aux différents traitements hydriques (C, S1, S2, S11 et S22).

à la contrainte hydrique chez l'écotype 'Annaba', pourrait être également liée aux modifications du protéome de la paroi cellulaire induites par le manque d'eau.

Les significations physiologiques des modifications de ε_{max} sous contrainte hydrique (Fig.4.6(a)) ne sont pas bien élucidées et font l'objet de plusieurs controverses entre les données disponibles dans la littérature (Joly et Zaerr, 1987; Fan et *al.*, 1994; Patakas et Noitsakis, 1997; White et *al.*, 2001; Ngugi et *al.*, 2003). Néanmoins, la rigidité de la paroi cellulaire a, fréquemment, contribué à la maintenance et à la résistance au stress hydrique (Neumann, 1995; Ngugi et *al.*, 2003). Selon Patakas et Noitsakis (1997), une variation rapide du potentiel osmotique à la suite d'une faible perte d'eau provoque une réduction de l'élasticité de la paroi cellulaire et peut donc assurer un mécanisme physiologique efficace pour affronter les conditions du stress hydrique de courtes durées.

La rigidité de la paroi cellulaire pourrait également offrir une protection en réponse au stress transitoire, surtout si l'ajustement osmotique a lieu au cours de la période de sécheresse. En effet, elle contribue à éviter toute perturbation de la paroi cellulaire, qui peut survenir suite à la réhydratation brutale (Chimenti et Hall, 1994; White et *al.*, 2001). Par contre, selon Fan et *al.* (1994), le maintien de l'élasticité de la paroi cellulaire dans les tissus stressés est une stratégie efficace de la résistance essentiellement en absence d'ajustement osmotique.

Dans la présente étude, cependant, nous n'avons trouvé aucune relation claire entre l'ajustement osmotique et la diminution de l'élasticité de la paroi cellulaire induite par le déficit hydrique chez *laurus nobilis* L.. Ce fait suggère, ainsi, que les deux processus peuvent se produire simultanément, du moins chez les plantes originaires d'Annaba.

Nous remarquons que, pour plusieurs paramètres considérés (la croissance, le potentiel hydrique de base foliaire, le module d'élasticité,....), la modalité a une influence beaucoup plus importante que l'intensité du stress imposé. Nous suggérons que le stress permanent, d'une part, et la contrainte cyclique d'autre part, induisent sur la physiologie des plantes deux types de contraintes.

Nos résultats corroborent ceux de Galle et Feller (2007) qui montrent que de nombreux événements pourraient être induits lors de la réhydratation (stress cyclique), et pourraient donc perturber la stabilité de la plante durant un autre épisode ultérieur du manque d'eau. De plus, nos résultats suggèrent que les différentes modalités du stress appliqué peuvent avoir des effets contrastés sur les deux écotypes étudiés de *laurus nobilis* L. Ils sont conformés à ceux de Turner et *al.* (2008) qui ont récemment démontré que les précipitations annuelles ne déterminent pas directement la stratégie d'utilisation d'eau chez les espèces de plantes vivaces.

La répartition des précipitations à également sans doute une forte influence sur la réponse de la plante et à cet égard les populations des régions humides peuvent différer des populations des régions semi-aride. Toutefois, les sites concernés par notre étude ('Bardo' et 'Annaba') présentent plus ou moins la même répartition des précipitations annuelles avec une valeur maximale en mai et en Novembre-Décembre. De ce fait, les différences du comportement entre les deux écotypes ne devraient pas être considérées comme la conséquence de la distribution des précipitations différentes dans leurs sites d'origine. Néanmoins, pour plusieurs paramètres (Ψw, A, WUEi et la concentration de certains osmolytes), des différences significatives sont signalées entre les plantes soumises à un traitement S1 et S2 alors qu'aucune différence n'est détectée pour les mêmes paramètres chez les plantes subissant les traitements S11 et S22. Ceci suggère qu'une déshydratation progressive du substrat entre 60 et 20% de la capacité au champ a un impact limité sur le comportement final des plantes exposées à des contraintes cycliques si le sol est arrosée immédiatement de nouveau à la capacité au champ. L'Analyse des paramètres physiologiques qui conditionnent la tolérance à la sécheresse chez *laurus nobilis* L. devrait donc tenir compte non seulement de l'intensité du stress au moment des mesures, mais aussi de la cinétique du stress imposé.

L'analyse d'un certains nombre de paramètres en relation avec la composition chimique des huiles essentielles des deux écotypes du laurier noble 'Annaba' et 'Bardo' en fonction de différents traitements hydriques, nous permet de dégager une variabilité dans la réponse au déficit hydrique selon l'écotype et la modalité (permanant ou cyclique) du stress appliqué. En effet, nous avons essayé d'exploiter la variabilité de la production des terpènes dans la mise en évidence d'une variabilité génétique entre ces deux écotypes. De ce fait, nous constatons que certains composés sont présents en quantités relativement élevés, tels que les monoterpènes oxygénés (particulièrement le 1,8 cinéole) chez l'écotype 'Annaba'. En revanche, les taux des sesquiterpènes hydrocarburés sont fortement élevés chez l'écotype 'Bardo'.

Charles et *al.* (1994) ont suggéré que le déficit hydrique est considéré comme un facteur majeur affectant de nombreux aspects du métabolisme. Dans ce contexte, Petropoulos et *al.* (2008) ont montré que la sécheresse peut entraîner des modifications significatives au niveau du rendement et de la composition des huiles essentielles chez les plantes aromatiques. De nombreux travaux montrent que la composition en huile essentielle varie considérablement selon la fertilisation minérale du sol (Piccaglia et Marotti, 1993), l'intensité lumineuse (Li et *al.*, 1996), les conditions climatiques (Mathé et *al.*, 1992), la saison (Grella et Picci, 1988; Marzouki et *al.*, 2009), l'organe et la provenance (Santos-Gomes-Ferreira et Fernandes, 2001; Perry et *al.*, 1999).

Nos résultats montrent qu'un stress hydrique modéré (S1) augmente légèrement le taux en huiles essentielles de l'écotype 'Annaba' (Tab.6.1). Cette accumulation de la quantité d'huiles essentielles sous stress hydrique modéré chez l'écotype 'Annaba' est mise en évidence chez plusieurs espèces, particulièrement chez la sauge (*salvia officinalis*) (Bettaieb et *al.*, 2009), le persil (*Petroselinum crispum*) (Petropoulos et *al.*, 2008), l'origan mexicain (*Lippia berlandieri Schauer*) (Dunford et Vazquez, 2005) et *Satureja hortensis* L. (Baher et *al.*, 2002). Selon Simon et *al* (1992), cette accumulation peut être expliquée

195

par l'augmentation considérable de la densité des glandes à huile sous la contrainte hydrique. Cette augmentation de la densité serait probablement due à une réduction de la surface foliaire. En outre, la stimulation de la production des huiles essentielles par le stress hydrique pourrait être due au fait que les plantes produisent des taux élevés de terpènes. Cette augmentation serait due à une faible allocation de carbone à la croissance à la suite d'un compromis entre cette dernière et la biosynthèse des métabolites de défense. De ce fait, on peut dire que les plantes des deux écotypes 'Annaba' et 'Bardo' ont pu développer une stratégie de défense contre le stress hydrique par une augmentation de leur contenu en huile essentielle. En effet, ces dernières sont pourvues d'un pouvoir antioxydant qui leur permet de se défendre contre le stress oxydatif géré par la sécheresse (Turtola et *al.*, 2003).

En revanche, le stress sévère S2, induit une réduction significative du taux des huiles essentielles extraites des feuilles des deux écotypes du laurier 'Annaba' et 'Bardo', ce qui prouve que le métabolisme de ces plantes est altéré. Des résultats similaires ont été rapportés par Farahani et *al* (2009), qui ont montré l'effet considérable du stress hydrique sévère sur la quantité des huiles essentielles extraite des feuilles de *melissa officinals.* Ils ont constaté une diminution importante dans le rendement. De même, le déficit hydrique a réduit le rendement d'huile de romarin (*Rosmarinus officinalis* L.) et de l'anis vert (*Pimpinella anisum* L.) (Singh et Ramesh, 2000; Zehtab-Salmasi et *al.*, 2001). Cette réduction importante pourrait être due à la réduction de la surface foliaire, à une baisse de la production de la chlorophylle et à une montée de l'énergie consommée par les plantes afin d'absorber l'eau et d'augmenter la densité du protoplasme (Farahani et *al.*, 2009).

Chez les témoins, des deux écotypes étudiés, les monoterpènes oxygénés représentent la classe chimique majoritaire. En effet, leurs taux sont de 57 et 31,3% chez les écotypes 'Annaba' et 'Bardo', respectivement. Les monoterpènes hydrocarbonés, avec leurs taux de 17 et 17,9% chez les écotypes 'Annaba' et 'Bardo', respectivement, constituent la deuxième classe principale. Nos résultats corroborent ceux obtenus par Marzouki et *al* (2009) chez plusieurs provenances du laurier noble.

Nous notons que par rapport au témoin, chez l'écotype 'Bardo', les stress cycliques S11 et S22 stimulent les contenus en monoterpènes oxygénés (MO). Cette augmentation peut dépasser 70% sous S22. Par contre, ces mêmes traitements diminuent considérablement la biosynthèse de ces composés chez l'écotype 'Annaba' (de plus que 50%) d'où une variabilité de la réponse au stress. D'autre part, le stress sévère S2 affecte différemment les monoterpènes hydrocarbonés et les phénylpropanoïdes oxygénés chez les deux écotypes. Nous enregistrons chez l'écotype 'Annaba', une réduction de 70% par rapport au témoin des OPrB. Tandis que, chez celui de 'Bardo', cette diminution ne dépasse guère 24%. Seulement chez l'écotype 'Bardo', nous notons une chute de plus que 50% et 20% par rapport au témoin des monoterpènes hydrocarbonés, sous stress sévères S2 et S22, respectivement.

Le présent travail montre que les stratégies physiologiques adoptées par *laurus nobilis* L., afin de faire face à un stress hydrique, varient en fonction de l'écotype considéré. De plus, les différences entre ces écotypes sont, fortement, modulées en fonction du type du stress appliqué (permanents ou cycliques). Les ajustements osmotique et élastique peuvent se produire simultanément en réponse au stress hydrique. Les deux écotypes diffèrent en termes d'ajustement osmotique à la fois qualitatif (nature de l'accumulation des solutés organiques) et quantitatif.

Le stress hydrique induit une augmentation de la teneur en eau apoplastique (AWC) en relation avec des modifications de la concentration et de la composition de la pectine, ainsi qu'une diminution de l'élasticité de la paroi cellulaire en liaison avec une inhibition des activités de la β-glucanase induite par le stress. Nous pouvons conclure aussi que les variations observées au niveau de la composition en huiles essentielles seraient liées aux fluctuations des taux des différents composés et non à l'apparition ou l'absence des autres. En effet,

Hendawy et Khalid (2005) ont signalé que le déficit hydrique affecte énormément l'activité enzymatique et l'amélioration du métabolisme.

Perspectives

Dans un premier temps et dans la continuité directe de cette étude, nous envisageons de réaliser une analyse des activités protéasiques qui permettrait d'étudier de façon plus complète les mécanismes impliqués dans la tolérance des deux écotypes étudiés du laurier noble à la contrainte hydrique. De plus, l'analyse de la régulation de l'expression des gènes dans les divers organes permettrait de définir plus précisément ceux qui jouent un rôle majeur dans cette réponse. Cependant, chaque gène induit n'a pas nécessairement un rôle dans l'adaptation à ce stress; certains pourraient être induits en raison des dommages qu'il provoque (Zhu 2000). Les gènes répondant à la déshydratation peuvent être classés par catégorie dans deux classes, basées sur leurs réponses en termes d'échelle de temps. Certains répondent immédiatement (quelques secondes à plusieurs minutes) tandis que d'autres ont une réponse tardive (en heures, en jours ou même en semaines). Il semble que les gènes qui s'expriment rapidement peuvent fournir une protection vis à vis du stress et une amplification initiale des signaux de transduction tandis que les gènes qui ont une réponse lente peuvent être impliqués dans l'adaptation. Parmi ces groupes des gènes, nous pouvons citer: Les protéines du groupe 'LEA' (Late-Embryogenesis-Abundant proteines), les Aquaporines, les protéines de transfert de lipides et les protéines chloroplastiques.

Les capacités du *Laurier noble* à accumuler le dioxyde de carbone (CO_2) et à tolérer sa présence indique que cette plante pourrait être utilisée pour mesurer la pollution de l'air (Lodovici et *al.*, 1998). Il serait important d'analyser les enzymes et les métabolites antioxydants, tels que : les superoxide dismutases (SOD), les ascorbate peroxydases (APX), les catalases (CAT)...... La capacité du système antioxydant est déterminante pour maintenir l'intégrité du système photosynthétique lors d'une contrainte hydrique (Reddy et al. 2004).

Il serait intéressant aussi de tester les capacités de tolérance du *Laurier noble* à d'autres stress abiotiques essentiellement le stress thermique. Cette étude portera sur l'impact d'une variation de la température racinaire au niveau du substrat.

Il serait intéressant également de comparer les mécanismes de tolérance signalés chez les deux écotypes 'Annaba' et 'Bardo' avec ceux d'autres écotypes de plantes cultivées dans les mêmes conditions. Ce travail permettrait peut être la mise en évidence d'un 'modèle' de réactions communes.

REFERENCES BIBLIOGRAPHIQUES

REFERENCES BIBLIOGRAPHIQUES

À

Acar i., 1987. Production and utilization of bay laurel leaves and essential Oil. Turkish forest research institue, N° 186.

Ackerson r.c., 1985. Osmoregulation in cotton in response to water-stress. 3. Effects of phosphorus fertility. Plant physiol. 77, 309–312.

Adjab m., 2002. Recherche des traits morphologiques, physiologiques et biochimiques d'adaptation au déficit hydrique chez différentes génotypes de blé dur (Triticum durum Desf), mémoire de magister, faculté des sciences, université Badji Mokhtar, Annaba, 84p.

Ahmad i., and Hellebust j.a., 1988. The relationship between inorganic nitrogen metabolism and proline accumulation in osmoregulatory Responses of two euryhaline microalgae. Plant physiol. 88, 348–354.

Akgül a., Kivanc a., Bayrak a., 1989. Chemical composition and antimicrobial effect of turkish laurel leaf oil. J essent oil res. 1, 277–280.

Alam s.m., 1999. Nutrient uptake by plants under stress conditions. In: pessarakli, m. (ed.), handbook of plant and crop stress. Marcel dekker, new york, pp. 285– 314.

Alarcon j.j., Sanchez-Blanco m.j., Bolarin m.c., Torrecillas a., 1993. Water relations and osmotic adjustment in *Lycopersicon esculentum* and *L. pennelli* during short-term salt exposure and recovery. Physiol Plant. 89 441-447

Albouchi a., Béjaoui z., Hédi El Aouni m., 2003. Influence d'un stress hydrique modéré ou sévère sur la croissance de jeunes plants de Casuarina glauca Sieb. Science et changements planétaires. Sécheresse. Volume 14, Numéro 3, 137-42.

Albouchi a., Chatty y., Benzarti j., 1989. Projet brise-vent (phase ii) des arbres et arbustes a usages multiples pour réaliser des brise-vent en tunisie : min agr. Erisa-inr pp 33.

Alfredo a., Alves c., Tim ls., 2004. Abscisic acid accumulation and osmotic adjustment in cassava under water deficit. Environ exp bot. 51, 59–271.

Allan a.c., Fricker m.d., Ward j.l., Beale m.h., Trewavas a.j., 1994. Two transduction pathways mediate rapid effects of abscisic-acid in commelina guard-cells. Plant cell. 6, 1319–1328.

201

Alves a.a.c., Setter t.l., 2004. Response of cassava leaf area expantion to water deficit: cell proliferation, cell expansion and delayed development. Ann. Bot. 94, 605–613.

Amdt sk., Clifford sc., Wanek w., Jones hg., Popp m., 2001. Physiological and morphological adaptations of the fruit tree ziziphus rotundifolia in response to progressive drought stress. Tree physiol. 21, 705–715.

Anand h.n., Gill b.s., Trick., 2003. Stable transgene expression and random gene silencing in wheat, plant biotechnol. J. 1 (4), 241–251.

Aqili khorasani m.s., 1992. Collection of drugs (materia media). Enqelab-e-eslami publishing and educational organization, Tehran. 624–630.

Arabatzis t., 1998. Shrubs and trees in greece. Ecological movement of drama, vol i (in greek) drama.

Aranda i., Gil l., Pardos j., 1996. Seasonal water relations of three broadleaved species (fagus sylvatica l., quercus petraea (mattuschka) liebl. And quercus pyrenaica willd.) In a mixed stand in the centre of the iberian peninsula, forest ecol. Manag. 84, 219–229.

Artukoğlu m.m., and Uzmay a., 2003. An investigation on the Intra and extra trade of medicinal and aromatic plants. Izmir ticaret odas1 (trade chamber of izmir), yay1n, bornova, turkey

Ashraf m., and Iram a., 2005. Drought stress induced changes in some organic substances in nodules and other plant parts of two potential legumes differing in salt tolerance. Flora. 200, 535–546.

Aspinall b., and Paleg l.g., 1981 . The Physiology and Biochemistry of Drought Resistance in Plants . Academic Press, Sydney. 205-241.

Austin r.b., Crauford p.q., Call m.a., Ccevedo e., Da silviera pinheiro b., Ngugi e.c.k., 1990. Carbon isotope discrimination as a means of evaluating drought resistance in barley, rice and cowpea. Bull. Soc. Bot. Fr. 137 (1), 21–30.

Axelrod d.i., 1975. Evolution and biogeography of Madrean–Tethyan sclerophyll vegetation. Annals of the Missouri Botanical Garden. 62, 280–334.

B

Babish j.g., Howell t.m., pacioretty l.m., 2002. Combinations of sesquiterpene lactones and diterpene triepoxide lactones for synergistic inhibition of cyclooxygenase-2. Pct internationalapplications, 67.

Bacelar e.a., Santos d.l., Moutinho-Pereira j.m., Gonc-alves b.c., Ferreira h.f., Correia c.m., 2006. Immediate responses and adaptive strategies of three olive cultivars under contrasting water availability regimes: changes on structure and chemical composition of foliage and oxidative damage. Plant Sci. 170, 596–605.

Bacelar ea., Santos d.l., Moutinho-Pereira j.m., Lopes j.l., Gonc-alves b.c., Ferreira t.c., 2007. Physiological behaviour, oxidative damage and antioxidative protection of olive trees grown under different irrigation regimes. Plant Soil. 292, 1–12.

Bacic a., 2006: Breaking an impasse in pectin biosynthesis. Pnas. 103(15), 5639–40.

Baghdadi h.h., Ahmad s.s., Fournier g., Refaat a.m. 1993. On the essential oil of *laurus nobilis* grown in egypt. Egypt. J. Horticul. 19, 93–97.

Baher z., Mirza m., Ghorbanali m., Rezaii m.b., 2002. The influence of water stress on plant height, herbal and essential oil yield and composition in *Satureja hortensis* L. Flavour Fragrance J. 17(4), 275- 277.

Bajji m., Kinet j.m., Lutts s., 1998. Salt stress effects on roots and leaves of *Atriplex halimus* L. and their corresponding callus cultures. Plant Science. 137, 131–142.

Bajji m., Lutts s., Kinet j.m., 2001. Water deficit effects on solute contribution to osmotic adjustment as a function of leaf ageing in three durum wheat (*Triticum durum* Desf.) cultivars performing differently in arid conditions, Plant Sci. 160, 669–681.

Baker n.r., and Rosenqvist e., 2004. Application of chlorophyll fluorescence can improve crop production strategies: an examination of future possibilities. Journal of experimental botany. 55, 1607-1621.

Baratta m.t., Dorman h.j.d., Deans s.g., Biondi d.m., Ruberto g., 1998. Chemical composition, antimicrobial and antioxidative activity of laurel, sage, rosemary, oregano and coriander essential oils. Journal of Essential Oil Research. 10, 618–627.

Barber j., 1994. Molecular basis of the vulnerability of photosystem II to light. Australian Journal of Plant Physiology. 22, 201–208.

Barbero m., 1988. Caractérisation de quelques structures et architectures forestières des arbres et arbustes a feuilles persistantes de l'étage méditerranéen. R.f .f . Xl - 5- 1988.

Barla a., Topcu g., Oksuz s., Tumen g., Kingston d., 2007. Identification of cytotoxic sesquiterpenes from *laurus nobilis* l. Food chem, 104. 1478-1484.

Baron-epel o., Gharyal p.k., Schindler m., 1988. Pectins as mediators of wall porosity in soybean cells, planta. 175, 389–395.

Basu p.s., Berger j.d., Turner n.c., Chaturvedi s.k., Ali, m., Siddique, k.h.m., 2007. Osmotic adjustment of chickpea (Cicer arietinum) is not associated with changes in carbohydrate composition or leaf gas exchange under drought. Ann. Appl. Biol. 150, 217–225.

Batchelard e.p., 1986. Effects of soil moisture stress on the growth of seedlings of three eucalypt species. II. Growth effects. Aust. For. Res. 16, 51–61.

Bates l.s., Waldren r.p., Teare i.d., 1973. Rapid determination of free proline for Water-stress studies. Plant soil. 39, 205–207.

Bathurst n.o., 1954. The amino-acids of grass pollen. J. Exp. Bot. 5, 253–256.

Baumann h., 1993. Die griechische pxanzenwelt in mythos, kunst and literatur. Hirmer verlag, muenchen. In:

Beale s.i., 1999. Enzymes of chlorophyll biosynthesis. Photosyn. Res. 60, 43–73.

Begines f., 1996. Parque natural de los alcornocales, reliquia del terciario. Bio 8, 7–10.

Béjaoui z., Albouchi a,. Lamhamedi m.s, El Aouni m.h., 2008. Effet d'un assèchement édaphique sur la croissance, l'allocation de biomasse et les relations hydriques chez *Casuarina glauca*. Botanique 86, 1242-1251.

Bélaygue c., Wery j., Cowan a.a,. Tardieu f., 1996. How do leaf expansion, rate of leaf appearance and stolon branching contribute to plant leaf area establishment under water deficit in white clover (*trifolium repens* l.). Crop science. 36, 1240-1246.

Belhassen e., This d., Monneveux p., 1995. L'adaptation Génétique face aux contraintes de sécheresse. Cahiers agricultures. 4, 251–261.

Ben Hassine a., Ghanem m.e., Bouzid s., Lutts s., 2008. An inland and a coastal population f the Mediterranean xero-halophyte species Atriplex halimus L. differ in their ability to accumulate proline and glycinebetaine in response to salinity and water stress. Journal of Experimental Botany. 56, 1315–1326.

Bender m.m., 1968. Mass spectrometric studies of carbon 13 variations in corn And other grasses, radiocarbon. 10, 468–472.

Bensalem m., 1993. Etude comparative de l'adaptation a la sécheresse du blé, de l'orge et du triticale. Dans : tolérance à la sécheresse des céréales en zone méditerranéenne. Diversité génétique et amélioration variétale. Les colloques de l'INRA. 64 : 275-298.

Bernier p.y., 1994. La courbe Pression -volume (communication personnelle). Professeur-chercheur (Ph.D.). Ressources naturelles Canada. Service canadien des forêts. Région du Québec.

Bessieres m.a., Gibon y., Lefeuvre j.c., Larher f., 1999. A single-step purification for glycine betaine determination in plant extracts by isocratic HPLC. Journal of Agricultural and Food Chemistry. 47, 3718–3722.

Bettaieb i., Zakhama n., Aidi Wannes w., Kchouk m.e., Marzouk b., 2009. Water deficit effects on Salvia officinalis fatty acids and essential oils composition. Scientia Horticulturae. 120, 271–275

Bewley j.d., 1979. Physiological aspects of desiccation tolerance. Ann. Rev. Plant physiology. 30, 195-238.

Biondi d., Cianci p., Geraci c., Ruberto g., 1993. Antimicrobial activity and chemical composition of essential oils from silican aromatic plants. Flavour frag j. 8, 331–337

Bittman s., and Simpson g.m., 1989. Drought effects on water relations of three cultivated grasses. Crop Science. 29, 992-999.

Blake t.j., Sperry j.s., Tschaplinski t.j., 1996. Water relations, in: stettler r.f., bradshaw h.d. jr., heilman p.e., hinckley t.m. (eds.), biology of *populus* and its implications for management and conservation, nrc-cnrc, ottawa, pp. 401-422.

Blum a., and Ebercon a., 1976. Genotypic responses in sorghum to drought stress... free proline accumulation and drought resistance. Crop Science. 16, 428–431.

Blum a., and Ebercon a., 1981. Cell membrane stability as a measure of drought and heat tolerance in wheat. Crop Science. 21:43-47.

Blum a., 1988. Plant breeding for stress environment. Crc press inc. Boca raton, florida.

Blum a.,1986. Salinity resistance, Plant Breeding for Stress Environments, CRC Press, Boca Raton, FL, pp. 1163–1169.

Bohnert h.j., and Sheveleva e., 1998. Plant stress adaptations-making metabolism move. Current option in plant biology. 1, 267-274.

Bohnert h.j., Nelson d.e., Jensen r.g., 1995. Adaptations to environmental stresses. Plant cell. 7, 1099–1111.

Bossard r., and Cuissance p., 1984. *Arbes et arbustes d'ornements.* Tec et Doc. Paris. 600 p.

Bouchabke o., Tardieu f., Simonneau t., 2006. Leaf growth and turgor in growing cells of maize (*zea mays* l.) Respond to evaporative demand in well-watered but not in water saturated soil. Plant cell & environment. 29, 1138-1148.

Boussadia o., Ben Mariem f., Mechri b., Boussetta w., Braham m., Ben el hadj s., 2007. Response to drought of two olive tree cultivars (cv Koroneki and Meski). Scientia Horticulturae, Volume 116, Issue 4.Pages 388-393.

Bouzouba a.z., El mourid m., Karrou,m., El gharous m,. 2001. Manuel d'analyse chimique et biochimique des plantes. Eds INRA maroc.

Bowman w.d., Roberts s.w., 1985. Seasonal changes in tissue elasticity in chaparral shrubs. Physiol. Plant. 65, 233–236.

Boyer j.s., 1970. Leaf enlargement and metabolic rates in corn, bean and sunflower at various leaf water potential. Plant Physiology. 46, 233-235.

Boyer j.s., 1982. Plant productivity and environment. Science. 218, 443–448.

Bradford k.j., and Hsiao tc., 1982. Physiological responses to moderate water-stress. *In* Encyclopedia of Plant Physiol. Physiological Plant Ecology I, New series V12 B, 263-324.

Bray ea., 2002. classification of genes differentially expressed during water-deficit stress in arabidopsis thaliana: an analysis using microarray and differential expression data. Ann bot. 89, 803–811.

Bray ea., bailey-serres j., weretilnyk e., 2000. Responses to abiotic stresses. In biochemistry and molecular biology of plants (eds b.b. buchnau, w. Gruissem & r.l. jones), pp. 1158–1203. American society of plant physiologists, rockville, md.

Briggs l.j., Shantz h.l., 1914. Relative water requirements of Plants. J. Agric. Res. 3, 1–64.

Brodribb t.j., and Holbrook n.m., 2003. Changes in leaf hydraulic conductance during leaf shedding in seasonally dry tropical forest. New Phytologist, 158 (2). pp. 295-303.

Brugnoli e., and Bjorkman o., 1992. Growth of cotton under continuous salinity stress:influence on allocation pattern, stomatal and not-stomatal components of photosynthesis and dissipation of excess light energy. Planta. 187, 335–47.

Brugnoli e., and Farquhar g.d., 2000. Photosynthetic fractionation of carbon isotopes. In: Leegood RC, Sharkey TD and von Caemmerer S (eds.) Photosynthesis: physiology and metabolism. Advances in Photosynthesis, Kluwer Academic Publishers, The Netherlands, pp. 399-434.

Brück h., Payne w.a., Sattelmacher b., 2000. Effects of phosphorus and water supply on yield, transpirational water-use efficiency, and carbon isotope discrimination of pearl millet, Crop Science. 40, 120–125.

Büssis d., and Heineke d., 1998. Acclimation of potato plants to polyethylene glycol–induced water deficit. Ii. Contents and subcellular distribution of organic solutes. J. Exp. Bot. Vol49, N° 325, 1361– 1370.

C

Cabrera-bosquet l., Molerol g., Bortl j., Nogué s.s., Araus j.l., 2007. The combined effect of constant water deficit and nitrogen supply on wue, nue and d13c in durum wheat potted plants. Ann appl biol. 151, 277–289.

Cabuslay g.s., Ito o., Alejar a.a., 2002. Physiological evaluation of responses of rice (oryza sativa l.) To water deficit. Plant sci. 163, 815–827.

Caredda a., Marongiu b., Porcedda s., Soro c,. 2002. Supercritical carbon dioxide extraction and characterization of *laurus nobilis* essential oil j. Agric. Food chem. 50, 1492-1496.

Carpenter j.f., Crowe l.m., Crakawa t., 1990. Comparison of solute-induced protein stabilization in aqueous solution and in the frozen and dried states. J dair sc. 73, 3627– 3636.

Carpita n.c., 1996. Structure and biogenesis of the cell walls of grasses, annu. Rev. Plant physiol. Plant mol. Biol. 47, 445_/476.

Carpita n.c., and Gibeaut d.m., 1993. Structural models of primary cell walls in flowering plants: consistency of molecular structure with the physical properties of the walls during growth, plant j. 3, 1–30.

Casals m.l,. 1996. Introduction des mécanismes de résistance a la sécheresse dans un modèle dynamique de croissance et de développement du blé dur. Thèse de doctorat de l'INRA Paris Grignon, 93p.

Cataldo d.a., Haroon m,. Schrader l.e., Youngs v.l., 1975. Rapid colorimetric determination of nitrate in plant tissue by nitration of salicylic acid, Communications in Soil Science and Plant Analysis. 6, 71-80.

Chapin f.s., 1980. The mineral nutrition of wild plants. Annu. Rev. Ecol. Syst. 11, 233-260.

Charles o., Joly r., Simon j.e., 1994. Effect of osmotic stress on the essential oil content and composition of peppermint. Phytochemistry. 29, 2837–2840.

Chartzoulakis k., Patakas a., Kofidis g., Bosabalidis a., Nastou a., 2002. Water stress affects leaf anatomy, gas exchange, water relations and growth of two avocado cultivars. Scientia Horticulturae. 95, 39–50.

Chaves m.m., and. oliveira m.m., 2002. Mechanisms underlying plant resilience to water deficits: prospects for water-saving agriculture. Journal of experimental botany. 55, 2365-2384.

Chaves m.m., 1991. Effects of water deficits on carbon assimilation. J exp bot. 42, 1–16.

Chaves m.m., Cereira j.s., Maroco j., Rodrigues m.l., Ricardo c.p.p., Oserio m.l., Carvalho i., Faria t., Pinheiro c., 2002. How do plants cope with water stress in the field? Photosynthesis and growth. Annals of botany. 89, 907–916.

Chen s., Wang s., Altman a., Hüttermann a., 1997. Genotypic variation in drought tolerance of poplar in relation to abscissic acid, tree physiology. 17, 797-803.

Chen t.h., and Murata n., 2002. Enhancement of tolerance of abiotic stress by metabolic engineering of betaines and other compatible solutes. Curr. Opin. Plant biol. 5, 250–257.

Chimenti c.a., Pearson j., Hal a.j., 2002. Osmotic adjustment and yield maintenance under drought in sunflower. Field crops Research. 75, 235–246.

Chimenti c.a., and Hall a.j., 1994. Responses to water stress of apoplastic water fraction and bulk modulus of elasticity in sunflower (Helianthus annuus L.) genotypes of contrasting capacity of osmotic adjustment. Plant Soil. 166, 101–107.

Chunyang l., Olavi j., Pekka h., Tapio e.p., 2003. Different responses of northern and southern ecotypes of *Betula pendula* to exogenous ABA application. Tree Physiology. 23, 481-487.

Chunyang l, and Kaiyun w., 2003. Differences in drought responses of three Ecucalyptus microtheca F. Muell populations. Univ of Helsinki. Finland. Ecology and Management.179, 377-385.

Chunyang l., 1998. Some aspects of leaf water relations in four provenances of Eucalyptus microtheca seedlings. Forest Ecology and Management. Vol 111, N° 2-3, 303-308.

Clifford s., Arndt s., Corlett j., Joshi s., Sankhla n., Popp m., Jones h., 1998. The role of solute accumulation, osmotic adjustment and changes in cell wall elasticity in drought tolerance in Ziziphus mauritiana (Lamk.), J. Exp. Bot. Vol 49, N° 323, 967-977.

CNUCED, 2006. Le développement économique en afrique. Doublement de l'aide : assurer la « grande poussée ». Unctad/GDS/Africa/2006. 125.

Cochard h., 1991. Vulnérabilité a la cavitation de quelques espèces forestières feuilles et résineuses : aspects méthodologiques, importance ecophysiologique. Ph.d. Thesis, Université Paris Sud.

Cochard h., and Tyree m.h., 1990. Xylem dysfonction in *quercus* : vessel size, tyloses, cavitation and seasonnal changes in embolism. Tree physiol. 6, 393-407.

Cochard h., Bréda n,. Granier a., 1996. Whole tree hydraulic conductance and water loss regulation in *quercus* during drought: evidence for stomatal control of embolism. Ann. Sci. forest. 53, 197-206.

Condon a.g., Richards r.a., Farquhar g.d., 1987. Carbon isotope discrimination is positively correlated with grain yield and dry matter production in field-grown wheat. Crop Science. 27, 996–1001.

Conforti f., Statti g., Uzunov d., Menichini f., 2006. Comparative chemical composition and antioxidant activities of wild and cultivated *laurus nobilis* l. Leaves and *foeniculum vulgare* subsp. *Piperitum* (ucria) coutinho seeds. Biol. Pharm. Bull. Vol 29, N°10, 2056—2064.

Cornic g., 2000. Drought stress inhibits photosynthesis by decreasing stomatal aperture - not by affecting atp synthesis, Trends in Plant Science. 5, 187–188.

Cornic G., 2008. Effet de la contrainte hydrique sur la photosynthèse foliaire: De l'utilisation expérimental des relation A/Ci et ACc. Cours INRA.

Cornic g., and Briantais j.m.;1991. Partitioning of photosynthetic carbon flow between CO2 and O2 reduction in a C3 leaf (*phaseolus vulgaris* l.) At different CO2 concentration and during drought stress. Planta. 183, 178-184.

Cornic g., Ghashghaie j., Genty b., Briantais j.m., 1992. Leaf photosynthesis is resistant to a mild drought stress. Photosynthetica. 27, 295-309.

Cornic g., and Massacci a., 1996. Leaf photosynthesis under drought stress. In baker nr (ed) advances in photosynthesis: photosynthesis and the environment, vol. 5. Kluwer academic publishers, dordrecht, pp 347–366.

Cortes p.m., and Sinclair t.r., 1987. Osmotic potential and starch accumulation in leaves of field-grown soybean. Crop science. Vol 27. N°1, 80-84

Cosgrove d.j., 1993. Water uptake by growing cells: an assessement of the controlling roles of wall relaxation, solute uptake, and hydraulic conductance. Int. J. Plant sci. 154, 10-20.

Cosgrove d.j., 1997. Relaxation in a high-stress environmental: the molecular bases of extensible cell wall and cell enlargement. Plant cell. 9, 1031–1041.

Cosgrove d.j., 2000. Expansive growth in plant cells. Plant physiol. Biochem. 38, 109–124.

Cosgrove d.j., 2005. Growth of the cell wall. Nature reviews. Molecular Cell Biology. 6, 850- 861.

Cosgrove d.j., 1998. Cell wall loosening by expansins. Plant Physiol 118, 333-339

Courtois b., Mclaren g., Sinha p.k., Prasad k., Yadav r., Shen l., 2000. Mapping qtls associated with drought avoidance in upland rice. Mol. Breeding 6, 55-66.

Cowling r.m, Rundel p.w, Lamont b.b, Arroyo m.k, Arianoutsou m., 1996. Plant diversity in mediterranean-climate regions. Trends in Ecology and Evolution. 11, 362-366.

Craig h., 1954. Carbon 13 in plants and the relationship between Carbon 13 and Carbon 14 variations in nature. Journal of Geology. 62, 115–149.

Cregg j.m., Cereghino j.l., Shi j., Higgins d.r., 2000. Recombinant protein expression in *Pichia pastoris*. Mol. Biotechnol. 16, 23-52.

Crowe jh., Hoekstra fa., Crowe lm., 1992. Anhydrobiosis. Annal rev physiol. 54, 579- 599.

Cuevas e., Baeza p., and lissarrague j.r., 2006. Variation in stomatal behaviour and gas exchange between mid-morning and mid-afternoon of north–south oriented grapevines (*vitis vinifera* l. Cv. Tempranillo) at different levels of soil water availability. Scientia horticulturae. 108, 173-180.

Cutler j.m., Rains d.w., Loomis r.s., 1977. The importance of cell size in the water relations of plants. Physiol. Plant, 40, 255-260.

Curtis d.r., Gynther b.d., Malik r., 1986. A pharmacological study of group I muscle afferent terminals and synaptic excitation in the intermediate nucleus and Clarke's column of the cat spinal cord. Exp Brain Res. 64, 105-113

D

Dacosta m., and Huang b.r., 2006. Osmotic adjustment associated with variation in bentgrass tolerance to drought stress. J. Am. Soc. Hort. Sci. 131, 338–344.

Daget P., 1977. Le bioclimat méditerranéen: Caractères généraux et modes de caractérisation. Vegetatio, 34, 1-20.

Dagnelie, 1998. Quelques perspectives relatives à la biométrie: pays en voie de développement et pays développés. *In:* Laloë F., Perrier X. (éd.). De l'observation à l'analyse, implication de la biométrie dans les pays en développement. Montpellier, Société Française de Biométrie, 15-28.

Dallmeier k., and Carlini e.a., 1981. Anesthetic, hypothermic, myorelaxant and anticonvulsant effects of synthetic eugenol derivatives and natural analogues. Pharmacology. 22: 113–127.

Damatta f.m., Chaves a.r.m., Pinheiro h.a., Ducatti c., Loureiro m.e., 2003. Drought tolerance of two field-grown clones of coffea canephora, plant sci. 164, 111–117.

Darvill a., Mcneil n., Albersheim p., 1980. The primary cell walls of flowering plant. In: tolbert, n.e. (ed.), The Biochemistry Of Plants, Vol. 1. Academic press, New York. 91–162.

Daverede C., 1996. Influence de différents équilibres K-Ca sur la nutrition cationique et le manque d.acidité des moûts et des vins du cépage Négrette (*Vitis vinifera L.*) greffé sur 101.14 M.G., cultivée en hors-sol. Thèse INP. Toulouse, France, 151 p.

David t.s., Ferreira m.i., Cohens., Pereira j.s., and David j.s., 2004. Constraints on transpiration from an evergreen oak tree in south portugal. Agriculture and Forest Meteorology. 122, 193-205.

Davies w.j., and Zhang j., 1991. Root signals and the regulation of growth and development of plants in drying soil. Annual Review of Plant Physiology and Plant Molecular Biology. 42, 55-76.

Davis p.h., 1982. Flora of Turkey and the East Aegean. Islands Edinburgh University Press, Edinburgh. Vol 7, 534-535.

Davis w.j., Tardieu f., Trejo c.l., 1994. How do chemical signals works in plants that grow in drying soil? Plant physiol. 104, 309-314.

De Herralde f., Biel c., Savé r., Morales m.a., Torrecillas a., Alarcón j.j., Sánchez-Blanco m.j., 1998. Effect of water and salt stresses on the growth, gas exchange and water relations in Argyranthemum coronopifolium plants, Plant Sci. 139, 9–17.

De Raissac M., 1992. Mécanismes d'adaptation à la sécheresse et maintien de la productivité des plantes cultivées. Agronomie Tropicale. 46(1), 29-37.

Delauney a.j., and Verma d.p.s., 1993. Proline biosynthesis and osmoregulation in plants. Plant J. 4, 215-223.

Deléens e., Morot-Gaudry j.f., Martin f., Thoreux a., Gojon a., 1997. Dans Assimilation de l'azote chez les plantes: Aspects physiologique, biochimique et moléculaire, J.F. Morot-Gaudry (ed) Edition INRA, 265-280.

Demir v., Gunhan t., Yagcioglu a.k., Degirmencioglu a., 2004. Mathematical modelling and the determination of some quality parameters of air-dried bay leaves. Biosystems Engineering. 88 (3), 325–335.

211

Deraz s., and Bayram e., 1996. Influence of harvesting time on the chemical components of laurus nobilis l. 1}essential oil. Menofiya Journal of Agricultural Research. 21(2), 255–265.

Di castri f., and Mooney h.a., 1973. Mediterranean type Ecosystems: origin and structure. Springer- Verlag, Berlin. 11-19.

Diamantoglou s., and Rhizopoulou s., 1992. Free proline accumulation in sapwood, bark and leaves of three evergreen sclerophylls and a comparison with an evergreen conifer. J. Plant physiol. Vol. 140, 361-365.

Dichio b., Nuzzo v., Xiloyannis c., Angelopoulos k., 1997. Drought stress-induced variation of pressure–volume relationships in Olea europaea L. cv 'Coratina' Acta Hort. 442, 401–409.

Ding y., Luo w., Xu g., 2006. Characterisation of magnesium nutrition and interaction of magnesium and potassium in rice. Ann. Appl. Biol. 149, 111–123.

Dische z., 1955. New color reactions for determination of sugars in polysaccharides. In: Glick, D. (Ed.), Methods in Biochemical Analysis. Interscience, New York, 325-327.

Dixon, h.h. 1914. Transpiration and the ascent of sap. Macmillan, london. (thèse cavitation). MacMillan, London.

Dreyer e., 1997. Photosynthesis and drought in forest trees. Trees: Contributions to Modern Tree Physiology. Backhuys Publishers, Netherlands. 215-238.

Dubroca e.e., and Bory g.l., 1981. Composés glucidiques et azotés et résistance à la sécheresse chez *ailanthus altissima.* Biochemical Systematics and Ecology, vol. 9, No. 4, 283-288.

Duke j.a. 1997. The green pharmacy: new discoveries in herbal remedies for common diseases and conditions from the worlds fore most authority on healing herbs. New york, ny: rodale press.

Dunford n.t. and Vazquez r.s., 2005. Effect of water stress on plant growth and thymol and carvacrol concentrations in mexican oregano grown under controlled conditions. Journal of Applied Horticulture. 7(1), 20-22.

E

Ehleringer j.r., 1991. $^{13}C/^{12}C$ fractionation and its utility in terrestrial plant studies, p. 187-200. In D. C. Coleman and B. Fry (eds.), Carbon Isotope Techniques. Academic Press, New York.

Ehleringer j.r., 1993. Carbon and water relations in desert plants: an isotopic perspective, p. 155-172. In J.R. Ehleringer, A.E. Hall, and G.D. Farquhar (eds.), Stable Isotopes and Plant Carbon/Water Relations. Academic Press, San Diego.

Ehleringer, j.r., and Cerling t.e., 1995. Atmospheric CO2 and the ratio of intercellular to ambient CO2 levels in plants. Tree Physiology 15:105-111.

El Jaafari s., Paul. r., 1993. Accumulation foliaire de proline et résistance à la sécheresse chez le blé (*Triticum* aestivum L.). Arch. Int. Physiol. Biochem. Biophys. 101.

El mourid m., 1988. Performance of wheat and barley cultivars under different soil moisture regimes in semi arid region. Ph.d. Dissertation, iowa state university ames usa, 229p.

El-sharkawy m.a., Tafur s.m.d., 2007. Genotypic and within canopy variation in leaf carbon isotope discrimination and its relation to short-term leaf gas exchange characteristics in cassava grown under rain-fed conditions in the tropics. Photosynthetica 45, 515–526.

Englyst h.n., Cummings j.h., 1984. Simplified method for the measurement of total non-starch polysaccharides by gas-liquid chromatography of constituent sugars as alditol acetates. Analyst. 109, 937-42.

Ennajeh m.,.Vadel a.m, Khemira h., Ben Mimoun m. and Hellali r., 2006. Defense mechanisms against water deficit in two olive (*Olea europaea* L.) cultivars 'Meski'and 'Chemlali'. J. Hortic. Sci. Biotechnol. 81, 99–104.

Erice g., Aranjuelo i., Irigoyen j.j., Sánchez-d az m., 2007. Effect of elevated CO2, temperature and limited water supply on antioxidant status during regrowth of nodulated alfalfa. Physiol. Plant. 130, 33–45.

Erlandsson g., 1975. Rapid effects on ion and water uptake induced by changes of water potential in young wheat plants. Physiol. Plant. 35, 256–262.

Escalona j.m., Flexas j., Medrano h., 1999. Stomatal and non-stomatal limitations of photosynthesis under water stress in field-grown grapevines. Australian Journal of Plant Physiology 26:421-433.

Estep m.f., Tabita f.r., Parker p.l., Van baalen c., 1978. Carbon isotope fractionation by ribulose-1,5-diphosphate carboxylase from various organisms, plant physiol. 61, 680–687.

Evans g.c., 1972. The Quantitative Analysis of Plant Growth. Blackwell Scientific Publications, Oxford.

213

Evans j.r., and Loreto f., 2000. Acquisition and diffusion of CO2 in higher plant leaves. In: leegood rc, sharkey td, von caemmerer s (eds) photosynthesis: physiology and metabolism. Kluwer academic publishers, dordrecht, 321–351.

Evans g.c., 1972. The quantitative analysis of plant growth. Blackwell scientific publications, oxford

Evered c., Majevadia b., Thompson d.s., 2007. Cell water content has a direct effect on extensibility in growing hypocotyls of sunflower (*Helianthus annuus* L.). Journal of Experimental Botany. 58, 3361–3371.

F

Fan s., Blake t.,j. Blumwald 1994. The relative contribution of elastic and osmotic adjustments to turgor maintenance of woody species. Physiol Plant. 90, 403-413.

Fan y.y., Kaufmann A., Mukasyan a., Varma a., 2006. Single- and multi-wall carbon nanotubes produced using the floating catalyst method: Synthesis, purification and hydrogen up-take. Carbon. 44, 2160-2170.

Farahani h.a., Valadabadi s.a, Daneshian j., Shiranirad a.h., Khalvati m.a., 2009. Medicinal and aromatic plants farming under drought conditions. Journal of Horticulture and Forestry Vol. 1(6), 86-92.

Farquhar g.d., Ehleringer j.r., Hubick k.t., 1989. Carbon iso-tope discrimination and photosynthesis. Annu. Rev. Plant physiol. Plant mol. Biol. 40, 503–537.

Farquhar g.d., Hubick k.t., Condon a., Richards r.a., 1988. Carbon isotope fractionation and plant water-use efficiency. *In* : P.W. Rundel, J.R. Ehleringer and K.A. Nagy Eds, Stable isotopes in ecological research. Ecological Studies Series, New-York, Springer Verlag, 21-40.

Farquhar g.d., o'leary m.h., and berry j.a., 1982. On the relationship between carbon isotope discrimination and the intercellular carbon dioxide concentration in leaves. Australian Journal of Plant Physiology. 9, 121-137.

Farquhar gd., and Richards r.a.. 1984. Isotopic composition of plant carbon correlates with water-use efficiency of wheat genotypes. Aust. J. Plant Physiol. 9, 539–552.

Femenia a., Bestard mj., Sanjuan n., Rossello c., Mullet a., 2000. Effect of rehydration temperature on the cell wall components of broccoli (Brassica oleracea L. var. Italica) plant tissues. Journal of Food Engineering. 46, 157–163.

Fereres e., **1982**. Drip irrigation saves money in young almond orchards. Calif. Agric. 36, 12–13.

Fereres e., Cruz-Romero g., Hoffman gj., Rawlings sl., **1979**. Recovery of orange trees following severe water stress. J. Appl. Ecol. 16, 833-842.

Fereres e., Gimenez c., Fernandez j.m., **1986**. Genetic variability in sunflower cultivars under drought. I. Yield relationships, aust. J. Agric. Res. 37, 573–582.

Fernandez j.e., Moreno f., Giron i.f., Blozquez o.m., **1997**. Stomatal control of water use in olive tree leaves. Plant Soil. 190, 179–192.

Ferreyra r., Sellés g., Ruiz r.s. Sellés i.m., **2004**. Effect of water stress induced at different growth stages on grapevine cv. Chardonnay on production and wine quality. Acta hort. 664, 233- 236.

Field, c., and Mooney h.a., **1986**. The photosynthesis - nitrogen relationship in wild plants, p. 25-55. *In* T.J. Givnish (ed.), On the Economy of Plant Form and *Function.* Cambridge University Press, Cambridge.

Filisetti-Cozzi t.m.c.c., and Carpita n.c., **1991**. Measurement of uronic acids without interference from neutral sugars. Anal. Biochem. 197, 157-162.

Fiorini c., Fouraste i., David b., Bessiere j.m., **1997**. Composition of the flower, leaf and stem essential oils from *laurus nobilis* l. Flavour fragr. J. 12, 91–93.

Flanagan l.b., Brooks j.r., varney g.t., Berry s.c., Ehleringer j.r., **1996**. Carbon isotope discrimination during photosynthesis and the isotope ratio of respired CO_2 in boreal forest ecosystems. Global Biogeochemical Cycles. 10, 629-640.

Flexas j., and Medrano h., **2002**. Drought-inhibition of photosynthesis in c3 plant: stomatal and non-stomatal limitations revisited. Annals of Botany. 89, 183-189.

Forfang a.s., and Olesen j.m., **1998**. Male-biased sex ratio and promiscuous pollination in the dioecious island tree *Laurus azorica* (Lauraceae). Plant Systematics and Evolution. 212, 143–157.

Fornes f., Belda r.m., Carrión c., Noguera v., García-Agustín p., Abad m., **2007**. Pre-conditioning ornamental plants to drought by means of saline water irrigation as related to salinity tolerance. Scientia Horticulturae. 113, 52–59.

Fotovat r., Valizadeh m., Toorchi m.. **2007**. Association between water-use efficiency components and total chlorophyll content (spad) in wheat (triticum aestivum l.) Under wellwatered and drought stress conditions. Journal of Food, Agriculture and Environment. 5, 225-227.

Franco j.a., Martínez-Sánchez j.j.,Fernández j.a., Bañón s., 2006. Selection and nursery production of ornamental plants for landscaping and xerogardening in semi-arid environments. J.HortSciBiotechnol. 81(1), 3–17.

G

Gallé a., and Feller u., 2007. Changes of photosynthetic traits in beech sapling (*Fagus sylvatica*) under severe drought stress and during recovery. Physiologia Plantarum. 131, 412–421.

Gao x., and Giorgi f., 2008. Increased aridity in the Mediterranean region under greenhouse gas forcing estimated from high resolution simulations with a regional climate model. Global and Planetary Change. **62**, 195-209.

Gao x., Pal j.s., Giorgi f., 2006. Projected changes in mean and extreme precipitation over the Mediterranean region from a high resolution double nested RCM simulation. Geophysical Research Letters. **33**, L03706

Gascó a., Nardini a., Gortan e., Salleo s., 2006. Ion-mediated increase in the hydraulic conductivity of laurel stems: role of pits and consequence for the impact of cavitation on water transport. Plant Cell Environment. 29, 1946–1955.

Gaudillière j.p., and Barcelo m.o., 1990. Effets des facteurs hydriques et osmotiques sur la croissance des talles de blé. Agronomie, 10, 423-432.

Gebre g.m., Kuhns m.r., Brandle j.r., 1994. Organic solute accumulation and dehydration tolerance in three water-stressed *populus deltoides* clones, Tree Physiology. 14, 575-587.

Geigenberger p., Reimholz r., Geiger m., Merlo l., Canale v., Stitt m., 1997. Regulation of sucrose and starch metabolism in potato tubers in response to short-term water deficit. Planta. 201, 502–518.

Ghashghaie j., Badeck f., Lanigan g., Nogues s., Tcherkez g., Deleens e., Cornic g., Griffiths h., 2003. Carbon isotope fractionation during dark respiration and photorespiration in C3 plants. Phytochemistry Reviews. 2, 145-161.

Gimenez c., Mitchell v.j., Lawlor d.w., 1992. Regulation of photosynthetic rate of two sunflower hybrids under water stress. Plant Physiol. 98, 516-524.

Gimenez f.s., and Fereres e.,1987. Resistencia a la sequia de cultivares de girasol bajo condiciones de campo. Inv. Agrar. Prod. Veg. 2, 67-87.

Giorgi f., and Lionello p., 2008. Climate change projections for the Mediterranean region. Global and Planetary Change. 63, 90-104.

Giorgi f., 2006. Climate change hot-spots. Geophysical Research Letters. 33, L08707.

Giorio p., Sorrentino g., Andria r., 1999. Stomatal behaviour, leaf water status and photosynthetic response in field-grown olive trees under water deficit. Environmental and Experimental Botany, Vol. 42, 95-104.

Girousse c., Bournoville r., Bonnemain j.l., 1996. Water deficit–induced changes in concentrations of proline and some other amino acids in the phloem sap of alfalfa. Plant Physiol. 111, 109–113.

Givnish t., 1979. On the adaptative significance of leaf form. In *Topics in plant populationbiology* (eds Solbrigg OT, Jain S, Johnson GB, Raven PH), pp. 375-407. ColumbiaUniversity Press, New-York.

Gomez-campo c (ed)., 1985. Plant conservation in the mediterranean area.

Gorham j., Wyn jones r.g., Mcdonnell e., 1985. Some Mechanisms of salt tolerance in crop plants. Plant soil. 89, 15–40.

Graciano c., Guiamét j.j., Goya j.f., 2005. Impact of nitrogen and phosphorus fertizilation on drought responses in Eucalyptus grandis seedlings.For. Ecol. Manage.212, 40-49.

Granier c., Inzé d., Tardieu f., 2000. Spatial distribution cell division rate can be deduced from that of p34cdc2 kinase activity in maize leaves grown in contrasting conditions of temperature and water status. Plant physiol. 124, 1393-1402.

Gratani l., 1996. Leaf and shoot growth dynamics of Quercus ilex L. Acta Oecol. 17, 17–27.

Greenway h., and Munns r., 1980. Mechanism of salt tolerance in non-halophytes, ann. Rev. Plant physiol. 31 (1980) 149–190.

Grella g.e., and Picci v., 1988. Variazion stagionali dell'olio essenziale di Salvia officinalis. Fitoterapia. 59, 97–102

Grieu p., Guehl j.m., Aussenac g., 1988. The effect of soil and atmospheric drought on photosynthesis and stomatal control of gas exchange in three coniferous species. Physiol. Plant. 73, 97-104.

Grossnickle s.c, Fan s, Russell j.h., 2005. Variation in gas exchange and water use efficiency patterns among populations of western redcedar. Trees. 19,32–42.

Grossnickle sc., and Russel jh., 1996. Changes in shoot water relations parameters of yellow cedar (Chamaecyparis nootkatensis) in response to environmental conditions. Can. J. Bot. 74, 31–39

Guan x.q., Zhao s.j., Li, d.q., shu h.r., 2004. Photoprotective function of photorespiration in several grapevine cultivars under drought stress. Photosynthetica. 42, 31-36.

H

Hafizoglu h., and Reunanen m., 1993. Studies on the components of *laurus nobilis* from turkey with special reference to laurel berry fat. Fat sci technol. 8,304–308.

Hampe a., 2003. Frugivory in European laurel: how extinct seed dispersers have been substituted. Bird Study. 50, 280–284.

Hao y.j, Kitashiba h, Honda c., Nada k., Moriguchi t., 2005. Expression of arginine decarboxylase and ornithine decarboxylase genes in apple cells and stressed shoots. Journal of Experimental Botany. 56, 1105–1115.

Hare p.d., Cress w.a., Van Staden j., 1998. Dissecting the roles of osmolyte accumulation during stress. Plant Cell Environ. 21, 535-553.

Harley p.c., Tenhunen j.d., Beyschlag w., Lange o.l., 1987. Seasonal changes in net photosynthesis rates and photosynthetic capacity in leaves of Cistus salvifolius, a European Mediterranean semi-deciduous shrub. Oecologia. 74, 380–388

Hartung w., Sauter a., Hose e., 2002. Abscisic acid in the xylem: where dose it come from and where dose it go. Journal of experimental botany. 53(366), 27-32

Harvey h.p., and Van den driessche r., 1997. Nutrition, xylem cavitation and drought resistance in hybrid poplar. Tree Physiology. 17, 647–654.

Hayashi f., Ichino t., Osanai m., Wada k., 2000. Oscillation and regulation of proline content of p5cs and prodh gene expressions in the light/dark cycles in arabodopsis thaliana l. Plant Cell Physiol. 41, 1096–1101.

Heinerman j., 1983. The complete book of spices, their medical, Nutritional and cooking uses. Keats publishing inc. New Canaan CT.

Heitholt j.j., Johnson r.c., Ferris d.m., 1991. Stomatal limitation to carbon dioxide assimilation in nitrogen-and drought-stressed wheat. Crop Sci. 31, 135- 139.

Hellebust j.a., 1976. Osmoregulation. Ann. Rev. Plant Physiol. 27, 485-505.

Henchi b., 1987. Effet des contraintes hydriques sur l'écologie et l'écophysiologie de plantago albicans l. Thèse de doctorat des sciences naturelles, Univ. De Tunis.

Hendawy s.f., and Khalid k.a., 2005. Response of sage (*Salvia officinalis* L.) plants to zinc application under different salinity levels. J. Appl. Sci. Res. 1, 147-155.

Hessini k., Martínez j p., Gandour m., Albouchi a., Soltani a., Abdelly c., 2009. Effect of water stress on growth, osmotic adjustment, cell wall elasticity and water-use efficiency in *spartina alterniflora*. Environmental and Experimental Botany. 67, 312–319.

Hinckley j.m., Lassoie j.p., Running s.w., 1978. Temporal and spatial variations in the water status of forest trees. For. Sci. 20, 1-72

Hinckley t.m. and Braatne j., 1994. Stomata. In : plant-environment interactions. Wilkinson re, eds. New york : marcel dekker inc, pp. 323-355.

Hong z., Lakkineni k., Zhang z., Verma p.s., 2000. Removal of feedback inhibition of 1-pyrroline-5-carboxylate synthetase results in increased proline accumulation and protection of plant from osmotic stress. Plant Physiol. 122, 1129–1136.

Hooda a., Nandwal a.s., Kuhad m.s., Dutta d., 1999. Plant water status and c, n and k distribution in potassium fertilised mung bean under drought and during recovery. In: faroda, a.s., joshi, n.l., kathju, s., karj, a. (eds.), recent advances in management of arid ecosystem. Proceedings of a symposium held in jodhpur, india in march 1997. Arid zone research association of india, pp. 207–214.

Hoson t., 2002. Physiological functions of plant cell coverings. J. Plant res. 115, 277–282, 2002.

Hoson t.,1998. Apoplast as the site of response to environmental signals, J. Plant Res. 111 (1998) 167-177

Hossain a.k.m.z., Koyama h., Hara t., 2006. Growth and cell wall properties of two wheat cultivars differing in their sensitivity to aluminum stress. Journal of Plant Physiology. 163, 39- 4.

Hsiao t.c., 1973. Plant response to water stress. Annual review plant physiology 24:519-70.

Hsiao t.c, and Xu l.k., 2000. Sensitivity of growth of roots versus leaves to water stress: biophysical analysis and relation to water transport. Journal of Experimental Botany. 51, 1595-1616.

Huang y., Street-Perrott f.a., Metcalfe s.e., Brenner m., Moreland m. and Freeman k.h. 2001. Climate change as the dominant control on glacial-interglacial variations in C3 and C4 plant abundance. Science. 293, 1647-1651.

Hubbard r.m., bond b.j. Ryan m.g., 1999. Evidence that hydraulic conductance limits photosynthesis in old *pinus ponderosa* trees. Tree physiol. 19, 165-172.

Hubick k.t., Shorter r., Farquhar g.d.,1988. Heritability and genotype × environment interactions of carbon isotope discrimination and transpiration efficiency in peanut (*arachis hypogaea* l.). Australian journal of plant physiology. 15, 799-813.

Hubick k.t., Farquhar g.d., and Shorter r., 1986. Correlation between water-use efficiency and carbon isotope discrimination in diverse peanut (*arachis*) germplasm. Aust. J. Plant physiol. 13, 803–816.

Hubick kt., Gibson a., 1993. Diversity in the relationship between carbon isotope discrimination and transpiration efficiency when water is limited. In Ehleringer j.r, Hall a.e, Farquhar g.d (eds) stable isotopes and plant carbon–water relations. Academic press, san diego, pp 311–325.

I

Iannucci a., Russo m., Arena l., Di Fonzo n., Martiniello p., 2002. Water deficit effects on osmotic adjustment and solute accumulation in leaves of annual clovers. European Journal of Agronomy. 16, 111–122.

Ibrahim l., Proe m.f., Cameron a.d., 1997. Main effect of nitrogen supply and drought stress upon whole-plant carbon allocation poplar, can. J. For. Res. 27, 1413-1419.

Ildiko k., and Galiba g., 1995. Carbohydrates in wheat and maize plants under water stress. INRA, Inter drought, V-10. In: Physiologie des arbres et arbustes des zones arides et semi-arides. Paris, 465-472.

Imamul huq s.m., 1984. Comparaison de la résistance au stress salin de vigna sinensis l. Et de pttaseolus aureus roxb. Thèse docteur ingénieur de l'université de nancy 1, 185 p.

Ingram j., and Bartels d., 1996. The molecular basis of dehydration tolerance in plants. Annu Rev Plant physiol. Plant mol. Biol. 47, 377–403

INRA, 2000. La résistance des plantes à la sécheresse, centre de Montpellier. Février-Mars 2000.

IPCC 2001. Climate change 2001: impacts, adaptation and vulnerability. Intergovernmental panel on climate change contribution of working group ii to the third assessment report of ipcc, cambridge university press, cambridge. Pp 944.

IPCC, 2007. Climate Change 2007: The Physical Science Basis. Contribution of Working Group I to the Fourth Assessment Report of the Intergovernmental Panel on Climate Change. Cambridge University Press, Cambridge, Pp 996.

Iraki n.m., Bbressan r.a., Hasegawa p.m., Carpita n.c., 1989a. Alteration of the physical and chemical structure of the primary cell wall of growth-limited plant cells adapted to osmotic stress. Plant Physiol. 91, 39-47.

Iraki n.m., Singh n., Bressan r.a., Carpita n.c. 1989b. Cell walls of tobacco and changes in composition associated with reduced growth upon adaptation to water and saline stress. Plant Physiol. 91, 48-53.

Irigoyen j.j., Emerich d.w., Sanchez d.m., 1992. Water stress induced changes in concentrations of proline and total soluble sugars in nodulated alfalfa (*medicago sativa*) plants. Physiol. Plant. 84, 50–60.

J

Jane g.t., and Green t.g.a., 1983. Utilisation of pressure-volume techniques and non-linear least squares analysis to investigate site induced stresses in evergreen trees. Oecologia (Berlin). 57, 380-390.

Jarvis a.j., and Davies w.j., 1998. The coupled response of stomatal conductance to photosynthesis and transpiration. J Exp Bot. 49, 399-406.

Jarvis a.j., Mansfield t.a., Davies w.j., 1999. Stomatal behaviour, photosynthesis and transpiration under rising CO2. Plant Cell Environ. 22, 639–648.

Jarvis p.g., 1976. The interpretation of the variation in leaf water potential and stomatal conductance found in the canopies in the field. Phil. Trans.R.Soc. London. B, 273, 593-610.

Jarvis, p.g., 1981. Plant water relations in models of tree growth. Stud. Fores. Suecic.160, 51-60.

Johansen c., Krishnamurthy l., Saxena n.p., Senthil s.c., 1994. Genetic variation in moisture stress of chickpea grown under linesource sprinklers in a semi-arid tropical environment, Field Crop Res. 37, 103–112.

Johnson, i.t., Gee j.m. Mahoney r.r., 1984. Effect of dietary supplements of guar gum and cellulose on intestinal cell proliferation enzyme levels and sugar transport in the rat. Br. J. Nutr., 52: 477-487.

joly r.j., and Zaerr j.b., 1987. Alteration of cell-wall water content and elasticity in douglas-fir during periods of water deficit, plant physiol. 83, 418–422.

Jones h.g., 1983. Plants and microclimate. Cambridge university press. Pp 323.

Jones h.g., 1992. Plant and microclimates (ed): a quantitative approach to environmental plant physiology. Cambridge University Press, London.

Jones h.g., and Sutherland r.a., 1991. Stomatal control of xylem embolism. Plant, Cell Environ. 14, 607-612.

Jones m.m., Osmond c.b., Turner n.c., 1980. Accumulation of solutes in leaves of sorghum and sunflower in response to water deficit . Aust. J. Plant physiol. 7, 193-205.

Jongdee b., Fukai s., Cooper m., 2002. Leaf water potential and osmotic adjustment as physiological traits to improve drought tolerance in rice. Field Crop Res. 76, 153-163.

Jurik tw., 1986. Seasonal patterns of leaf photosynthetic capacity in successional northern hardwood tree species. American Journal of Botany. 73, 131-138.

K

Kage h., Kochler m., Stützel h., 2004. Root growth and dry matter partitioning of cauliflower under drought stress conditions: measurement and simulation. Eur. J. Agron. 20, 379–394

Kameli a., And Losel d.m., 1995. Carbohydrates and water statues in wheat plants under water stress . New phytol. 125, 609-614.

Kameli a., and Losel d.m., 1996. Growth and sugar accumulation in durum wheat plants under water stress. New Phytol. 132, 57–62.

Katerji n., and Hallaire m ., 1984. Les grandeurs de référence utilisables dans l'étude de l'alimentation en eau des cultures. Agronomie. 4, 999-1008.

kavvadas sd., 1959. Illustrated botanical vegetation dictionary, vol e. Ed. G.p. xenou athens, Pp 2043–2552.

Kawamura y., Wakabayashi k., Hoson t., 2000. Stress-relaxation analysis of submerged and air-grown rice coleoptiles: correlations with cell wall biosynthesis and growth. J. Plant physiol. 156, 689– 694.

Kaya m.d., Okçub g., Ataka m., Cıkılıc y., Kolsarıcıa ö., 2006. Seed treatments to overcome salt and drought stress during germination in sunflower (*helianthus annuus* l.), Europ. J. Agron. 24, 291–295.

Kertesz zi., 1951. The Pectic Substances. Interscience, New York, pp. 94-129.

Kiani p.s., Talia p., Maury p., Grieu p., Heinz r., Perrault a., Nishinakamasu v., Hopp e., Gentzbittel l., Paniego n., and Sarrafi a., 2007. Genetic analysis of plant water status and osmotic adjustment in recombinant inbred lines of sunflower under two water treatments. Plant Science. 172, 773-787.

Kicheva m.i., Tsonev t.d., Popova l.p., 1994. Stomatal and non-stomatal limitations to photosynthesis in two wheat cultivars subjected to water stress. Photosynthetica. 30, 107-116.

Kilic a., Altuntas e., 2006. Wood and bark volatile compounds of *laurus nobilis* l. Holz als roh- und werkstoff. 64, 317–320.

Kilic a., Hafizoglu h., Kollmannsberger h., Nitz s., 2004. Volatile constituents and key odorants in leaves, buds, flowers and fruits of *laurus nobilis* l. J. Agric. Food chem. 52, 1601–1606.

Kim j.h., and Lee-stadelmann o.y., 1984. Water relations and cell wall elasticity quantities in *phaseolus vulgaris* leaves. J. Exp. Bot. 35, 841–858.

Kim j.y., Mahe a., Brangeon j. Prioul j.l., 2000. A maize vacuolar invertase, ivr2, is induced by water stress organ/tissue specificity and diurnal modulation of expression. Plant physiol. 124, 71-84.

Knight j d., Livingston n j., Van k c., 1994. Carbon isotope discrimination and water-use efficiency of six crops under wet and dryland conditions. Plant, Cell and Environment. 17, 173-179.

Knox jp., 2008. Revealing the structural and functional diversity of plant cell walls. Current Opinion in Plant Biology.11,308-313

Kokubo a., Kuraishi s., Sakurai n., 1989. Culm strength of barley. Correlation among maximum bending stress, cell wall dimensions, And cellulose content. Plant physiol. 91, 876–882.

Konstantinidou e.,·Takos i.,·Merou t., 2008. Desiccation and storage behavior of bay laurel (*laurus nobilis* l.) Seeds. Eur. J. Forest Res. 127, 125–131.

Kovar-Eder j., Kvaĉek z., Martinetto e., Roiron p,. 2006. Late Miocene to Early Pliocene vegetation of southern Europe (7–4 Ma) as reflected in the megafossil plant record. Palaeogeography, Palaeoclimatology, Palaeoecology. 238, 321–339.

Kováts E., 1965. Gas chromatographic characterization of organic substances in the retention index system. Advanced in chromatography. 1, 229-247.

Kramer p.j., and Boyer j.s., 1995. Water relations of plants and soils (book). Academic press, Pp 495.

Krijgsman w., 2002. The Mediterranean: Mare Nostrum of Earth sciences. Earth and Planetary Science Letters. 205, 1–12.

Kubacka-Zębalska m., and Kacperska a., 1999. Low temperature-induced modifications of cell wall content and polysaccharide composition in leaves of winter oilseed rape (Brassica napus L. var. oleifera L.). Plant Science. 148, 59–67.

Kusaka m., Lalusin a.g., Fujimura t., 2005. The maintenance of growth and turgor in pearl millet (*pennisetum glaucum* (l.) Leeke) cultivars with different root structures and osmo-regulation under drought stress, plant sci. 168, 1–14.

Kyparissis a., Manetas y., 1993. Seasonal leaf dimorphism in a semi-deciduous Mediterranean shrub: ecophysiological comparisons between winter and summer leaves. Acta Oecol. 14, 23–32.

L

Lacaze x., 2006. Développer des plantes résistantes a la sécheresse. Exemple des recherches sur les céréales menées a l'institut de l'évolution. Ambassade france en israël. Service de coopération & d'action culturelle. Pp 16.

Ladyman j.a.r., Hitz w.d., Hanson a.d., 1980. Translocation and metabolism of glycine betaine by barley plants in relation to water stress. Planta. 150, 191–196.

Lamhamedi m.s., Bernier p.y., Hébert c., Jobidon r., 1998. Physiological and growth responses of three types of containerzed Picea mariana seedlings out planted with and without vegetation control. For. Ecol. Manage.110.

Langer r., Mechtler ch., Tanzler h.o., Jurenitsch j., 1993. Differences of the composition of the essential oil within an individuum of Salvia officinalis. Planta Med. 59, 635–636.

Larcher w., 1995. Physiological plant ecology. Springer-verlag, berlin. Pp 506.

Lauteri m., Scartazza a., Guido m.c., Brugnoli e., 1997. Genetic variation in photosynthetic capacity, carbon isotope discrimination and mesophyll conductance in provenances of *Castanea sativa* adapted to different environments. Funct. Ecol. 11, 675-683.

La Rosa pc., Hasegawa pm., Rhodes d., Clithero jm., Watad aea., Bressan ra., 1987. Abscisic acid stimulated osmotic adjustment and its involvement in adaptation of tobacco cells to nacl. Plant physiol. 85, 174–181.

Lawlor d.w., Young a.t., Keys a.j., Kendall a.c., 1987. Nitrate nutrition and temperature effects on wheat: photosynthesis and photorespiration of leaves. J. Exp. Bot. 38, 378–392.

Lawlor dw., and Cornic g., 2002. Photosynthetic carbon assimilation and associated metabolism in relation to water deficits in higher plants. Plant, Cell and Environment. 25, 275-294.

Le Roux x., Grand s., Dreyer e., Daudet f.a., 1999. Parametrization and testing of a biochemically based photosynthesis model for walnut (*juglans regia*) trees and seedlings. Tree physiol. 19, 481-492.

Lebon e., Pellegrino a., Louarn g., and Lecoeur j., 2006. Branch development controls leaf area dynamics in grapevine (*vitis vinifera*) growing in drying soil. Annals of Botany. 98, 175-185.

Lebon e., Pellegrino a., Tardieu f., and Lecoeur j., 2004. Shoot development in grapevine is affected by the modular branching pattern of the stem and intra and inter-shoot trophic competition. Annals of Botany. 93, 263-274.

Lecoeur j., Wery j., Turc o., Tardieu f., 1995. Expansion of pea leaves subjected to short water deficit: cell number and cell size are sensitive to stress at different periods of leaf development. Journal of Experimental Bbotany. 46, 1093-1101.

Lei y., Yin c., Li c., 2006. Differences in some morphological, physiological, and biochemical responses to drought stress in two contrasting populations of Populus przewalskii. Physiologia Plantarum. 127, 182–191.

Leinonen i., And jones h.g., 2004. Combining thermal and visible imagery for estimating canopy temperature and identifying plant stress. Journal of Experimental Botany. 55, 1423-1431.

Leiva m.j., Fernández-Alés r., 1998. Variability in seedling water status during drought within a Quercus ilex subsp. ballota population, and its relation to seedling morphology. Forest Ecology and Management. 111, 147-156.

Lemcoff j.h., Guarnaschelli a.b., Garau a.m., prystupa p., 2002. Elastic and osmotic adjustments in rooted cuttings of several clones of *eucalyptus camaldulensis* dehnh. From southeastern australia after a drought. Flora. 197, 134–142.

Leon p., and Sheen j., 2003. Sugar and hormone connections. Trends in Plant Science. 8:110-116.

Leucci mr., Lenucci ms., Piro g., Dalessandro g.,2008. Water stress and cell wall polysaccharides in the apical root zone of wheat cultivars varying in drought tolerance. Journal of Plant Physiology. 165, 1168-1180.

Levitt j., 1980. Responses of plants to environmental stresses 2nd edition. Academic press, New York.

Leyel c. F., 1984. "A modern herbal mrs m. Grieve," penguin books, harmondsworth, 1984.

Li j., Nagpal p., Vitart v., McMorris t.c., and Chory j., 1996. A. role for brassinosteroids in light-dependent development of Arabidopsis. Science. 272, 398–401.

Li c, Puhakainen t., Welling a., Vihera¨-aarnio a., Ernstsen a., Junttila o., Heino p., Palva. 2002. Cold acclimation in silver birch (betula pendula). Development of freezing tolerance in different tissues and climatic ecotypes. Physiol Plant. 116, 478–488.

Li c., 1999. Carbon isotope composition, water-use efficiency and biomass productivity of eucalyptus microtheca populations under different water supplies. Plant Soil. 214, 165–171.

Li c., Yin c., Liu s., 2004. different responses of two contrasting *populus davidiana* populations to exogenous abscisic acid application. Environ Exp Bot. 51, 237–246.

Li s.h., Huguet j.g., Schoch p.g., Bussi c., 1990. Réponse de jeunes pêchers cultivés en pots à différents régimes d'alimentation hydrique. I: Conséquences sur la transpiration, la résistance stomatique, le potentiel hydrique foliaire, la photosynthèse et les variations micromorphométriques des tiges. Agronomie. Vol. 10, 263-272.

Li., c 2000. Population differences in water-use efficiency of *eucalyptus Microtheca* seedlings under different watering regimes. Physiol Plant. 108, 134–139.

Liu z., and Dickmann d.i., 1992. Abscissic acid accumulation in leaves of two contrasting hybrid poplar clones affected by nitrogen fertilization plus cycling flooding and soil drying, Tree Physiology. 11, 109-122.

Lo Gullo m.a., Salleo s., Rosso r., Trifilo p., 2003. Drought resistance of 2-year-old saplings of Mediterranean forest trees in the field: relations between water relations, hydraulics and productivity. Plant Soil. 250, 259–72.

Lodovici m., Akpan v., Casalini c., Zappa c., Dolara p., 1998. Polycyclic aromatic hydrocarbons in Laurus nobilis leaves as a measure of air pollution in urban and rural sites of Tuscany. Chemosphere. 36, 1703-1712.

Loustau d.a. Granier f. Moussa e.h., 1990. Evolution saisonnière du flux de sève dans un pepleument de pins maritime. Ann. Sci. For. 21, 599-616.

Lovisolo c., and Schubert a., 2006. Mercury hinders recovery of shoot hydraulic conductivity during grapevine rehydration: evidence from a whole-plant approach. New Phytologist. 172, 469- 478.

Lowlor d.w., 2002. Limitation to photosynthesis to water stressed leaves: stomata vs. Metabolism and the role of ATP. Annals of Botany. 89, 871-885

Lowlor d.w., and Cornic g., 2002. Photosynthetic carbon assimilation and associated metabolism in relation to water deficits in higher plants. Plant Cell Environ. 25, 275–294.

Lu p., Biron p., Granier a., Cochard h., 1996. Water relations of adult norway spruce (*picea abies* (l) karst) under soil drought in the vosges mountains : whole-tree hydraulic conductance, xylem embolism and water loss regulation. Ann Sci Forest. 53, 113-121.

Luers a., Lobell d., Sklar l.s., Addams c.l., Matson p.m., 2003. A method for quantifying vulnerability, applied to the Yaqui Valley, Mexico. Global Environmental Change. 13, 255–267.

Luers a.l., 2005. The surface of vulnerability: An analytical framework for examining environmental change. Global Environmental Change. 15, 214–223.

M

Maatallah s., 2003. Tolèrance a la salinité et bilans des transports d'ions chez le laurier noble (*laurus nobilis l.*) Au stade juvénile. DEA, Univ. De Tunis. Pp 59.

Mahouachi j., 2009. Changes in nutrient concentrations and leaf gas exchange parameters in banana plantlets under gradual soil moisture depletion. Scientia Horticulturae. 120, 460–466.

Mai d.h., 1989. Development and regional differentiation of the European vegetation during the Tertiary. Plant Systematics and Evolution. 162, 79–91.

Maier-Maercker u., 1981. Peristomatal transpiration and stomatal movement: a controversial view. VII. Correlation of stomatal aperture with evaporative demand and water uptake through the roots. Z. Pflanzenphysiol. 102, 397-413.

Maier-Maercker u.,1983. The role of peristomatal transpiration in the mechanism of stomatal movement. Plant. Cell. Environ. 6, 369-380.

Mäkelä p., peltonen-sainio p., jokinen k., pehu e., setälä h., hinkkanen r., somersalso s., 1996. Uptake and translocation of foliar-applied glycinebetaine in crop plants. Plant Sci. 121, 221–230.

Margaris ns.,and Mooney ha., 1981. Components of Productivityn of Mediterranean-climate Regions. Junk, The Hague.

Marron n., Delay d., Petit jm., Dreyer e., Kahlem g., Delmotte fm., Brignolas f., 2002. Physiological traits of two Populus × euramericana clones, Luisa Avanzo and Dorskamp, during a water stress and re-watering cycle. Tree Physiol. 22, 849–858.

Marschner h., 1995. Mineral nutrition of higher plants, 2nd ed. Academic press, london. Pp 231–255.

Marshall j.g., Dumbroff e.b., 1999. Turgor regulation via cell wall adjustment in white spruce. Plant. Physiol. 119, 313–319.

Marshall j.g., Dumbroff e.b., Thalcher b.j., Martin b., Blumwald e., 1999. Synthesis and oxidative insolubilization of cell-wall proteins during osmotic stress. Planta 208, 401–408.

Martine-vilalta j., Prat e., Oliveras i., and Pinol j., 2002. Xylem hydraulic properties of roots and stems of nine mediterranean woody species. Oecologia. 133, 19-29.

Martinez j.p., Lutts s., Schanck a., Bajji m., Kinet j.m., 2004. Is osmotic adjustment required for water stress resistance in the mediterranean shrub *atriplex halimus* L.?. J. Plant Physiol. 161, 1041–1051.

Martínez j.p., Silva h., Ledent j.f., Pinto m., 2007. Effect of drought stress on the osmotic adjustment, cell wall elasticity and cell volume of six cultivars of common beans (*Phaseolus vulgaris* L.), Eur. J. Agron. 26, 30–38.

Marzouki h., Elaissi f.a., Khaldi a.h., Bouzid s., Falconierie d., Marongiu b., Pirasa a., Porceddaa s., 2009. Seasonal and Geographical Variation of *Laurus nobilis* L. Essential Oil from Tunisia. *The Open Natural Products Journal*, 2009, 2, 86-91.

Marzouki h., 2009. Variabilite genetique, biochimique et activites biologiques des huiles essentielles de *Laurus nobilis* L. en Tunisie. DEA. Univ. De Tunis. Pp, 193.

Mathé i., Olah l., Mathé a., Miklossy v., Bernath j., Bluden g., Patel a.v., Mathé i., 1992. Changes in the essential oil production of Salvia officinalis under climatic conditions of the temperature belt. Planta Med. 58, A680.

Mastrangelo a.m., Rascio a., Mazzucco l., Russo m., Cattivelli l., Di Fonzo n., 2000. Molecular aspects of abiotic stress resistance in durum wheat. Option méditerranéenne. N°40, 207-213.

Matsuda h., Shimoda h., Ninomiya k., Yoshikawa m., 2002. Inhibitory mechanism of costunolide, a sesquiterpene lactone isolated from laurus nobilis, on blood–ethanol elevation in rats: involvement of inhibition of gastric emptying and increase in gastric juice secretion. Alcohol & alcoholism. 37, 121–127.

Matthews m.a., and Boyer j.s., 1984. Acclimation of photosynthesis to low leaf water potentials. Plant physiol. 74: 161-166.

McBrien k.d., Berryr l., Lowe s.e., Neddermann k.m., Bursuker i., Huang s. 1995. Rakicidins, new cytotoxic lipopeptides from micromonospora sp fermantation, isolation and characterization. Journal of Antibiotics. 48, 1446–1452.

McCarthy j.j., Canziani o.f., Leary n.a., Dokkern d.j., White k.s., (eds) 2001. Climate change 2001 : impacts adaptation and vulnerability. Contribution of working group II to the third assessment report of intergovernmental panel on climate change cambridge university press Cambridge. Cambridge, Chapter 14, Pp. 693-734.

Médail f., and Quézel p., 1997. Hot-spots analysis for conservation of plant biodiversity in the mediterranean basin. Ann. Missouri bot. Gard.84, 112-127.

Medrano h., Escalona j.m., Cifre j., Bota j., Flexas j., 2003. A ten-year study on the physiology of two spanish grapevine cultivars under field conditions: effects of water availability from leaf photosynthesis to grape yield and quality. Functional Plant Biology. 30, 607-619.

Meier c.e., Newton m., Puryear j.d., Sen s., 1992. Physiological responses of loblolly pine (Pinus taeda L.) seedlings to drought stress: osmotic adjustment and tissue elasticity. J. Plant Physiol. 15, 717–726.

Meinzer f.c., Goldstein g., Grantz d.a., 1990. Carbon isotope discrimination in coffee genotypes grown under limited water-supply. Plant Physiol. 92:130-135.

Mihailović n., Lazarević m., Dz˘eletović ž., Vućković m., Durdević m., 1997. Chlorophyllase activity in wheat Triticum aestivum L. leaves during drought and its dependence on the nitrogen ion form applied. Plant Sci. 129, 141–146.

Minolta, 1989. Manual for Spad 502 chlorophyll meter. Minolta camera co., osaka, japan.

Monclus r., Dreyer e., Villar m., Delmotte f., Delay d., Petit j., Barbaroux c., Le Thiec d., Bréchet c., Brignolas f., 2006. Impact of drought on productivity and water use efficiency in 29 genotypes of *Populus deltoides* × *Populus nigra*. New Phytologist. 169, 765-777.

Monneveux p., and Belhassen e., 1996. The diversity of drought adaptation in the wide. Plant Growth Regul. 20, 85–92.

Monneveux p.h., and Nemmar m., 1986. Contribution à l'etude de la résistance a la sécheresse chez le blé tendre. Etude de l'accumulation de la proline au cours du cycle de développement. Agronomie. 6, 17.

Monneveux, P., 1989. Quelles stratégies pour l'amélioration génétique des céréales d'hiver ? Dans : Jour. Scie. de l'AUPELEF, Tunis (Tunisie), 4-9 Déc., ENSA-INRA, Montpellier, 24 pp.

Montero j.i., Antón a., Muñoz p.,Lorenzo p., 2001. Transpiration from geranium grown under high temperatures and low humidities in green houses. Agric For Meteorol. 107(4), 323–32.

Mooney h.a., 1981. Primary production in mediterraneanclimate regions. In: di castri, f., goodall, d.w., specht, r.l. (eds.), mediterranean type shrublands-ecosystems of the world. Elsevier, amsterdam, Pp. 249–255.

Mooney h.a., 1982. Habitat, plant form, and plant water relations in Mediterranean-climate regions. Ecologia Mediterranea. 8, 481–488.

Morgan j.m., 1984. Osmoregulation and water stress in higher plants. Annu. Rev. Plant Physiol. 35, 299-319.

Morgan j.m., 1983. Osmoregulation as a selection criterion for drought tolerance in wheat. Aust. J. Agric. Res. 34, 607– 614.

Moutarde j., and Renault s., 2004. Effects of NaCl on water relations and cell wall elasticity and composition of red-osier dogwood (Cornus stolonifera) seedlings. Physiol. Plant. 121, 265–271.

Muller b., Bourdais g., Reidy b., Bencivenni c., Massonneau a., Condamine p., Rolland g., Cone´ jéro g., Rogowsky p., Tardieu f., 2007. Association of specific expansins with growth in maize leaves is maintained under environmental, genetic, and developmental sources of variation. Plant Physiology. 143, 278–290.

Munõz j.f., Dopico b., Labrador e., 1993. Effect of osmotic stress on the growth of epicotyls of cicer arietinum in relation to changes in cell wall composition. Physiol. Plant. 87, 552-560.

N

Naidu b.p., Paleg l.G., Aspinall d., Jennings a.C., jones g.p., 1990. Rate of imposition of water stress alters the accumulation of nitrogen-containing solutes by wheat seedlings. Aust. J. Plant physiol. 17, 653-664.

Nakamura y., Wakabayashi k., Hoson t., 2003. Temperature modulates the cell wall mechanical properties of rice coleoptiles by altering the molecular mass of hemicellulosic polysaccharides. Physiol. Plant. 118, 597–604.

Naser h., Ghorbel m.h., Wallander h., Dommergues y.r., 2005. Selecting matched rool architecture in tree pairs to be used for assissing N2 fixation based on soil-15N-labelling. Acta Oecol. 27, 75-79.

Nayyar h., 2003. Accumulation of osmolytes and osmotic adjustment in waterstressed wheat (triticum aestivum) and maize (zea mays) as affected by calcium and its antagonists. Environ. Exp. Bot. 50, 253–264.

Neumann p.m., 1995. The role of cell wall adjustment in plant resistance to water deficit. Crop Science. 35, 1258–1266.

Newton r.j., Sen s., Puryear j.d., 1986. Free proline changes in pinus taeda l. Callus in response to drought stress. Tree Physiol. 325-332.

Ngugi e.c.k., Austin r.b., Galwey n.w., Hall m.a., 1996. Associations between grain yield and carbon isotope discrimination in cowpea. European Journal of Agronomy. 5, 9-17.

Ngugi m.r., Doley d., Hunt m.a., Dart p., Ryan p,. 2003. Leaf water relations of Eucalyptus cloeziana and Eucalyptus argophloia in response to water deficit. Tree Physiol. 23, 335-343.

Nier a.o, and Gulbransen e.a., 1939. Variations in the relative Abundance of the carbon isotopes. Journal of the american chemical society. 61, 697-698.

Niinemets u., 1999. Components of leaf dry mass per area - thickness and density - alter leaf photosynthetic capacity in reverse direction in woody plants. New Phytologist. 144, 35-47.

Niinemets u., 2001. Global-scale climatic controls of leaf dry mass per area, density, and thickness in trees and shrubs. Ecology. 82, 453-469.

Niinemets u., Cescatti a., Rodeghiero m., Tosens t., 2005. Leaf internal diffusion conductance limits photosynthesis more strongly in older leaves of Mediterranean evergreen broad-leaved species. Plant, Cell and Environment. 28(12), 1552-1566.

Nunes ma., Catarino f., Pinto e., 1989. Strategies for acclimation to seasonal drought in Ceratonia *siliqua leaves.* Physiol. Plant. 77, 150-156.

O

Obel n., Porchia a.c., Scheller h.v., 2002. Dynamic changes in cell wall polysaccharides during wheat seedling development. Phytochemistry. 60, 603–10.

Ober e.s., Le-bloa m., Cclark c.j.a., Royal a., Jaggard k.w., pidgeon j.d., 2005. Evaluation of physiological traits as indirect selection criteria for drought tolerance in sugar beet. Field Crops Res. 91, 231–249.

Ohno t,. and Zibilske m.l.,1991. Determination of low concentrations of phosphorus in soil extracts using Malachite green. Soil Science Society of America Journal. 55, 892-895.

Ozek t., Bozan b., Baser k., 1998. Supercritical co2 extraction of volatile components from leaves of *laurus nobilis* l. Chem.Nat.Compd. 34, 668–671.

P

Pagter m., Bragato c., Brix h., 2005. Tolerance and physiological responses of Phragmites australis to water deficit, Aquatic Botany 81, 285–299.

Palamarev e,. 1989. Paleobotanical evidences of the Tertiary history and origin of the Mediterranean sclerophyll dendroflora. Plant Systematics and Evolution, 162, 93–107.

Papageorgiou g.c., and Murata n., 1995. The unusually strong stabilizing effects of glycine betaine on the structure and function of the oxygen-evolving photosystem ii complex. Photosynthesis research. 44, 243–252.

Parry w., 1969. Spices, vol 1. Chemical publishing co, London.

Parvez, m.m., Wakabayashi, k., Hoson, t., Kamisaka s., 1997. White light promotes the formation of diferulic acid in maize coleoptile cell walls by enhancing pal activity. Physiol. Plant. 99, 39–48.

Passioura j.b., 1996. Drought and drought tolerance. Review plant growth regulation. 20:79-83.

Patakas a., and Noitsakis b., 1999. Mechanisms involved in diurnal changes of osmotic potential in grapevines under drought conditions. Journal of plant physiology 154:767-774.

Patakas a., Nikolaou n., Zioziou k., Radoglou k., Noitsakis b., 2002. The role of organic solute and ion accumulation in osmotic adjustment in drought-stressed grapevines. Plant Sci. 163, 361–367.

Patakas a., and Noitsakis b., 1997. Cell wall elasticity as a mechanism to maintain favorable water relations during leaf ontogeny in grapevines. Am. J. Enol. Vitic. 48, 352–356.

Paula s., and Pausas j.g., 2006. Leaf traits and resprouting ability in the Mediterranean basin. Functional Ecology, **20**, 941-947.

Payne w.a., Hossner l.r., Onken a.b., Wendt c.w., 1995. Nitrogen and phosphorus uptake in pearl millet and its relation to nutrient and transpiration efficiency. Agro. J. 87, 425–431.

Pearce r.b., Strange r.n., Smith h., 1976. Glycinebetaine and choline in wheat; distribution and relation to infection by *fusarium graminearum.* Phytochemistry. 15, 953–954.

Pérez-Pérez j.g., Romero p., Navarro j.m., Botía p., 2008. Response of sweet orange cv 'Lane late' to deficit irrigation in two rootstocks. I: Water relations, leaf gas exchange and vegetative growth. Irrig. Sci. 26 (5), 415–425.

Perry n.b., Anderson r.e., Brennan n.j., Douglas m.h., Heanney a.j.,McGimpsey j.a., Smallfield b.m., 1999. Essential oils from dalmatian sage (*Salvia officinalis*

L.): variations among individuals, plant parts, seasons, and sites. J. Agric. Food Chem. 47, 2048–2054.

Pesoli p., Gratani l., larcher w., 2003. Responses of Quercus ilex from different provenances to experimentally imposed water stress. Biologia Plantarum. 46 (4), 577-581.

Petropoulos s.a., Akoumianakis c.a., Passam h.c., 2008. The effect of nitrogen fertilization on plant growth and the nitrate content of leaves and roots of parsley in the Mediterranean region. Sci. Horti. 118, 255-259.

Piccaglia r., and Marotti m., 1993. Characterization of several aromatic plants grown in northern Italy. Flavour Fragrance Journal. 8,112-115.

Picon c., Guehl j.m., Aussena c.g., 1996. Growth dynamics, transpiration and water use efficiency in Quercus robur plants submitted to elevated CO_2 and drought. Annales des Sciences Forestières. 53, 431-446.

Pino j.a., and Borges p., 1999. Volatile components of spices. v. Laurel. Alimentaria. 301, 67–70.

Pirone g., 1995. Alberi, arbusti e liane d'abruzzo. Cogecstre edizioni (penne).

Plaut z., and Federman e., 1991. Acclimation of CO_2 assimilation in cotton leaves to water stress and salinity. Plant Physiol. 97, 515-522.

Poni s., bernizzoni f., and Civardi s., 2007. Response of "sangiovese" grapevines to partial root-zone drying: gas-exchange, growth and grape composition. Scientia Horticulturae. 114, 96-103.

Ponton s., Dupouey j.l., Breda n., Dreyer e., 2002. Comparison of water-use efficiency of seedlings from two sympatric oak species: genotype × environment interactions. Tree Physiol. 22, 413–422.

Pottier-Alapetite g., 1979. Flore de la tunisie, angiospermes-dicotylèdones * apétales-dialypétales. Ouvrages publié par le minstère de l'enseignement supérieur et le ministère de l'agriculture.

Pugnaire f.i., Endolz l.s., Pardos j., 1994. Constraints by water stress on plant growth. In Pessarakli M (ed) Handbook of Plant and Crop Stress. Marcel Dekker, New York, Pp 247–259.

Putievsky e., Ravid u., Snir n., Sanderovich d., 1994. The essential Oils from cultivated bay laurel (*laurus nobilis* l.). Isr. J. Botany. 33, 47–52.

Q

Qamar s., and chaudhary f.m., 1991. Antifungal activity of some essential oil from local plants. Pak. J. Sci. Indust. Res. 34, 30–31.

Quarrie s.a., and Jones h.g., 1979. Genotypic variation in leaf water potential, stomatal conductance, and abscisic acid concentration in spring wheat subjected to artificial drought stress. Ann. Bot. 44, 323–332.

Quick w.p., Chaves m.m., Wendler r., 1992. the effect of water stress on photosynthetic carbon metabolism in four species grown under field conditions. Plant Cell Environ. 15, 25–35.

R

Rambal s., 2001. Hierarchy and productivity of Mediterranean-type ecosystems. In Terrestrial Global Productivity (eds Roy J, Saugier B, Mooney HA), Pp. 315-344. Academic Press, San Diego.

Rascio a., Platani c., Di Fonzo n., Wittmer g., 1992. Bound water in durum wheat under drought stress. Plant Physiology. 98, 908–912.

Rascio a., Russo m., Platani c., Di Fonzo n., 1998. Drought intensity effects on genotypic differences in tissue affinity for strongly boundwater. Plant Science. 132, 121–126

Rasoul Sharifi m., and Rundel p.w.1993. The effect of vapour pressure deficiton carbon isotope discrimination in the desert shrub Larrea tridentata (Creosote Bush). J Exp Bot.44(2), 481-487.

Rathinasabapathi b., 2000. Metabolic engineering for stress tolerance: installing osmoprotectant synthesis pathways. Annals of Botany. 86, 709–716.

Reddy a.r., Chaitanya k.v., Vivekanandan m., 2004. Drought-induced responses of photosynthesis and antioxidant metabolism in higher plants. J plant physiol. 161, 1189-1202.

Reich p.b., Ellsworth d.s., Walters m.b., Vose j.m., Gresham c., Volin j.c., Bowman w.d., 1999. Generality of leaf trait relationships: a test across six biomes. Ecology 80, 1955–1969.

Reichstein m., Tenhunen j.d., Roupsard o., 2002. Severe drought effects on ecosystem CO2 and H2O fluxes at three Mediterranean evergreen sites: revision of currenthypotheses? Global Change Biology. **8**, 999-1017.

Renault s., and Zwiazek j.j., 1997. Cell wall composition and elasticity of dormant and growing white spruce (*Picea glauca*) seedlings, Physiol. Plant. 101, 323–327.

Rhodes d. and Samaras y., 1994. Genetic control of osmoregulation in plants. In *cellular and molecular physiology of cell volume regulation* (ed. K. Strange), Pp. 347–361. Crc press, boca raton, fl.

Rhodes d., and Hanson a.d.,. 1993. Quaternary ammonium and tertiary sulfonium compounds in higher plants. Annu. Rev. Plant physiol. Plant mol. Biol. 44, 357-384.

Riaz m., Ashraf c.m., Chaudhary f.m., 1989. Studies of the essential Oil of the pakistani *laurus nobilis* linn in different seasons. Pak. J. Sci. Indust. Res. 32, 33-35.

Richards r.a., and Condon a.g., 1993. Challenges ahead in using carbon isotope discrimination in plant-breeding programs. In: Ehleringer j.r, Hall a.e, Farqubar g.d, eds, stable isotopes and plant carbon-water relations. Academic press inc, san diego, usa. Pp. 451-462.

Rieger m., and Daniell jw., 1988. Leaf water relations, soil-toleaf resistance, and drought stress in pecan seedlings. J. Am. Sot. Hort. Sci. I 13, 789-793.

Roberts d.r., Dumbroff e.b., 1986. Relationships among drought resistance, transpiration rates, and abscisic acid levels in three northern conifers. Tree Physiol. 1, 161-167.

Roberts e.h., 1973. Predicting the storage life of seeds. Seed Sci Technol. 1, 499-514.

Robichaux r.h,. 1984. Variation in tissue water relations of two sympatric Hawain Dudautia species and their natural hybrid. Oecologia. 65, 75-81.

Robin s., Pathan m.s., Pourtois b., Lafitte r., Carandang s, Lancerase s, Amante m., nguyen h.t., Li z., 2003. Mapping osmotic adjustment in an advanced back-cross inbred population of rice. Theor appl genet 107:1288-1296.

Rodriguez-Sánchez f., and Arroyo j,. 2008. Reconstructing the demise of Tethyan plants: climate-driven range dynamics of Laurus since the Pliocene. Global Ecology and Biogeography, 17, 685-695.

Rodríguez-Sánchez f., Guzmá Valido b.a., Vargas p., Arroyo j., 2009. Late Neogene history of the laurel tree (Laurus L., Lauraceae) based on phylogeographical analyses of Mediterranean and Macaronesian populations. Journal of Biogeography (J. Biogeogr.). 36, 1270-1281.

Rontein d., Basset g., Hanson a.d., 2002. Metabolic engineering of osmoprotectant accumulation in plants. Metab eng. 4, 49-56.

Rose j.k.c., hadfield k.a., Labavitch j.m., Bennett a.b., 1998. Temporal sequence of cell wall disassembly in rapidly ripening melon fruits. Plant Physiol. 117, 345-361.

Roupsard o., Joly h.i., Dreyer e., 1998. Variability of initial growth, water-use efficiency and carbon isotope discrimination in seedlings of Faidherbia albida

235

(Del.) A. Chev., a multipurpose tree of semi-arid Africa. Provenance and drought effects. Ann. Sci. For. 55, 329–348.

Roy j., 1980. Comportement photosynthétique et hydrique de la feuille chez *Dactylis glomera* L. Adaptation phénotypique et génétique à la sécheresse. Thèse de 3 ème cycle. Académie de Montpellier, Université des Sciences et Techniques du Langue-doc-Montepellier. France.

Ruiz-Sánchez m.c., Torrecillas a., Del Amor f., León a. 1987. Mineral element changes in almond leaves under different irrigation regimes. Adv. Hort. Sci. 1, 95–97.

Ruiz-Sánchez m.c., Sanchez-Blanco m.j., Planes j., Alarcon j.j. Torrecillas a., 1993. Seasonal changes in leaf water potential component in two almond cultivars. J. Agric. Sci. 120, 347-351.

Ruiz-Sánchez m.c., Domingo r., Torrecillas a., Pèrez-Pastor a., 2000. Water stress preconditioning to improve drought resistance in young apricot plants, Plant Sci. 156, 245–251.

S

Saab i.n., and Sharp r.e., 2004. Non-hydraulic signals from maize roots in drying soil: inhibition of leaf elongation but not stomatal conductance. Planta. 179,466-474.

Sagpya, 2008. Www.sagpya.mecon.gov.ar/new/0-0/agricultura.

Saim n., and Meloan c., 1986. Compounds from the leaves of bay as repellents for *tribolium castaneum* when addede to wheat flour. J Stored Prod Res. 22(3), 141–144.

Sakamoto a., and Murata n., 2002. The role of glycine betaine in the protection of plants from stress: clues from transgenic plants. Plant Cell Environ. 25, 163–171.

Sakurai n., Tanaka s., Kuraishi s., 1987 i. Changes in wall polysaccharides of squash (cucurbita maxima duch.) Hypocotyl under water stress condition. I. Wall sugar composition and growth as affected by water stress. Plant Cell Physiol. 28, 1051-1058.

Sakurai n., Tanaka s., Kuraishi s., 1987ii. Changes in wall polysaccharides of squash (cucurbita maxima duch.) Hypocotyls under water stress condition. Ii. Composition of pectic and hemicellulosic polysaccharides. Plant Cell Physiol. 28, 1059-1070.

Sakurai n., 1991. Cell wall functions in growth and development: Physical and chemical points of view. Bot Mag Tokyo. 104, 235-251.

Sala s., and Tenhunen j.d., 1994. Site-specific water relations and stomatal response of *quercus ilex* in a mediterranean watershed. Tree physiology. 14, 601-617.

Salleo s., Lo Gullo ma., Raimondo f., Nardini a., 2001. Vulnerability to cavitation of leaf minor veins: any impact on leaf gas exchange? Plant Cell Environ. 24, 851-859.

Salleo S., Lo Gullo ma., Trifiló p., Nardini a., 2004. New evidence for a role of vessel-associated cells and phloem in the rapid xylem refilling of cavitated stems of Laurus nobilis L. Plant Cell Environment. 27, 1065–1076.

Salleo s., Nardini a., Lo gullo m.a., Pitt f., 2000. Xylem cavitation and control of stomatal conductance in laurel (laurus nobilis l.). Plant, Cell & Environment. 23 (1), 71–79.

Samarah n., Mullen r., Cianzio s., 2004. Size, distribution and mineral nutrients of soybean seeds in response to drought stress. J. Plant nutr. 27, 815–835.

Sánchez-Blanco m.j., Álvarez s., Navarro a., Bañón s., 2009. Changes in leaf water relations, gas exchange, growth and flowering quality in potted geranium plants irrigated with different water regimes, Journal of Plant Physiology. 166, 467-476.

Sánchez-Blanco m.j., Rodríguez p., Morales m.a., Ortuño m.f., Torrecillas a., 2002. Comparative growth and water relations of *Cistus albidus* and *Cistus monspeliensis* plants during water deficit conditions and recovery, Plant Science. 162, 107–113.

Santarius k.a. 1973. The protective effect of sugars on chloroplast membranes during temperature and water stress and its relationship to frost, desiccation and heat resistance. Planta (Berl.). 113, 105-114.

Santoro m.m., Liu y., Khan s.m.a., Hou l.x., Bolen d.w., 1992. Increased thermal stability of proteins in the presence of naturally occurring osmolytes. Biochemistry. 31, 5278–5283.

Sari a.o., Oguz b., Bilgic a., 2006. Breaking seed dormancy of laurel (*laurus nobilis* l.). New forest. 31, 403–408

Sauter a., Davies w.j., Hartung w., 2001. The long-distance abscisic acid signal in the droughted the fate of the hormone on its way from root to shoot. Journal of Experimental Botany. 52, 1991-1997.

Sauter a., and Hartung w., 2000. Radial transport of abscisic acid conjugates in maize roots: its implication for long distance stress signals. J exp bot 51: 929–935.

Sauter j.j., 1981. Seasonal variation of amino acids and amides in the xylem sap of *salix*. Z. Pflanzenphysiol. 101, 399-411.

Sauterj.j., 1976. Analysis of the amino acids and amides in the xylem sap of *salix caprea* l. In early spring. Z. Pflanzenphysiol. 79, 276-280.

Savitskaya n.n., 1976. On the physiological role of the proline in plants.-biol. Nauki (moscow). 19, 49-61.

Sayyah m., Saroukhani g., Peirovi a., Kamalinejad m., 2003. Analgesic and anti-inflammatory activity of the leaf essential oil of laurus nobilis linn. Phytotheraphy Research. 17, 733–736.

Schneider k., Wells b., Schmelzer e., Salamini f. Bartels d., 1993. Desiccation leads to the rapid accumulation of both cytosolic and chloroplastic proteins in the resurrection plant craterostigma plantagineum hochst. Planta. 189, 120-131.

Schobert b., 1977. Is there an osmotic regulatory mechanism in algae and higher plants? Journal of Theoretical Biology. 68, 17– 26.

Scholander p.f., hammel h.t., bradstreet e.d., hemmingsen e.a., 1965. Sap pressure in vascular plants. Science 148: 339–364

Schultz h.r., 2003. Differences in hydraulic architecture account for near-isohydric and anisohydric behavior of two field-grown *vitis vinifera* l. Cultivars during drought. Plant Cell Environment. 26, 1393- 1405.

Schulze e.d,. and Hall a.e., 1982. Stomatal réponses, water loss and CO2 assimilation rates of plants of contrasting environments: 181-230. In Physiological plant ecology. Vol. II. Water relations and carbon assimilation, (eds) O.L. Lange, P.S. Nobel, C.B. Osmond, and H. Ziegler. Springer-Verlag, New York.

Schulze e.d., Chapin f.s., Gebauer g., 1994. Nitrogen nutrition and isotope differences among life forms at the northern treeline of Alaska. Oecologia. 100, 406–412.

Schulze p.j., and Hinckley t.m., 1985. A comparison of pressure-volume curve data analysis techniques. J. Exp. Bot. 36, 1590-1602.

Schurr u., Gollan t., Schulze e.d., 1992. Stomatal response to drying soil in relation to changes in the xylem sap composition of *helianthus annuus* 2. Stomatal sensitivity to abscisic acid imported from the xylem sap. Plant, Cell and Environment. 15, 561–567.

Seki m., Narusaka m., Abe h., Kasuga m., Yamaguchi-shinozaki k., Carninci p., Hayashizaki y., Shinozaki k., 2001. Monitoring the expression pattern of 1300 arabidopsis genes under drought and cold stresses using full-length cdna microarray. Plant Cell. 13, 61-72.

Sen p., Maiti p.c., Puri, s., 1992. Mechanism of anti-stress activity of *ocimum sanctum* linn, eugenol and *tinospora malabaria* in experimental animals. Indian. J. Exp. Biol. 30, 592–596.

Serraj r., and Sinclair t.r., 2002. Osmolyte accumulation: can it really help increase crop yield under drought conditions? Plant cell environ. 25, 333–341.

Serrano l., Penũelas j., Ogaya r., Savé r., 2005. Tissue-water relations of two co-occurring evergreen Mediterranean species in response to seasonal and experimental drought conditions. J. Plant. Res. 118, 263–269.

Serrano r., 1996. Salt tolerance in plants and microorganisms: toxicity targets and defense responses. Int. Rev. Cytol. 165, 1–52.

Seyed m., Riaz m., Chaudhary f.m., 1991. The anti bacterial activity of the essential oil of the pakistani *acotus calmus*, *callistemon lanceolatus* and *laurus nobilis*. Pak. J. Sci. Indust. Res. 34, 456–458.

Sfikas, g., 1993. Trees and shrubs of greece. Efstathiadis group d. A. (atenas).

Shangguan z., Shao m., Dyckmans j., 2000. Effects of nitrogen nutrition and water deficit on net photosynthetic rate and chlorophyll fluorescence in winter wheat. J. Plant physiol. 156, 46–51.

Sharkey t.d., and Seemann j.r., 1989. Mild water stress effects on carbon- reduction-cycle intermediates, ribulose bisphosphate carboxylase activity, and spatial homogeneity of photosynthesis in intact leaves. Plant physiol. 89, 1060–1065.

Sharp r.e., 2002. Interaction with ethylene: changing views on the role of abscisic acid in root and shoot growth responses to water stress. Plant Cell & Environment. 25, 211-222.

Sheffield j., and Wood e.f., 2008. Projected changes in drought occurrence under future globalwarming from multi-model, multi-scenario, IPCC AR4 simulations. Climate Dynamics. 31, 79-105.

Shibuya n., 1984. Phenolic acids and their carbohydrate esters in rice endosperm cell walls. Phytochem. 23, 2233.

Shimazaki y., Ookawa t., Hirasawa t., 2005. The root tip and accelerating region suppress elongation of the decelerating region without any effects on cell turgor in primary roots of maize under water stress. Plant Physiol. 139, 458–465.

Siddique m.r.b., Hamid a., Islam m.s., 2000. Drought stress effects on water relations of wheat. Bot. Bull. Acad. Sin. 41, 35–39.

Simić m., Kundakovic t., Kovacevic n., 2003. Preliminary assay on the antioxidative activity of laurus nobilis extracts. Fitoterapia, 74, 613–616.

Simon j.e., Reiss-Buhenheinra d., Joly r.j., Charles d.j., 1992. Water stress induced alterations in essential oil content and composition of sweet basil. J. Essent. Oil Res. 4, 71–75.

Sinclair t.r., Horie t., 1989. Leaf nitrogen, photosynthesis, and crop radiation-use efficiency: a review. Crop Science. 29, 90–98.

Singh m., and Ramesh s., 2000. Effect of irrigation and nitrogen on herbage, oil yield and water-use efficiency in rosemary grown under semi-arid tropical conditions. J. Med. Arom. Plant Sci. 22, 659–662.

Skroubis a., 1990. Aromatic, pharmaceutical and bee-keeping plants of greece. Geotechnical chamber of greece, thessaloniki (in greek)

Smirnoff n., and Cumbes q.j., 1989. Hydroxyl radical scavenging activity of compatible solutes. Phytochemistry 28, 1057–1060.

Soar c.j., and Loveys b.r., 2007. The effect of changing patterns in soil-moisture availability on grapevine root distribution, and viticultural implications for converting full-cover irrigation into a point-source irrigation system. Australian Journal of Grape and Wine Research. 13, 2-13.

Soar c.j., Speirs j., Maffei s.m., Penrose a.b., Mccarthy m.g., and Loveys b.r., 2006. Grape vine varieties shiraz and grenache differ in their stomatal response to vpd: apparent links with aba physiology and gene expression in leaf tissue. Australian Journal of Grape and Wine Research. 12, 2-11.

Somogyi m., 1952. Note on sugar determinations. Journal of Biological Chemistry. 195, 19–23.

Somot s., Sevault f., Deque m., Crepon m., 2008. 21st century climate change scenario for the Mediterranean using a coupled atmosphere-ocean regional climate model. Global and Planetary Change. 63, 112-126.

Sorrells m.e., Diab a., Nachit m., 2000. Comparative genetics of drought tolerance. Options méditerranéennes série a (séminaires méditerranéens). 40, 191-201.

Souza c.r., Maroco j., Santos t., Rodrigues m.l., Lopes c.m., Pereira j., Chaves m.m., 2005. Impact of deficit irrigation on water use efficiency and carbon isotope composition (d13c) of field-grown grapevines under Mediterranean. Climate. J. Exp. Bot. 56, 2163–2172.

Sperry j.s., 1995. Limitations on stem water transport and their consequences. In : plant stems : physiology and functional morpholgy. Academic press., Pp 105-124.

Sperry j.s., 2000. Hydraulic constraints on plant gas exchange. Agriculture and Forest Meteorology. 104, 13-23.

Sperry j.s., and Pockman w.t., 1993. Limitation of transpiration by hydraulic conductance and xylem cavitation in *betula occidentalis*. Plant Cell and Environment. 16, 279-287.

Sperry j.s., Nichols, k.l., Sullivan, j.e.m., Eastlack s.e., 1994. Xylem embolism in ringporous, diffuse-porous, and coniferous trees of northern utah and interior alaska. Ecology. 75(6), 1736-1752.

Sperry j.s., Hacke u.g., Oren r., Comstock j.p., 2002. Water deficits and hydraulic limits to leaf water supply. Plant, Cell and Environment. 25, 251-263.

Sperry j.s., and Tyree m.t., 1988. Mechanism of Water Stress-Induced Xylem Embolism. Plant Physiology. 88, 581-587.

Spollen w.g., Sharp r.e., Saab i.n., Wu y., 1993. Regulation of cell expansion in roots and shoots at low water potentials, in: J.A.C. Smith, H. Griffiths (Eds.), Water Deficits. Plant Responses from Cell to Community, Bios Scientific Publishers, Oxford, UK, 1993, pp. 37-52

Stewart t.r., and Larher f., 1980. Accumulation of amino acids and related compounds in relation to environmental stress. In : (b.j. miflin ed.). The biochemistry of plants v5. Phytochem. 16, 447-453.

Stoyanov z.z., 2005. Effect of water stress on leaf water relations of young bean plants. Cent. Eur. Agric. 6, 5–14.

Strain h.h., and Svéc w.a., 1966. In the chlorophylls, eds. Vernon, l. P. & seely, g. R. (academic press, new york), chap. 2, pp. 21-61.

Strasser r.j., 1988. A concept for stress andits application in remote sensing. In: lichtenthaler, h.k. (ed.), applications of chlorophyll fluorescence. Academic press, the netherlands, pp. 333–337.

Strauss g., and Hauser h., 1986. Stabilization of lipid bilayer vesicles by sucrose during freezing. Proc. Natl. Acad. Sci. U.s.a. 83, 2422-2426.

Sun z.j., Livingston n.j., Guy r.d., Ethier g.j., 1996. Stable carbon isotopes as indicators of increased water use efficiency in white spruce (picea glauca (moench) voss) seedlings. Plant Cell Environ. 19, 887-894.

Sweet w.j., Morrison j.c., Labavitch j.m,., Matthews m.a,. 1990. Altered synthesis and composition of cell wall of grape (Vitis vinifera L.) leaves during expansion and growth-inhibiting water deficits, Plant Cell Physiol. 31, 407-414.

Syed m., Riaz m., Chaudhari f.m., 1991. The antibacterial activity of the essential oils of the pakistani *acorus calamus, callistemon lanceolatus* and *laurus nobilis*. Pakistan J. Sci. Ind. R. 34(1), 456–458.

T

Taiz e., and Zeiger e., 2006. Plant Physiology, 4th Ed., Sinauer Associates Inc. Publishers, Massachusetts.

Taiz l., 1984. Plant cell expansion: regulation of cell wall mechanical properties. Ann. Rev. Plant physiol. 35, 585–657.

Takos i.a., 2001. Seed dormancy in bay laurel (laurus nobilis l.). New forests 21: 105–114. Vadachkoriya ts.t. And loladze d.v. 1986. Progressive method of raising bay laurel transplants. Subtropicheskie Kul'tury. 5, 108–110.

Tardieu f., 2005. Plant tolerance to water deficit: physical limits and possibilities for progress. C. R. Geoscience. 337, 57-67.

Tardieu f., and Simoneau t., 1998. Variability among species of stomatal control under fluctuating soil water status and evaporative demand: modeling isohydric and anisohydric behaviours. Journal of Experimental Botany. 49, 419-432.

Tardieu f., and Dreyer e., 1997. Régulation des echanges gazeux par les plantes soumises a la sécheresse. In l'eau dans l'espace rural. Production végétale et qualité de l'eau. Edited by inra-éditions. Institut national de recherche Agronomique. Pp. 41-59.

Tardieu f., Reymond m., Hamard p., Granier c., Muller b., 2000. Spatial distributions of expansion rate, cell division rate and cell size in maize leaves: a synthesis of the effects of soil water status, evaporative demand and temperature. J. Exp. Bot. 51, 1505–1514.

Tenhunen j.d., Reynolds j.f., Lange o.l., Dougherty r.l., Harley p.c., Kiimmerow j., Rambal s.1989. QUINTA: a physiologically-based growth simulator for drought adapted woody plant species. In 'Biomass Production by Fast-Growing Trees'. (Eds J. S. Pereira and J. J. Landsberg.). Pp. **135-68.** (Kluwer Acad. Press: Dordrecht.).

Tenhunen j.d., Sala serra a., Harley p.c., Dougherty r.l., Reynolds j.f., 1990. Factors influencing carbon fixation and water use by mediterranean sclerophyll shrubs during summer drought. Oecologia. 82:381-393.

Tenhunen j.d., Lange o.l., Gebel j., Beyschlag w., Weber j.a., 1984. Changes in photosynthetic capacity, carboxylation efficiency and co2 compensation point associated with midday stomatal closure and midday depression of net co2 exchange of leaves of *quercus suber.* Planta. 162, 193-203.

242

Tesha p.v., 1971. Check in height growth of pine seedlings due to water deficit. For Abs, 5240-7287.

Tezara w., and Lawlor d.w., 1995. Effects of water stress on the biochemistry and physiology of photosynthesis in sunflower. In: Mathis P, ed.Photosynthesis: from light to biosphere IV. Dordrecht: Kluwer Academic Publishers, 625–628.

Tezara w., Mitchall v., Driscoll s.p., Lawlor d.w., 2002. Effects of water deficit and its interaction with co2 supply on the biochemistry and physiology of photosynthesis in sunflower. J Exp Bot. 375, 1781-1791.

Tilki f., 2004. Inxuence of pretreatment and desiccation on the germination of *laurus nobilis* l. Seeds. J Environ Biol. 25(2), 157–161.

Timothy j.t., Tuskan g.a., Gebre g.m., Todd d.e., 1998. Drought resistance of two hybrid *Populus* clones grown in a large-scale plantation. Tree Physiol. 18, 653–658.

Torrecillas a., León f., Amor d.e.l., Martinez-Mompeán m.c., 1984. Determinación rápida de clorofila en discos foliares de limonero. Fruits. 39, 617–622.

Torrecillas a., Alarcon j.j., Domingo r., Planes j., Sanchez-Blanco m.j., 1996. Strategies for drought resistance in leaves of two almond cultivars. Plant Science. 118, 135-143.

Torrecillas a., Galego r., Pérez-Pastor a., Ruiz-Sánchez m.c., 1999. Gas exchange and water relations of young apricot plants under drought conditions. Journal of Agricultural Science. 132, 445–452.

Trewavas a.j., and Jones h.g., 1991. An assessment of the role of aba in plant development. In Davies wj, Jones hg (eds) abscisic acid: physiology and biochemistry. Bios scientific publishers limited, oxford, Pp 169–188.

Tschaplinski t.j., Tuskan g.a., Gebre g.m., Todd d.e., 1998. Drought resistance of two hybrid *populus* clones grown in a large-scale plantation. Tree Physiol. 18, 653–658.

Tsimilli-michael m., Krüger g.h.j., Strasser r.j., 1996. About the perpetual state changes in plants approaching harmony with their environment. Archs. Sci. Genève. 49, 173–203.

Tucakov j., 1990. "lečenje biljem. Rad," beograd, 1990.

Turner n.c., 1981. Techniques and experimental approaches for the measurement of plant water status. Plant and Soil. 58, 339–366.

Turner n.c., 1986. Adaptation to water deficits: a changing perspective. Australian J Plant Physiol. 13, 175–190.

Turner n.c., 1997. Further progress in crop water relation. Adv Agron. 58, 293-338.

Turner nc., Schulze e.d., Nicolle d., Schumacher j., Kuhlmann i., 2008. Annual rainfall does not directly determine the carbon isotope ratio of leaves of Eucalyptus species. Physiologia. Plantarum. 132, 440–445.

Turtola s., Manninen a.m., Rikala r., Kainulainen p., 2003. Drought stress alters the concentration of wood terpenoids in Scots pine and Norway spruce seedlings. J. Chem. Ecol. 29, 1981–1985.

Tyree m.t., 1999. Water relations and hydraulic architecture. In : handbook of functional plant ecolgy. Marcel dekker, inc, Pp. 221-268.

Tyree m.t., and Sperry j.s., 1989. Vulnerability of xylem to cavitation and embolism. Annual Review Physiology and Molecular Biology. 40, 19–38.

Tyree m.t., and Sperry j.s., 1988. Do Woody Plants Operate Near the Point of Catastrophic Xylem Dysfunction Caused by Dynamic Water Stress? Plant Physiology. 88, 574-580.

V

Van den Honert t.h., 1948. Water transport in plants as a catenary process. Discussions of the Faraday Society. 3, 146-153.

Van Hees a.f.m., 1997. Growth and morphology of pedunculate oak (Quercus robur L.) and beek (*Fagus sylvatica* L.) seedlings in relation to shading and drought. Ann Sci, 9-18.

Vasil i.k., 2003. The science and politics of plant biotechnology—a personal perspective, nat. Biotechnol. 21 (8), 849–851.

Venekamp j.h., Lampe j.e.m., Koot j.t.m., 1989. Organic acids as sources of drought-induced proline synthesis in field bean plants, *vicia faba* l. J. Plant physiol. 133, 654–659.

Vertucci c.w., and Leopold a.c., 1987. The relationship between water binding and desiccation tolerance in tissues. Plant Physiology. 85, 232–238.

Vincent a.m, Backus c, Taubman a.a, Feldman e.l. 2005. Identification of candidate drugs for the treatment of ALS. Amyotroph Lateral Scler Other Motor Neuron Disord. 6(1), 29-36.

Von Caemmerer s., and Farquhar g.d., 1981. Some relationships between the biochemistry of photosynthesis and the gas exchange of leaves. Planta. 153, 376–387.

Vowinckel t., Oechel w.c., et Boll w.g., 1975. The effects of climate on the photosynthesis of *Picea mariana* at the subarctic tree line. I. Field measurements. Can. J. Bot. 53, 604-620.

W

Wada k., Ueda n., Sawada h., Amemiya n., Haga m., 1997. Nature medicine. 51(3), 283-285.

Wakabayashi k., Hoson t., Kamisaka s., 1997. Changes in amounts and molecular mass distribution of cell wall polysaccharides of wheat (triticum aestivum l.) Coleoptiles under water stress. J. Plant physiol. 151, 33-40.

Wang j., Ives n.e., Leichowicz m.j., 1992. The relation of foliar phenology to xylem embolism in trees. Functional ecology. 6, 469-475.

Wang w., Vinocur b., Altman a., 2003. Plant responses to drought, salinity and extreme temperatures: towards genetic engineering for stress tolerance. Planta .218, 1-14.

Wardlaw i.f., 2005. Consideration of apoplastic water in plant organs: a reminder. Functional Plant Biology. 32, 561–569.

Wartinger a., Heilmeir h., Harting w., 1990. Daily and seasonal courses of leaf conductance and abscisic acid in xylem sap of almond trees (*prunus dulcis* (miller) d.a.webb) under desert conditions.New Phytologist. 116, 581-587.

Weretilnyk e.a., Bednarek s., Mccue k.f., Rhodes d., Hanson a.d., 1989. Comparative biochemical and immunological studies of the glycine betaine synthesis pathway in diverse families of dicotyledons. Planta. 178, 342–352.

Westgate m.e., and Boyer j.s., 1985. Osmotic adjustment and the inhibition of leaf, root, stem and silk growth at low water potentials in maize. Planta.164, 540–549.

White g.f., 1974. Natural Hazards. Oxford, New-York.

White r.h., Engelke m.c., Anderson s.j., Ruemmele b.a., Marcum k.b.r.g., Taylor r.g., 2001. Zoysiagrass water relations. Crop Science. 41, 133–138.

Wilkinson s., and Davis wj., 2002. Aba-based chemical signaling: the co-ordination of responses to stress in plants. Plant Cell Environ. 25, 195–210.

Wolff j.o., West s.d., Viereck l.a., 1977. Xylem pressure potential in black spruce in interior Alaska. Can. J. For. Res. 7, 422-428.

Wright i.j., Reich p.b., Cornelissen j.h.c., 2005. Modulation of leaf economic traits and trait relationships by climate. Global Ecology and Biogeography, 14, 411-421.

Wright i.j., Reich p.b., Westoby m., 2004. The worldwide leaf economics spectrum. Nature. 428, 821–827.

Wu f., Bao w., Li f., Wu n., 2008. Effects of drought stress and N supply on the growth, biomass partitioning and water-use efficiency of *Sophora davidii* seedlings, Environmental and Experimental Botany. 63, 248–255.

Wu y., and Cosgrove d.j., 2000. Adaptation of roots to low water potentials by changes in cell wall extensibility and cell wall proteins. J Exp Bot. 51, 1543-1553.

Y

Yancey p.h., Clark m.e., Hand s.c., Bowlus r.d., Somero g.n., 1982. Living with water stress: evolution of osmolyte systems. Science. 217, 1214–1222.

Yemm e.w., and Willis j., 1954. The estimation of carbohydrates in plant extracts by anthrone. Biochemical Journal. 57, 508–514.

Yeo u.d., Soh w.y., Tasaka h., Sakurai n., Kuraishi s., Takeda k., 1995. Cell wall polysachharides of callus and suspension-cultured cells from three cellulose less mutants of barley (Hordeum vulgare L.). Plant Cell Physiology. 36, 931–936.

Yin c., Wang x., Duan b., Luo j., Li c., 2005. Early growth, dry matter allocation and water use efficiency of two sympatric populus species as affected by water stress. Environmental and Experimental Botany. Volume 53, Issue 3, 315-322.

Yokota a., Kawasaki s., Iwano m., Nakamura c., Miyake c., Akashi k., 2002. Citrulline and DRIP-1 Protein (ArgE Homologue) in Drought Tolerance of Wild Watermelon, Ann. Bot. 89, 825–832.

Z

Zargaria., 1990., Medicinal plants, vol. Iv. Tehran university press, Tehran. 325-328.

Zehtab-Salmasi s., Javanshir a., Omidbaigi r., Aly-Ari h., Ghassemi-Golezani k., 2001. Effects of water supply and sowing date on performance and essential oil production of anise (Pimpinella anisum L.). Acta Agric. Hung. 49, 75–81.

Zhang h., Croes a.f., Linskens h.f., 1982. Protein synthesis in germinating pollen of *petunia*: role of proline. Planta. 154, 199–203.

Zhang, j.w., Fins l., Marshall j.d., 1994. Stable carbon isotope discrimination, photosynthetic gas exchange, and growth differences among western larch families. Tree Physiol. 14:531-539.

Zhang j., and Davies w.j., 1989. Sequential response of whole plant water relations to prolonged soil drying and the involvement of xylem sap aba in the regulation of stomatal behaviour of sunflower plants. New phytol. 113, 167-174.

Zhang x., Zang r., Li c., 2004. Populations differences in physiological and morphological adaptations of Populus davidiana seedlings in response to progressive drought stress. Plant Science. 166, 791–797.

Zhong h., and Laùchli a., 1988. Incorporation of [14c] glucose into cell wall polysaccharides of cotton roots: effects of nacl and cacl2, plant physiol. 88, 511-514.

Zhong h., and Laùchli a., 1993. Changes of cell wall composition and polymer size in primary roots of cotton seedlings under high salinity, j. Exp. Bot. 44, 773-778.

Zhu j., Alvarez s., Marsh e.l., Le Noble m.e., Co i.j., Sivaguru m., Chen s., Nguyen, h.t.,Wu y., Schachtman d.p., Sharp r.e., 2007. Cell wall proteome in the maize primary root elongation zone. II. Region-specific changes in water soluble and lightly ionically bound proteins under water deficit. Plant Physiology. 145, 1533–1548.

Zhu j.k., 2002. Salt and drought stress signal transduction in plants. Annu. Rev. Plant Biol. 53, 247–273.

Zhu jk., 2000. Genetic analysis of plant salt tolerance using arabidopsis. Plant Physiol. 124, 941–948.

Zimermann m.h., 1983. *Xylem structure and the ascent of sap.* Springer-verlag, berlin. 143 p.

Zine El Abidine a., Bernier p.y., Plamondon a.p., 1994. Water relation parameters of lowland and upland black spruce: seasonal variations and ecotypic difference. Can. J. For. Res. 24, 587-593.

Zunzunegui m., Ain-Lhout f., Diaz-Barradas m.c., Álvarez-Cansino l., Esquivias m.p., andGarcía Novo f., 2009. Physiological, morphological and allocation plasticity of a semi-deciduous shrub. Acta Oecologica. 35, 370-379.

Zwiazek j.j., 1991. Cell wall changes in white spruce (*Picea glauca*) needles subjected to repeated drought stress. Physiol. Plant. 82, 513-518.

ANNEXES

ANNEXE 1

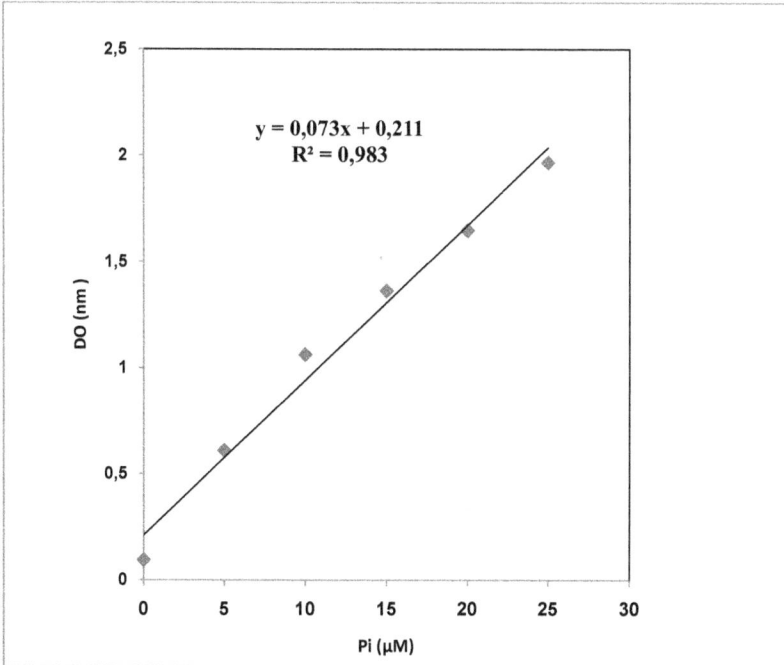

Figure 2.6. Courbe d'étalonnage du phosphore inorganique.

ANNEXE 2

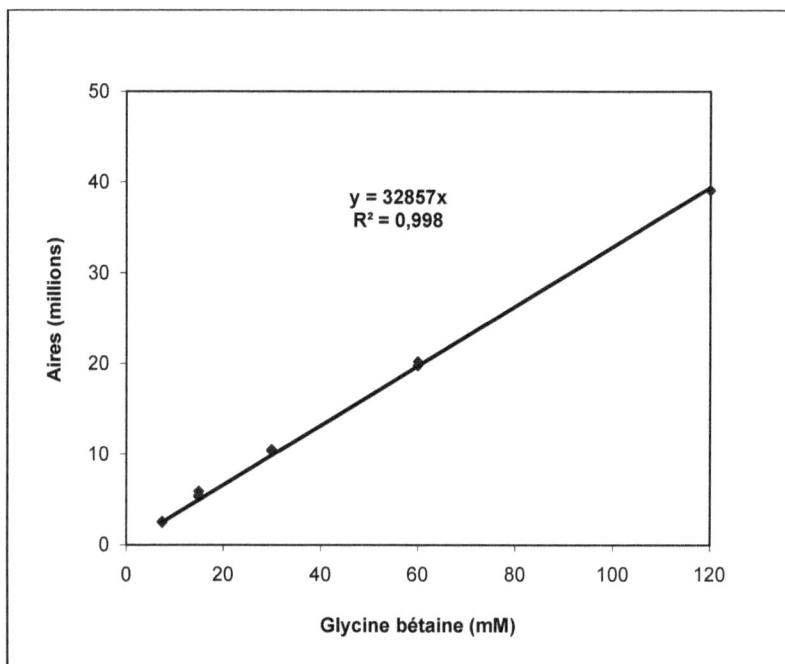

Figure 2.7. Courbe d'étalonnage de la glycine bétaine.

www.ingramcontent.com/pod-product-compliance
Lightning Source LLC
Chambersburg PA
CBHW021032210326
41598CB00016B/997